Steffan Bruns, Berlin

FSC
www.fsc.org
MIX
Papier aus ver-
antwortungsvollen
Quellen
Paper from
responsible sources
FSC® C105338

'Sauro sapiens'

-

der intelligente Saurier

Über die (möglicherweise nicht) kontrafaktische
Evolution intelligenter Dinosaurier.

von

Steffan Bruns

Herausgeber: Steffan Bruns, 2019

Das Einbandfoto stellt eine rein bildlich gemeinte Evolution von einem frühen Saurier, hin zu einem Sauro sapiens dar, es unterstecht keiner paläontologischen und abstammungsgeschichtlichen Korrektheit.

Kontakt und Weiterführendes

SteffanBs@aol.com

weiteres unter www.steffanbruns.de

Impressum
TWENTYSIX – Der Self-Publishing-Verlag
Eine Kooperation zwischen der Verlagsgruppe Random House und BoD – Books on Demand

© Copyright 2019 Steffan Bruns (Autor & Herausgeber),
Berlin, Deutschland
Kontakt: SteffanBs@aol.com

Herstellung und Verlag:
BoD – Books on Demand, Norderstedt

ISBN 978-3740763503

2

Inhaltsverzeichnis

Vorwort

Intelligente Saurier, was für ein Blödsinn … oder doch nicht? Gehen wir mal 70 Millionen Jahre zurück und seien mal ganz ehrlich: Wer von Verstand hätte diesen kümmerlichen, heutigen Ratte ähnlichen, Säugetieren der ausgehenden Kreidezeit zugetraut, sich zum Menschen zu entwickeln, welcher sich nun anschickt, den Weltraum zu erobern … oder sich selbst zu vernichten, egal wie, zwei Dinge, die vor ihm auf diesen Planeten noch kein Wesen vollbrachte … oder vielleicht doch??? Aber wer kämme da in Frage?

Vielleicht die Dinosaurier? Ja, im Grunde nur sie! Im Science-Fiction-Genre wird mit solch einer Möglichkeit gelegentlich gespielt, so bei Star Trek oder Dr. Who. Aber in der (populär-)wissenschaftlichen Literatur wird darauf gar nicht bis kaum Bezug genommen. Bestenfalls der eine oder andere mehr okkulte als wissenschaftlich ausgerichtete Autor hat sich mit dem Thema befasst und dabei meist jeglichen Pfad von Logik und Wissenschaft verlassen. Schön wäre es, wenn sich ein Paläontologe mit diesem Thema einmal ausgiebig befassen würde, aber irgendwie fürchte ich, darauf kann man lange warten. Und da es niemand anderes macht, möchte ich mich einmal mit dem Thema befassen.

Was ermächtigt mich dazu? Bin ich Paläontologe? Nein! Bin ich Biologe? Nein! Bin ich an Paläontologie oder Biologie interessiert? Na ja, sagen wir mal, ein wenig! Bin ich sonst ein Wissenschaftler? Nicht im herkömmlichen Sinne, auch wenn ich schon eine ganze Reihe Sachbücher vor allem mit geschichtlichen Hintergrund schrieb. Ehrlich gesagt, ich habe nicht studiert, nicht mal ein Abitur habe ich. Nein, nicht weil mich die bösen Kommunisten in der DDR, in welcher ich aufwuchs, nicht studieren lassen wollten. Auch nicht weil meine Eltern nicht in der Partei waren, sondern einfach deswegen weil ich viel zu schlecht in der Schule war. Nicht dass ich dumm war, nein das war es wohl nicht, irgendwie interessierte mich immer alles andere mehr, als genau dass, was gerade im Unterricht dran war! Das hat sich bis heute nicht wirklich geändert.

Also, im Grunde ermächtigt mich nichts dazu, dieses Buch zu schreiben. Viele die es lesen (ich fürchte es werden nicht so viele sein), werden über den wissenschaftlichen Hintergrund (Paläontologie, Biologie, Geologie) viel mehr wissen als ich, ich hoffe dennoch, mich aber nicht allzu sehr zu blamieren. Andere erhoffen sich vielleicht ihre okkulten Vorstellungen ausbauen zu können – zum Beispiel bezüglich eines Landes Mu, oder dass die Saurier noch heute unter uns leben - ich werde sie sicherlich enttäuschen!

Trotzdem möchte ich den Leser auf eine Reise entführen, die ich hiermit antreten möchte. Auf meinen Weg der Erkenntnis, ob es vielleicht möglich gewesen wäre, ob es möglich war, dass sich ein Sauro sapiens einst entwickelte auf diesem Planeten. Ganz ehrlich, ich bin selbst gespannt, wie diese Reise verläuft und vor allem zu welchen Ergebnis ich kommen werde, aber wissenschaftlich korrekt will ich dabei immer bleiben. Niemand muss letztlich meinen Ansichten und Resümees folgen. Jeder kann und soll sich sein eigenes Urteil bilden!

Steffan Bruns

Berlin, den 20. Juni 2015

Über die Evolution des Sauro sapiens

Die Dinosaurier werden immer trauriger

… so lautete in meiner Jugend ein Hit des deutschen Entertainers und Komikers Frank Zander, in welchem er den Untergang der Dinosaurier betrauerte. Wann immer ich in einer Dokumentation den Satzbeginn 'Die Dinosaurier …' höre, ergänze ich in meinen Gedanken virtuell trällernd '… werden immer trauriger'. Sie hatten auch allen Grund dazu, ihr Ende war total.

Die Dinosaurier sind vor etwa 65 Millionen Jahren faktisch vollständig ausgestorben, dies nachdem sie über 160 Millionen Jahre sehr erfolgreich waren und während ihrer Evolution eine Vielzahl von Arten ausgebildet hatten. Gerade mal ein früher Zweig von einst Dutzenden, hat in Form der Vögel den Untergang der Dinosaurier am Ende der Kreidezeit überlebt. Aber unter den vielen Saurierarten, gab es wohl auch die eine oder andere Saurierart, die das Potential für eine noch größere Evolution in sich trug, hin zu einem fühlenden, denkenden, die Umwelt gestaltenden Wesen. Das KT-Ereignis am Ende der Kreidezeit hat aber scheinbar jegliche Diskussion über das Thema ins Reich des Kontrafaktischen geführt.

Der Begriff

Der kanadische, und durchaus absolut respektable, Paläontologe Dale Russel, erstellte auf Grundlage eines Fossilfunds aus dem Jahre 1967 eine Studie, die der spekulativen Frage nach ging, was geschehen wäre, wenn die Dinosaurier vor 65 Millionen Jahren nicht ausgestorben wären, sondern sich weiterentwickelt hätten? Dale Russel spekulierte, dass sich aufgrund von bestimmten körperlichen Eigenschaften aus der Art Troodon, heute oftmals eher Stenonychsaurus genannt, wäre diese nicht ausgestorben, innerhalb von etwa 25 Millionen Jahren eine intelligente und Menschenähnliche, Lebensform hätte entwickeln können. Er nannte diese hypothetische Lebensform 'Dinosauroide'. Es gibt auch noch andere Bezeichnungen, beliebt ist auch Anthroposauro sapiens, was übersetzt heißt: 'Vernunftbegabte Menschenechse'. Ich bevorzuge hier im Buch aber 'Sauro sapiens', in etwa also 'denkender Saurier', um damit eine gewisse Parallele mit dem Homo sapiens (sapiens) zu verdeutlichen. Entsprechend werde ich im weiteren Russels Dinosauroide als 'Sauro sapiens' bezeichnen, alleine schon deshalb, weil ich mit 'dinosauroid' einfach nur 'dinosaurierähnlich' meine. Ansonsten behalte ich die Eigenbezeichnungen anderer Autoren bei, wenn damit deutlich von dem Model des Dale Russels abgewichen wird.

Eigentlich ist aber auch 'Sauro sapiens' nicht wirklich korrekt, da 'Homo' beim Menschen ja auch nicht für Säugetier steht - wir reden ja auch nicht vom 'Mammal sapiens', 'Homo' steht ja nicht mal für Primat, sondern schlicht weg einfach nur für Mensch. Für 'Sauro' müsste daher etwas völlig anderes stehen, Fantasiebegriffe lassen sich sicher gut finden, aber zweckdienlich sind sie wohl nicht, bleiben wir also bei 'Sauro sapiens'.

Um ein bisschen klugzuscheißen: Sauroid heißt einfach nur 'saurierähnlich' oder zu den Sauriern gehörend, hat also nichts mit 'intelligent' oder 'menschlich' zu tun. Die Endung '-oid' gibt es bei allem möglichen biologischen Arten, nicht nur bei 'humanoid. Sie wird auch in anderen Zusammenhang durch aus von den Wissenschaftlern in einem allgemeinen Bezug auf Dinosaurier gebraucht. Zweckdienlich wäre 'sauroid' nur in der Variante 'dinosauroider Mensch' bzw. auch alternativ für den Fall der Konvergenz für einen 'dinosauroiden Alien' – also in dem Sinne eines 'saurierähnlichen Wesen'. Weiterhin sei darauf hingewiesen, dass zwar jeder Dinosaurier auch ein Saurier ist, aber nicht jeder Saurier auch ein Dinosaurier. Die Saurier (von griechisch Sauria für Echse) stehen, mit dem Archosauriern, für eine größere Gruppe von Echsentieren, zu welchen eben auch die Dinosaurier als evolutionär fortschrittlichste gehört.

Gelegentlich wird auch von Echsenmenschen bzw. Reptiloiden in diesem Zusammenhang geredet. Die Bezeichnung 'reptiloid' klingt zwar wissenschaftlich und intellektuell, ist aber in diesem Zusammenhang völliger Nonsens. Denn Reptil ist korrekterweise mit kriechend zu übersetzen, was natürlich schon an sich ein Widerspruch zu einem aufrechten Gang ist. Angesichts dessen, dass die „Intelligenzbestie Sauro sapiens" mit dem Menschen verglichen wird, und ihre Rolle im Ökosystem bei einigen 'Forschern' keine allzu Positive gewesen sein soll, ist für manch einen der Titel 'schreckliche Echse' auch passend. 'Dinosaurus' würde in diesem Sinne als logischer Gattungsname zu Russells Wesen und dessen nomenklatorisch inkorrektem Begriff 'Dinosauroid' besser passen, ist aber faktisch schon für die gesamte Gattung belegt und noch weit weniger spezifisch, wie einen Menschen als 'Mammalo sapiens' zu bezeichnen.

Eher wird auch der Begriff 'Smartasaurus' gebraucht, so bei Jeff Hecht. Smartosaurus ist aber einer der typisch albernen Anglizismen, von denen es heute leider so viele gibt. Als Deutscher könnte man auf diesem Wege den schlauen Saurier auch als 'Klugosaurus' oder 'Pfiffosaurus' (von 'pfiffig') bezeichnen.

Beliebt ist auch 'Superdinosaurus', weniger bekannt ist die Bezeichnung 'Avisapiens saurotheos'. Darren Naish schuf ein Wesen mit dem Namen 'Bioparaptor macloughlini', benannt nach dessen geistigen Schöpfer John McLoughlin. Anders als Dale Russel sehen aber einige der Schöpfer obengenannter 'Wesen', diese nicht als hypothetische Fortsetzung einer ausgestorbenen Linie, sondern präsentieren sie uns nicht nur als kulturfähig, sondern real existierende, direkte und eigentliche Verursacher des großen KT-Ereignis und damit deren eigenen Aussterbens.

Dafür dass von Sauro sapiens eigentlich kaum jemand etwas weiß, hat unser vernunftbegabter Echsenmensch doch erstaunlich viele Namen! Da jeder davon mit einer ganz spezifischen anatomischen Vorstellung verknüpft ist, werde ich nach Möglichkeit diese nur verwenden, wo es nur spezifisch um diese geht. Wo es einfach nur um einen hypothetischen klugen Dinosaurier geht, werde ich immer die Bezeichnung 'Sauro sapiens' benutzen, ganz gleich ob dieses spekulative Geschöpf nun mehr Avisapiens oder mehr Bioparaptor entsprochen haben mochte.

Wo ich dabei bin, möchte ich, des besseren Verständnis wegen, noch einen Begriff einführen – 'sapienid', in dem Sinne für Kreaturen, die geistig dem Menschen nahe stehen. Denkend, klug oder gar intelligent empfinde ich hier als zu spezifisch quantitativ, wo es doch hier eher um etwas Qualitatives geht. Aber wer will schon solch subjektive Begriffe der Art festlegen, um zu sagen, dass eine Art dies ist, eine andere aber nicht. Letztlich soll das Wort 'sapienid' auch weniger für das 'denken können' an sich stehen, sondern vielmehr für die Fähigkeit bewusst und zielgerichtet seine Umwelt zu verändern? Der Mensch tut dies jedenfalls nicht erst seit wenigen Jahrzehnten, sondern tatsächlich bereits seit Jahrtausenden. Die Umwelt veränderten auch zahlreiche andere Lebewesen zuvor. So Cyanobakterien, sie lösten die erste Umweltkatastrophe aus, in dem sie die Atmosphäre mit giftigen Sauerstoff vollpumpten – es war aber nicht ihre Absicht es zu tun, sondern nur die Folge ihres Handelns. Gut, auch wir pumpen die

Giftstoffe nicht wirklich absichtlich in unsere Atmosphäre, aber dennoch ist zumindest unser Tun, welches dahinter steht, zielgerichtet und nicht nur ein bloßer evolutionärer Zufall und Trieb. Aber hierzu später mehr.

Wenn die Saurier nicht ausgestorben wären

Bis vor wenigen Jahrzehnten wurde das Ende der Dinosaurier von den Fachleuten als Folge einer ganzen Reihe von biologischen Fehlentwicklungen während ihrer Evolution interpretiert, ja wird es zum Teil noch heute. Insbesondere die großen Formen sollen durch ihre extreme Spezialisierung einst in einer Entwicklungssackgasse gelandet und dadurch ausgestorben sein. Auch hätten sich die Dinosaurier nicht an bestimmte evolutionäre Änderungen anpassen können, wie das Vordringen von Blütenpflanzen und besonders Gräsern bzw. Graslandschaften. Die Dinosaurier hatten aber selbst ca. 180 Millionen Jahre erfolgreich gelebt und dabei auch mehrere Florenänderungen, aber auch mehrere große Katastrophen erlebt und überlebt, von denen mindestens eine so umfassend war, wie das KT-Ereignis, welchem letztlich die Hauptschuld am Untergang der Dinosaurier gegeben wird.

Moderne Untersuchungen zeigen dann auch, dass die Saurier in ihrer Biologie nicht weniger zweckmäßig und flexibel waren als Säugetiere. Sie wiesen interessante Entwicklungsrichtungen auf, die ihnen sicherlich auch ein Überleben in der Zukunft garantiert hätten. Zahlreiche Arten besaßen bereits eine gleichbleibende Körpertemperatur und kannten wohl ein ausgeprägtes Sozialverhalten. Auf jedem Fall waren die Dinosaurier in ihrer Entwicklung Säugetieren, oder zumindest heutigen Vögeln näher, als den dinosauroiden Echsen, von denen sie abstammen – und das für weit über einhundert Millionen Jahre lang. Heute gelten für viele Paläontologen die Vögel als direkte Nachkommen der Saurier, interessanterweise sehen dass die Ornithologen eher anders.

Als man im letzten Drittel des 20. Jahrhunderts zunehmend erkannte, dass das Ende der Saurier nicht aus sich selbst heraus kam, sondern mit großer Wahrscheinlichkeit in einer großen Erdkatastrophe, die wohl von außerhalb der Erde kam, suchte man nach dem Auslöser. Bald fand man erste Indizien, die berühmte KT-Linie, die Grenzlinie des Überganges von Kreidezeit in Tertiär (heute Paläogen genannt). Bald fand man auch einen passenden Krater auf der mexikanischen Yucatán-Halbinsel. Zahlreiche Indizien sprechen dafür, dass vor etwa 65 Millionen Jahren ein Meteorit (alternativ auch ein Komet) mit einem Durchmesser von ungefähr zehn Kilometern auf der Erde aufschlug und dadurch eine gigantische Umweltkatastrophe mit einem umfassenden Massensterben auslöste. Dies geschah in einer Epoche, die auch erdgeschichtlich als recht labil anzusehen ist, welche im gewaltigen Dekkan-Trapp ein klares Denkmal sich setzte. Das Gesicht der Erde wandelte sich jedenfalls grundlegend, die Erde war nur wenigen Hunderttausend Jahre nach dem KT-Ereignis nicht mehr dieselbe, sie war eine völlig andere.

Durch kurz-, mittel- und langfristige Klima- und Umweltveränderungen starben bis zur neuerlichen Normalisierung des Klimas wahrscheinlich alle Lebensformen aus, die mehr als 10 bis 20 kg wogen. Dazu gehörten auch größere Säugetierarten, die es damals auch schon gab, wie auch kleine Dinosaurierarten, die kaum größer waren als die meisten Säugetiere. Interessant ist, dass abgesehen von den Vögeln, vor allem solche Arten überlebten, welche sich in Erdhöhlen oder Ähnliches zurückziehen konnten, etwas was den Dinosauriern wohl fremd war. Ob mit dem KT Ereignis schlagartig alle Dinosaurier ausstarben, sich einige Arten noch einige Jahrzehntausende halten konnten, oder ob das Aussterben schon vorher einsetzte, ist unter den Paläontologen hoch umstritten.

Primitive Säugetiere gab es zwar schon im Zeitalter der Saurier, sie entstanden sogar parallel zu einander, und in ihrer frühen Entwicklungszeit sah es gar sehr danach aus, als ob sie den Dinosauriern überlegen wären. Eine Erdkatastrophe sortierte die Spielkarten neu, anschließend begannen die Dinosaurier ihren Siegeszug und die frühen Säuger zogen sich in ihre Nischen zurück. Sie blieben über Jahrmillionen in ihrer Artenvielfalt wenig zahlreich, eher klein und vermutlich auch nachtaktiv. Gegenüber den dominanten Sauriern konnten sie sich nicht durchsetzen und waren für sie wohl eher eine beliebte Beute, als ernstzunehmende Konkurrenz. Der große Durchbruch der Säugetiere gelang, nach mehreren Anläufen, erst nach dem Ende der Dinosaurier, als sie in vielen Lebensräumen keine Konkurrenz mehr fürchten mussten und nun auch erstmals neue Lebensräume besetzen konnten. Auch hier ist wieder interessant zu sehen, dass es kurze Zeit eher aussah, als würden nach dem KT-Ereignis die Vögel das Rennen machen. Es dauerte tatsächlich ein paar Jahrmillionen, bis die Säugetiere auf allen Kontinenten den Wettlauf gewannen und die Vögel aus ihrer kurzzeitigen Siegesposition wieder verdrängten.

Es mögen einige Arten der Dinosaurier vor 65 Millionen Jahren tatsächlich am Ende ihrer Entwicklung gewesen sein, aber der Großteil war es wohl nicht, ganz im Gegenteil sogar. Eine kontrafaktische Diskussion wie die weitere Entwicklung der Dinosaurier wohl ohne das KT-Ereignis ausgesehen hätte, ist mit Sicherheit nicht nur statthaft, sondern auch angebracht.

Wahrscheinlich würde es heute den Menschen nicht geben, vielleicht aber doch. Man kann auch annehmen dass das KT-Ereignis vielleicht begrenzter war und die Saurier nur auf einigen Kontinenten ausstarben, aber nicht auf allen. Es sei daran erinnert, dass damals noch Nord- und Südamerika getrennt waren, Nordamerika aber noch mit Europa verbunden war, andererseits aber Afrika mit Südwestasien isoliert war, ebenso wie China, Indien und Südostasien. Australien war gerade dabei sich von Antarktika zu trennen und Antarktika von Südamerika. Es gab also am Ende der Kreidezeit gleich eine ganz Reihe von isolierten Kontinenten, viele weit abgelegen vom KT-Ereignis bei Yucatán. So wie in Australien die Beuteltiere über den auch dort einst existierenden Plazentatieren obsiegten, oder wie in Südamerika wo beide sich unter Führung der Beuteltiere behaupten konnten, bis aus Nordamerika modernere Plazentatiere eindrangen, hätten doch auch auf manchen Kontinenten auch Dinosaurierpopulationen überleben und sich weiter entwickeln können. Zum Beispiel Australien, welches weit ab vom Kern des KT-Ereignis lag. Die Umwelt auf Australien war für lange Zeit ähnlich der in Ostafrika, welche die Entwicklung eines Primaten hin zum Menschen förderte, es hätte sich dort auch ein Dinosaurier zu einem Sauro sapiens entwickeln können.

Die Paläontologen kennen heute allein unter den Dinosauriern mehr als 350 Arten, was mit Sicherheit nur einen Bruchteil der ehemals tatsächlich vorhandenen Artenvielfalt entspricht. Ähnlich den heutigen Säugetieren hatten sich auch die Dinosaurier in die verschiedensten Richtungen entwickelt. Es gab nicht nur Formen an Land oder im Wasser, sondern auch in der Luft. Ein in Texas gefundene Flugsaurier, der gut 90 kg schwere Quetzalcoatlus, glich mit einer Spannweite von 15 Metern schon einem kleinen Flugzeug. An Land entwickelten sich unabhängig voneinander wahre Riesenformen, wie es sie später nie wieder gab, naturgemäß vor allem unter den Pflanzenfressern. Seismosaurus, aktuell der größte bekannte

Dinosaurier, wurde etwa 40 Meter lang und wog rund 50 Tonnen, beim Mamenchisaurus hatte allein der Hals eine Länge von rund 15 Meter. Ein heutiger Elefant hätte dagegen wie ein Schoßhündchen gewirkt. Von den fleischfressenden Dinosauriern gab es größere, wie auch kleinere, Arten und sie alle glichen furchterregenden „Kampfmaschinen". Sie mögen nicht so gefährlich gewesen sein, wie in 'Jurassic Park' gerne dargestellt, aber angesichts der Defensivbewaffnung der vegetarischen Dinosaurier, doch wohl erheblich gefährlicher als unsere Mietzekätzchen vom Typ Löwe, Tiger und Co.. Der allseits bekannte Tyrannosaurus rex war wohl das größte Raubtier aller Zeiten, es war ungefähr sechs Meter hoch sowie 15 Meter lang, sein Schädel maß durchschnittlich 1,5 Meter. Seine Zähne von bis zu 18 cm Länge waren so lang wie ein menschlicher Kopf.

Die Riesenformen mögen zwar beeindruckend gewesen sein, für eine mögliche biologische Fortentwicklung aber waren sie zu sehr spezialisiert. Evolution erfolgte zumeist bei eher durchschnittlichen, unscheinbaren, universellen Arten, da diese naturgemäß oft breit gefächerter spezialisiert waren, Großarten und hochspezialisierte Arten bildeten in der Regel Sackgassen evolutionärer Entwicklung. Um so erfolgversprechender hätten auch bei den Dinosauriern einige nur durchschnittlich große Arten sein können, wenn ihre Evolution nicht jäh durch das KT-Ereignis gestoppt worden wäre.

Voraussetzungen für einen intelligenten Dinosaurier

Zahlreiche Forscher gehen davon aus, dass ein großes Gehirn gleichzeitig eine hohe Intelligenz bedeutet. Sie sehen deshalb in Vertretern aus der Gruppe der Saurornithoides, einer sehr vogelähnlichen Gattung, die intelligentesten Dinosaurier überhaupt. Diese Saurierarten waren durchschnittlich 1,6 Meter lang, liefen ständig auf zwei Beinen und hatten zwei Greifhände mit jeweils vier Fingern, mit denen sie wohl frühe Säugetiere und kleinere Reptilien fingen. Vermutlich lebten und jagten sie in Rudeln. Ihre beiden verhältnismäßig großen Augen waren nach vorne gerichtet und gestatteten ein räumliches Sehvermögen. Auffallend ist bei ihnen der Hinweis auf ein für Saurier relatives großes Gehirn. Es entsprach in etwa der Gehirngröße des heutigen Vogel Strauß.

Was heißt 'vernunftbegabt'?

Und viel mehr noch, wie klassifiziert man 'vernunftbegabt'. Eins scheint klar, von Intelligenz zu reden ist erheblich zu grob gefasst, denn von solcher spricht man schon bei Heringsschwärmen (Schwarmintelligenz) oder auch bei vielen Insekten. Vernunftbegabung aber ist etwas Besonderes, etwas Hohes. Es kommt nicht allein aus einem Selbstzweck der Arterhaltung heraus, sondern kann das genaue Gegenteil sein. Vernunftbegabung führt zu abstrakten Denken und Handeln. Es kann zu für den Arterhalt so unwichtiger Themen wie Kultur führen, zu Religion und Kunst, aber auch Spiel und Spaß. Spielen tun auch viele Tiere, so fast alle Säugetierarten. Aber kein Tier kann interessiert einem Fußballspiel zuzusehen, für eine der beiden Mannschaften zu fiebern, sich darüber zu streiten, ob das eine Tor mit der Hand geschossen wurde oder beim anderen ein Abseits vorlag. Derlei kann kein Tier auf Erden, auch kein Affe, dies kann nur der 'Vernunftbegabte und Kulturschaffende' Mensch. Dennoch, die Bewertung von 'vernunftbegabt' liegt mehr im Auge des Betrachters, als dass man sie als objektiv bezeichnen kann, vielleicht wäre der Begriff 'kulturschaffend' leichter zu klassifizieren.

Das Problem mit 'Kulturschaffenden' Spezies ist meines Erachtens folgendes: Wir sind die Einzige, welche uns bekannt ist. Wir haben keine Ahnung, wie andere, uns vergleichbare Spezies aussehen könnten, wir können hier nur an Hand unserer eigenen Spezies und ihrer Entwicklungsgeschichte spekulieren. Wir neigen natürlich auch dazu, kulturelle Leistungen nach unseren eigenen Maßstäben zu beurteilen. Aber derlei ist quasi ein Interspezies-Kulturchauvinismus. Daher können wir uns bei dem, was wir uns als biologische Voraussetzungen für eine Kultur vorstellen, nur bei dem bedienen, was uns selbst ausmacht. Dies gilt für die Klassifizierung von Außerirdischen genauso, wie auch für andere mögliche irdische Alternativen vernunftbegabten Lebens.

Aber selbst bei uns auf der Erde hinkt das System zivilisatorisches Niveau zu bestimmen und zu kategorisieren. Beispielsweise haben wir als Europäer unsere eigene Vorgeschichte unter dem Scheffel der Orientalen (Vor-)Geschichte gestellt. Nur weil Letztere schon vor 4.000 Jahren eindrucksvolle Bauwerke und Schriftdokumente erstellte, dies während die tumben Europäer sich bestenfalls mit Keulen die Köpfe einschlugen. Erst eine neue, junge und moderne Geschichtsschreibung sieht dies anders und stellt nun die alten Europäer zumindest auf eine gemeinsame Stufe der zivilisatorischen Entwicklung, wenn auch auf einen deutlich anderen Ast. Sinnbild für diesen Sinneswandel sind vor allem die berühmte Himmelsscheibe von Nebra bzw. die baulichen Anlagen wie man sie von Stonehenge bis Goseck vielerorts in (West-)Europa findet. Die vorantiken Zivilisationen Europas waren dennoch auch Zivilisationen, wenn auch andere Formen. Man gründete weder mächtige Reiche, noch baute man Städte mit imposanten Bauwerken – vielmehr war der Wohlstand viel gleichmäßiger und gerechter verteilt. Es war keine kommunistische Gesellschaft, privates Eigentum an Produktionsmitteln war wohl durchaus bekannt, aber zumeist herrschte genossenschaftliches, genauer gesagt klan-gemeinschaftliches Eigentum daran vor. Der Klan bestimmte auch über alle wichtigen Fragen. Es mag so was wie Herzöge und gar Könige gegeben haben, diese waren aber durch die Gemeinschaft von Klans gewählt, oft nur für eine bestimmte Zeit und für eine bestimmte Aufgabe. Nur auf regionaler Ebene konnten sich temporär Einzelne als Fürsten etablieren, insofern sie eine bestimmte und besondere Machtgrundlage besaßen (z.B. Zugang zu besonderen Bodenschätzen oder einem besonderen Heiligtum). Dennoch, die Leistungen der alten Europäer in Astronomie oder Medizin, standen denen der alten Ägypter oder Mesopotamier kaum nach. Und trotz alledem würde noch heute eine Gleichsetzung des zivilisatorischen Niveaus eines vorderasiatischen Babyloniers mit einem mitteleuropäischen Bandkeramiker unter Laien, aber auch unter Profis, zu erheblichen Widerwillen führen. All dies zeigt, dass eine hohe Zivilisationsstufe nicht immer von allen, auch als diese erkannt und anerkannt wird.

Es ist im Grunde wie mit Autos. Ein Mercedes ist genauso wie ein Volkswagen ein Auto, eine S- oder A-Klasse ist genauso ein Auto, wie ein Passat oder Polo – auch wenn gegen diese Feststellung sicher einige Mercedesfahrer protestieren würden. Aber dies sei dahin gestellt. Aber, und dies ist der Dreh- und Angelpunkt, ein Polo oder Passat ist eben kein Mercedes, und eine S- oder A-Klasse kein Volkswagen. Ja, mit allen kann man von A nach B fahren und wieder zurück nach A. Die Unterschiede liegen auf anderen Gebieten. Mit dem einen geht es vielleicht etwas komfortabler, der andere verbraucht weniger Kraftstoff, der nächste erledigt dies mit besonders niedrigen Betriebskosten. Für den Einen ist das eine primär, das andere sekundär, für einen Anderen ist es genau anders herum. Und nicht viel anders ist es mit Zivilisation und Kultur. Denn hier gelten fast schon individuelle Wertemaßstäbe.

Ist schon die Frage nach Kultur bzw. Zivilisation strittig, ist es nicht so viel anders mit der Frage 'Was ist Leben?'. Denn diese ist nicht einfach zu beantworten. Grundsätzlich heißt es, Leben, wie Pflanzen, Tieren, Bakterien, stoffwechselt und könne sich fortpflanzen. Dann müsste aber auch Feuer Leben sein, denn es stoffwechselt und kann sich fortpflanzen, sogar recht schnell wie wir alle wissen. Dennoch würde wohl niemand ernsthaft Feuer als Lebensform ansehen. Was Leben vom Feuer trennt, ist das Leben, Erbinformationen weiterleiten kann, in diesen es aber immer wieder zu Mutationen kommen kann und diese eine Weiterentwicklung ermöglichen. Dies mag so auf der Erde sein, tatsächlich wissen wir aber nicht, ob außerirdisches Leben auch immer so verfährt. Aber ganz ehrlich, es ist eben nur schwer denkbar, wie sich Leben weiterentwickeln soll, wenn seine Erbinformationen nicht laufend auch Mutationen ausgesetzt wären.

Noch drastischer ist es mit vernunftbegabten Lebensformen! Nicht selten stellt man diese Frage auch unter unser eins, und kommt gerne zu dem Ergebnis, dass es auf der Erde wohl kein vernunftbegabtes Leben gibt. Ein Blick in die täglichen Nachrichten scheint dies zu bestätigen. Genau diese Selbsterkenntnis des Sein oder Nichtsein ist aber eine wichtige Grundlage vernunftbegabten Lebens. Ameisen halten sich Blattläuse als Haustiere, viele Tiere benutzen Werkzeuge wie Steine oder Hölzer zur Nahrungssuche oder zum Nestbau, faktisch alle Lebewesen frönen Formen von Kommunikation. Aber fast nur der Mensch und einige wenige Affenarten erkennen sich auch selbst im Spiegelbild wieder, und nur der Mensch zweifelt auch einmal an seiner eigenen Existenz, ist sich geboren werden und sterben bewusst. Elefanten mögen um ein Klanmitglied trauern, aber die eigene Sterblichkeit dürfte ihnen nicht bewusst sein. Das Verhalten aller anderen Lebensformen dieses Planeten lässt jedenfalls keinen anderen Schluss zu, dass nur der Mensch sich wirklich seines 'ICH' im vollem Umfang bewusst ist. Die Frage ist, seit wann dies der Mensch tut? Noch nicht sehr lange, vielleicht 50.000, vielleicht 100.000 Jahre!

Hand und Fuß

Was Vernunft angeht, möchte ich gleiche Maßstäbe anlegen, wie man sie für den Menschen und seine Vorfahren gebraucht. Auch dem Neandertaler, oder gar dem Homo erectus, würde wohl niemand seine Vernunft absprechen. Sein ziel- und ergebnisgerichtetes Handeln, welches weit über antrainierte oder in den Genen veranlagte Verhaltensweisen hinaus geht, dies macht ihn vernunftbegabt.

Ein solches Handeln verlangt massive Eingriffe in die Umwelt, ja richtige Manipulationen dieser. Gut, auch Tiere machen dies, z.B. Biber beim Dammbau und 'Terraforming', aber sie tun dies, weil es in ihren Genen liegt und ihnen antrainiert wurde. Aber noch kein Biber hat seine Dämme aus Stein gebaut, nur weil es in der Umgebung nicht genug Bäume und Gestrüpp gab. Ein Biber würde sich in solch einer Umwelt erst gar nicht niederlassen. Dies soll aber nicht ausschließen, dass eines Tages die Evolution einen Biber auch dazu bringt einen Damm aus Steinen zu bauen – dies ist dann aber eben die Evolution, kein zielgerichtetes Handeln.

Eine zielgerichtete Manipulation der Umwelt, verlangt eben an den verschiedenen, gerade vor Ort herrschenden Umweltverhältnissen, auch die notwendigen körperlichen Voraussetzungen. Es bedarf empfindlicher und hochgradig flexibel einsetzbarer Hände, opponierbare Daumen sind hilfreich, sowie sensible Fingerspitzen. Krallen und Klauen ohne Innervation sind hingegen sicher eher hinderlich, als nützlich. Nur Primaten haben Fingernägel! Quasi alle anderen Säuger verfügen nicht einmal über Fingerkuppen, dennoch könnten diese sich relativ schnell im Laufe einer Evolution, so Bedarf besteht, entwickeln, solange andere Voraussetzungen dies verhindern. Ein Pferd wird aber nicht so schnell seine Hufen in sensible Hände umwandeln können, wie ein Bär seine Krallen. Dazu kommt, die Möglichkeit freie Hände für die Umweltmanipulation zu haben, setzt einen aufrechten Gang voraus, zumindest bei Vierfüßlern.

Hier kann man nun entgegnen: Ein aufrechter Gang ist bei Dinosauriern schwierig, aber noch eher drin als bei Reptilien, da Dinosaurierbeine gerade waren und nicht abgeknickt wie bei Reptilien, ein Stützschwanz zur Stabilisation wäre vielleicht nötig. Eine feinfühlige Manipulation ist vermutlich schwierig, weil Dinosaurier wohl grundsätzlich wenig Tastempfinden besaßen, zumindest kann man dies von Reptilien und Vögeln rückschließen. Reptilien besitzen eine Schuppenhaut und können die Schuppen aufgrund ihres Wasserhaushalts auch nicht ohne weiteres loswerden.

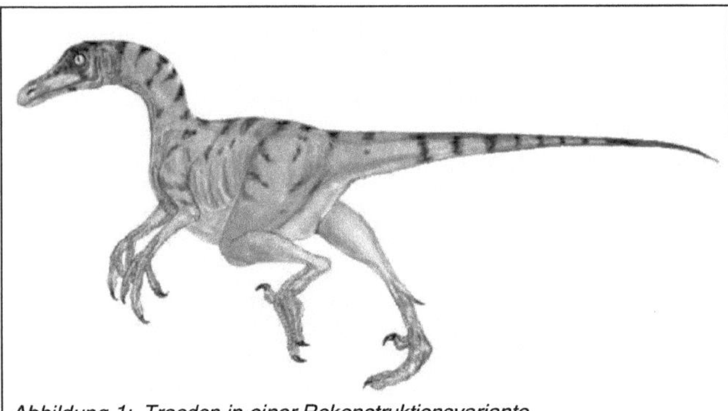

Abbildung 1: Troodon in einer Rekonstruktionsvariante

Nun besitzen die den Dinosauriern artverwandten Vögel auch keine echte Schuppenhaut mehr, mit Ausnahme von Beinen und Füßen. Eigentlich ist so eine nackte Hühnerhaut auch nicht viel anders als die eines Menschen, jedenfalls nicht wirklich schuppig wie die von vielen Reptilien. Bei den Dinosauriern gab es solche Arten, die eher Vögeln ähnelten und auch (mehr oder weniger) gefiedert waren, andere aber hatten eine schuppige Haut. Aber es gab auch solche Dinosaurier, die hier eher Säugetieren glichen und lederartige Haut und sogar so etwas wie Fell hatten. Nach aktuellen Erhebungen hatte wohl die Hälfte aller Dinosaurierarten so etwas wie Federn, wenn auch meist nur auf Teilen des Körpers und ein gutes Viertel so etwas wie Fell. Die Dinosaurier haben damit eine Entwicklung beschritten, die die Säugetiere nie schafften, denn auch wenn die Säugetiere den Luftraum eroberten, Federn haben sich bei Säugetieren nicht einmal im Ansatz entwickelt.

Interessant ist, dass gelegentlich den Troodontiden, so z.B. von Carl Sagan, eine Hand mit vier Fingern zugeschrieben wird. Vier Finger sind bei Theropoden ein Primitivmerkmal, das die Hauptlinien schon in der Trias hinter sich ließen. Damit hätten sich die Vorfahren dieser Gruppe schon damals von ihren Ahnen wie beispielsweise Compsognathus, Allosaurus oder Tyrannosaurus getrennt. Ja, selbst der triassische Coelophysis, bei dem sich der vierte Finger bereits in Reduktion befindet, dürfte sich schon jenseits der Abzweigung befinden. Gelegentlich wird daher auch Sauro sapiens mit vier Fingern dargestellt. Freilich scheint es sich bei dem vierten Finger lediglich um einen Fehler in der Rekonstruktion zu handeln; korrekt muss jeder Troodontidae bzw. dessen potentielle Nachkomme, mit regulär drei Fingern pro Hand dargestellt werden. Ob aber drei, vier oder fünf Finger, für die Fähigkeit einer hochwertigen Manipulation ist dies im Prinzip von wenig Belang.

Und der aufrechte Gang? Nun wer schon mal einen T-Rex in einer Doku gesehen hat, hat gesehen, dass dieser ganz gut aufrecht gehen konnte. Na gut, im Grunde ging er nicht wirklich aufrecht, sondern ziemlich geknickt, aber dies ist zweitrangig, denn dadurch dass er auf seinen beiden Beinen ging, waren seine Arme frei. Gut, T-Rex hatte recht verkümmerte Arme, zu fast nichts brauchbar. Als Kinder hätten wir bei dem Anblick sicherlich sehr unschön, aber kindlich ehrlich gescherzt: 'Cont-er-gan nichts für!' Andere Arten aber, welche ähnlich auf zwei Beinen gingen, hatten ganz brauchbare Arme und auch schon so etwas wie 'Handähnliche Armenden'. Für die weitere Entwickelung der Evolution war also alles vorhanden. Bereits für dass Trias gibt es Dinosaurierarten, welche dem zweibeinigen aufrechten Gang schon sehr nahe waren, zumindest fand man entsprechende Tierfährten.

Aus Fährten der Dinosaurier kann man auch gut erkennen, dass die zweibeinigen Dinosaurier zwei Gangarten kannten, einmal einen der faktisch auf ihren Zähen stattfand, andermal einen der den ganzen Fuß einsetzte. Nicht selten wechseln die Gangarten innerhalb einer Fährte. Während die Abdrücke von Ersteren denen eines großen Vogels ähneln, ähneln die zweiteren eher den eines Menschen, weswegen sie auch von manchen dafür gehalten werden. Gerade die zweite Variante zeigt aber gut die Möglichkeiten des Dinosauriers als Sohlengänger, so wie wir Menschen es sind. Aber notwendig für einen Sauro sapiens ist es nicht. Der praktische Vorteil als intelligentes Lebewesen auf seiner Sohle oder nur auf seinen Zehen zu laufen, ist denkbar gering.

Aber sehen wir uns mal an, welche Dinosaurierarten einen aufrechten Gang besessen hatten - und da gibt es einige, auch wenn diese heute alle ausgestorben sind bzw. sich längst zu den Vögeln weiterentwickelt haben. Wir haben sogar eine biologische Bezeichnung für diese Art von Dinosauriern 'Theropoden'; zu diesen gehört der uns allseits bekannte T-Rex oder auch der (in Jurassic Park fälschlicherweise als Raptor bezeichnete) Deinonychus. Falls sich eine Rasse von Sauro sapiens entwickelt haben sollte, dann könnten ihre Vorfahren vielleicht in diesem Taxon zu finden sein.

Wenn wir den Knochenbau eines typischen Theropoden nehmen und ihn mit dem eines Huhnes vergleichen, wird klar, warum man diese Tiere alle zum Taxon Ornithodira (griech. 'Vogelhals') zuordnet. Wenn wir uns dann noch die Tatsache vor Augen führen, dass die jüngsten Theropoden (wie u. a. Velociraptor) bereits Federn besessen haben, wird klar, was zumindest aus einem Teil der Dinosaurier wurde: Vögel. Dass das Taxon der Dinosaurier also nicht wirklich ausstarb und in Form der Vögel heute noch weiter lebt, schließt per se aber nicht aus, dass sich eine weitere Unterart in eine andere Richtung, z.B. zu einem Primatensaurier bzw. Sauro sapiens hin entwickelt hätte haben können – oder hat?

'The Brain'

Dass vernunftbegabtes Leben auch ein geeignetes Gehirn und Nervensystem benötigt, mit welchem die Umwelt nicht nur manipulierbar ist und man mit anderen Mitgliedern seiner Spezies kommunizieren kann, sondern mit welchem man auch abstrakt, also 'um die Ecke' denken kann, ist geradezu ein Muss. Die Hirnstruktur an sich, ist dabei kein all zu großes Problem. So manchen Dinoarten wird heute von Fachleuten ein gewisses Maß an tierischer Intelligenz zugebilligt. Die Entwicklung von Kommunikationsorganen ist auch nicht weiter schwierig, ihre Grundlagen sind bei allen Arten des Lebens auf dem Planeten vorhanden, wenn auch in unterschiedlicher Art und Weise. So weiß man auch, dass die Dinosaurier verbal und nonverbal miteinander kommunizierten, dies brauchte durch die Evolution bloß in die richtige Richtung weiterentwickelt zu werden.

Dass die Dinosaurier doch eher verdammt kleine Gehirne hatten, selbst in Relation zu den schon damals lebenden Säugetieren, zieht auch nicht wirklich. Denn einmal nimmt man bei einigen Dinosaurierarten an, dass diese im Hauptnervenstrang in der Wirbelsäule eine Art zweites Gehirn hatten, andermal haben sich aus den Dinosauriern auch Vögel entwickelt, die mittlerweile erstaunliche Hirnleistungen abliefern. Auch zeigen andere Arten, mit wirklich kleinen Gehirnen, wie Tintenfische, ebenfalls erstaunliche Hirnleistungen.

Konvergente Umweltverhältnisse führen in unterschiedlichen Erdzeitaltern zu Lebewesen, die nicht nur dieselbe ökologische Nische besiedelten, sondern auch Ähnlichkeiten im Aussehen hatten. Dem stehen jedoch Bau und Form der meisten dinosauroiden Hirne entgegen, jedenfalls soweit wir es bisher aus den Fossilfunden wissen. Die dinosauroiden Hirngrößen entsprechen nämlich in keinem Fall auch nur annähernd jenen der Wesen, deren ökologische Nischen später höher entwickelte Tiere besetzt hielten, sondern sind so primitiv geblieben, wie wir es noch von unseren heute lebenden Reptilien her kennen.

Die Hirngrößen bei Flugechsen und vogelähnlichen Dinosauriern, freilich auch bei echten Vögeln, waren sehr wohl im Vergleich zu anderen Dinosauriern überdurchschnittlich groß, aber auch diese müssen aber freilich in Relation zu den Hirnen von Säugetieren gesehen werden. Diese Veränderungen, insbesondere die Vergrößerung von Groß- und Kleinhirn, dürften vor allem im Zusammenhang mit dem Jagdtrieb, bei Flugechsen und Vögeln zusätzlich auch im Erwerb der Flugfähigkeit stehen. Das heißt, hier spricht die relative Zunahme der Hirngrößen eher für eine Verbesserung von allgemeinen Bewegungskoordinationen, als für eine höhere Intelligenz. Vermutlich hat aber das Wachstum des Großhirns bei den Primaten ähnliche Ursachen, nämlich eine Anpassung an den Zwang schnell sich durch die Baumwipfel zu bewegen und dabei immer auch den richtigen Ast zu nutzen. Denn sich in der Eile den falschen Ast auszusuchen, konnte sehr unangenehm enden.

Die Relation von Hirn- zu Körpermasse ist ebenso wenig ein Gradmesser für die Intelligenz eines Lebewesens, wie die schiere Hirngröße. Generell gilt der Grundsatz, dass kleinere Arten zumeist in Relation mehr Hirnmasse benötigen, als größere. Dabei gibt es auch immer wieder Ausnahmen, die aber mitnichten auch ein Beleg für dann mehr oder weniger Intelligenz sind. Was die größten Dinosaurier, z.B. Stegosaurier und Sauropoden, jedoch anbelangt, sind deren Denkmuskel geradezu dermaßen erschreckend unterentwickelt, dass man sich fragen muss, wie sie da überhaupt noch ihre simpelsten Körperfunktion steuern konnten. Das jurassische bzw. kreidezeitliche YouTube dürfte voll gewesen sein von Videos über Dummheiten anstellende, tollpatschige Großsaurier.

Einige Paläontologen vermuten in einer Verdickung des Rückenmarks bei Sauropoden bzw. in den Hüften bei Stegosauriern eine Art „zweites Gehirn", 20-mal größer als deren eigentliche Gehirn. Derlei gibt es jedoch auch bei modernen Straußenvögeln, sie dienen dort aber lediglich als Sitz einer Drüse und dies könnte ähnlich bei den Dinosauriern gewesen sein. So wird diese Idee eines zweiten Gehirnes bei den Dinosauriern in letzter Zeit eher kaum noch verfochten, völlig ad acta gelegt wurde sie aber nicht.

Die Erklärung für solch kümmerliche Denkorgane ist relativ simpel: Die Dinosaurier schlüpften aus Eiern, die im Vergleich zu denen der Laufvögel eher winzig waren. Also waren sie gezwungen, in Rekordzeit schnell groß … sehr groß zu werden, um in einer Umwelt voller Riesen zu überleben. Sie mussten dazu sehr viel Nahrung zu sich nehmen, die Größe ausgewachsener Gehirne wird aber schon im embryonalen Zustand festgelegt, nach der 'Geburt' wachsen diese deutlich weniger stark, wie der Rest des Körpers. Daher kommt es auch, dass bei allen Wirbeltieren die Jungen besonders große Köpfe im Verhältnis zu ihren Körpern haben, ganz gleich ob Krokodil, Dinosaurier, Amsel, Wolf oder Mensch. Dazu kam, dass die Dinosaurier außerordentlich viel Energie in ihr extremes Wachstum investieren mussten. Damit fehlte ihnen auch die „Freizeit" heutiger Vögel, die sich mit halbwegs vollem Magen solchen Luxus leisten können, wie etwa Menschen mit ihrem Gepiepe aus dem Sonntagsschlaf zu reißen. Bei einer solch einseitigen Lebensführung darf ein dermaßen Ressourcen verschlingendes Organ wie das Gehirn einfach auch nicht größer geraten, als es unbedingt notwendig.

Betrachtet man unser eins, so sind bei uns die Schlauesten nicht unbedingt auch die mit dem größten Denkapparat. Neben dem bloßen Volumen spielen auch Faktoren wie eine vergrößerte Oberfläche (durch Einfaltung) und Vernetzung (durch Synapsen) eine wichtige Rolle. Und Schädelabgüsse lassen zwar ganz gut erkennen, in welche Teile das Gehirn untergliedert ist, womit dann auch gewisse Rückschlüsse über besondere Leistungen oder Unvermögen, des jeweiligen Träger des Gehirns möglich sind. Aber da es zwischen ihm und dem Schädel immer noch Raum für Hirnhaut und Adern gibt, zeichnen sich feinere Strukturen wie Windungen auf dem Knochen nicht richtig ab, und diese Windungen sind es, die ein menschliches Gehirn so deutlich von einem tierischen unterscheiden. So weiß man, dass die Neandertaler gegenüber uns heutigen Menschen im Durchschnitt ein größeres Gehirn besaßen, sie aber wohl in Sachen Geistesleistungen dennoch unterlegen waren. Grund könnte ein anders aufgebauter Denkapparat sein und wenn dies in die eine Richtung geht, dann sicher auch in die andere.

Viel Hirn braucht auch viel Energie, hierbei auch viel Sauerstoff. Wir wissen alle, welche schweren Hirnschäden bereits durch eine relativ kurzzeitige Unterbrechung der Sauerstoffversorgung entstehen, zum Beispiel bei Feuer oder dem Ertrinken. Das Atmungssystem der Dinosaurier dürfte bereits dem moderner Vögel entsprochen haben. Dieses sorgt mittels zweier Luftsäcke dafür, dass die Luft die Lunge zweimal passiert, und zwar beim Ein- und beim Ausatmen, weswegen es effektiver ist, als das der Säugetiere. Vögel haben mit diesem System unter anderen auch eine sehr gute Sauerstoffversorgung des Gehirns, gleiches darf man auch für die Dinosaurier annehmen, von einer damit verbundenen qualitativen Mehrleistung des Hirns ist aber kaum auszugehen.

Das allein kann die geringe Hirngröße nicht kompensieren. Die Frage, wie die Dinosaurier mit solch einem kleinen Gehirn, alle Funktionen des Körpers und das Überleben in einer feindlichen Umwelt gewährleisten konnten, ist bisher nicht vollständig geklärt. Wenn man hier entgegen aller von heutigen bekannten Reptilien bekannten Werte, eine erhöhte Leistungsfähigkeit der Saurierhirne annimmt, etwa durch verstärkte Einfaltungen und Synapsen-Verknüpfungen wie sie beim Menschen vorhanden sind, erhält man bei Typen mittlerer Hirngröße durchaus Daten, welche zwar immer noch, unter denen ihrer Säugetier-Äquivalente liegen, aber dennoch sich vergleichen lassen können. Aber tatsächlich ist dies eine sehr wagemutige Hypothese, welche allgemein als eher unwahrscheinlich angesehen wird. Ohnehin würde es insbesondere den Stegosauriern und noch größeren Sauropoden immer noch nicht ausreichen, da deren Hirne noch kleiner waren, als die ihrer zweibeinigen Dino-Kollegen.

Letztlich bleibt, dass immerhin die intelligentesten Dinosaurier bei dem Verhältnis von Hirn- zu Körpermasse tatsächlich im Bereich heutiger großer, aber nicht wirklich intelligenter Laufvögel rangieren, aber noch nicht in dem der weitaus intelligenteren Papageien, Meisen und Rabenvögel. Es ist schwer, heute zu realisieren, zu welchen Intelligenzleistungen Velociraptor oder Troodon tatsächlich fähig gewesen wären. Hier kann man nur Vermutungen anstellen, bei denen uns in der Praxis die heutigen Vögel nur wenig helfen. Es scheint aber, dass in der Praxis auch der intelligenteste Dinosaurier nicht wirklich schlau oder gar gerissen war. Unabhängig und letztlich von allem vorhergesagten, schließen all die genannten Fakten aber nicht aus, dass sich ein leistungsfähiges Dinosaurierhirn binnen einiger Dutzend Millionen Jahren Evolution bei zahlreichen Arten hätte entsprechend entwickeln können. Auch unser menschliches Gehirn hat in den letzten zehn Millionen Jahren Evolution, in jeder Hinsicht, erheblich zugelegt – was damals sicher niemand hätte mit Sicherheit voraussagen können.

Warm oder Kalt?

Eine weitere wichtige Frage ist die Frage der Art des Energiehaushaltes eines Lebewesens. So dürfte es sinnvoll sein, wenn ein Dinosaurier auf dem Weg hin zum Sauro sapiens auch Warmblütigkeit oder Gleichwärmigkeit besessen hätte. Denn Kalblütigkeit oder Wechselwärmigkeit hätte die betroffenen Tiere, durch die Notwendigkeit des Auftankens an Körperwärme, in ihrer Agilität massiv behindert. Da Vögel aber ebenfalls warmblütig sind, darf man davon ausgehen, dass es zumindest auch einige, wenn nicht gar die meisten Dinosaurierarten ebenfalls waren.

Immerhin sind Dinosaurierarten bekannt, die an den Polen (genaugenommen am Südpol) lebten. Dort war es zwar seiner Zeit recht gemäßigt, aber wie heute fehlte im Winter über Wochen hinweg die Sonne und das Tageslicht, durch welches man sich hätte erwärmen können – dennoch florierten die antarktischen Saurierpopulationen.

Einige Flugsaurier waren so klein wie Spatzen, es wäre wohl schwer bis unmöglich für ein kaltblütiges Wesen, genug Energie zu erzeugen um die Körpertemperatur zu halten und dann noch fliegen zu können. Fossilien des Pterosauier, einst als Vorfahre der Vögel angesehen, heute als davon unabhängige Linie, zeigen klare Eindrücke von Haaren und Pelz. Sie sahen daher eher wie eine Fledermaus aus, als wie ein Vogel. Immerhin konnten sich gleich mehrere Flugsaurierarten gegen die sich parallel entwickelnden Vögel für viele Millionen Jahre behaupten, bis zum KT-Ereignis. Die Entwicklung der Vögel als eigenständige Linie begann vor ca. 155 Millionen Jahre und dauerte nur wenige Dutzend Millionen Jahre an, bis aus Dinosauriern Vögel wurden, die unseren heutigen Vögeln schon sehr ähnlich waren. Beim KT-Ereignis gab es die Vögel dann schon mehrere Dutzend Millionen Jahre. Der Schritt zu einem fortschrittlichen Energiehaushalt dürfte dabei sehr früh, wahrscheinlich innerhalb der Entwicklungslinie der noch frühen Dinosaurier des Trias, gelegen haben.

Aus all diesen Gründen wird von der Forschung für einige Arten der Dinosaurier Warmblütigkeit oder zumindest eine Entwicklungstendenz angenommen, z.B. für die kleineren Coelurosaurier. Aktuell wird für das Jura bei mehr als der Hälfte aller Dinoarten angenommen, dass diese warmblütig / gleichwarm waren.

Familienverhalten

Im Sommer 1978 fand man in Montana ein Nest von fünfzehn versteinerten Dinosaurierbabys, die jeweils etwa drei Meter lang waren. Sie waren bereits Jungtiere, weil ihre Zähne bereits erste Abnutzungsspuren trugen. Bei weiteren Ausgrabungen vor Ort fand man eine große Ansammlung weiterer Dinosauriernester, eine wahre Hadrosaurier-Brutkolonie von 300 Eiern. Darüber hinaus über 60 Skelette von Dinosauriern aller Altersgruppen, vom Embryonen bis hin zum Erwachsenen. Die Nester, die etwa sechs bis sieben Meter breit waren, lagen etwa 20 Meter voneinander entfernt und boten somit ausreichend Platz für die sperrigen Eltern. Einige Nester zeigten eindeutig, dass die Nestlinge bereits das Nest verlassen hatten, aber andere enthielten unreife Skelette unterschiedlicher Größe. Die Physiologie der Skelette bestätigt, dass Dinosaurier Babys schnell wuchsen, ähnlich Reptilien, aber auch ähnlich Vögeln – Säugetiere aller Arten wachsen da deutlich langsamer. Die Eier waren oval geformt mit einer maximalen Abmessung von etwa 20 cm und boten ausreichend Platz für Jungtiere bis etwa 40 bis 50 cm lang. Gefunden wurden vor Ort auch bis zu acht Meter lange Heranwachsende, neben 20 Meter langen erwachsenen Dinosauriern, das deutet darauf hin, dass die Jungen und ihre Eltern (zumindest aber die Mütter) zusammen blieben, bis die Jungen ausgereift waren, möglicherweise gar bis sie geschlechtsreif waren. Das Verhältnis von Jungen zu Erwachsenen scheint zwei zu eins gewesen zu sein. Zu derlei Verhalten waren aber nicht nur Hadrosaurier in der Lage, so fand man in der Nähe auch die Nester anderer Dinosaurier, wie Hypsilophodontidae, und kam zu vergleichbaren Ergebnissen. Der Paläontologe John Noble Wilford kam daher zu dem Schluss, dass einige Dinosaurier einen Sinn für Familie und Gemeinschaft hatten – anders wie beispielsweise Krokodile, die die eigene Brut fressen.

Eine wichtige Eigenschaft zur Evolution hin zum Menschen war das Rudelverhalten von unseren Vorfahren, ohne dieses wäre der Aufbau einer Gesellschaft kaum denkbar. Man darf daher davon ausgehen, dass auch beim Vorfahren eines Sauro sapiens ein solches Verhalten notwendig gewesen wäre. Ebenso notwendig wäre es, dass dieser ein Fleisch- besser aber noch ein Allesfresser wäre. Raubtiere sind im Tierreich immer die schlaueren Tiere, denn Raubtier zu sein, heißt listig und vorausplanend zu sein. Fleisch liefert dem Gehirn aber auch das notwendige Mehr an Energie. Nahezu undenkbar, dass sich aus einer Kuh oder einem Pferd, ein intelligentes Wesen entwickelt hätte oder es irgendwann würde. Dies dürfte auch für Dinosaurier zutreffen und tatsächlich gab es auch solche Arten, die in ihrem Rudelverhalten, sowie in deren Art der Nahrungssuche und -aufnahme, durchaus die notwendigen Sollkriterien erfüllt hätten.

Haben alle Dinosaurier Eier gelegt?

Wohl eher nicht, nicht einmal alle modernen Reptilien legen Eier. Schlangen, Echsen, einige Amphibien (Molche) und sogar einige Fische (Haie, Guppys und Seepferdchen) behalten ihre Eier in sich bis zur Geburt. Die Seeschlangen des Indischen Ozeans gebären lebend. Sie alle haben zwar keine Plazenta wie die Säugetiere, um den Embryo zu nähren, während es sich entwickelt, aber trotzdem behalten sie ihre Eier in ihren Körpern, bis sie ausreichend sich entwickelt haben, um eigenständig zu überleben. Klapperschlangen sind noch weiter, sie behalten ihre Eier in sich und verzichten dabei auf deren harte Schale. Der Embryo erhält seine Nahrung nicht nur aus seinem Eigelb, sondern auch durch Diffusion von Nahrung von der Mutter über die dünne äußere Membran des Eies mittels eines einer Planzenta ähnlichem Organ.

Auch eine Froschart 'Gastrotheca' behält seine Jungen in einem Beutel, bis sie als Kaulquappen schlüpfen und ins Wasser hinaus gelassen werden. Eine weitere Art ist da aber bereits weiter, sie hält die Nachkommenschaft in einer Tasche, bis sie als Baby-Frösche 'geboren' werden. Die westafrikanische Kröte 'Nectophrynoides' behält ihre Eier in ihren Eileiter. Wenn die Kaulquappen schlüpfen, haften sie sich an den Eileiter, in welchem die Mutter die Umweltverhältnisse eines Teiches simuliert und über diese die Kaulquappe versorgt wird. In der nächsten Regenzeit werden dann die Kleinen als kleine, aber bereits fertige Kröten geboren.

Vergessen sei dabei auch nicht der Quastenflosser, er galt einst als das Tier welches als erstes den Schritt vom Wasser auf Land tat, diesen Rang haben ihm mittlerweile andere abgelaufen und wurde damit auch aus der Ahnenkette der Landwirbeltiere verstoßen, tatsächlich ging der Quastenflosser wohl nie absichtlich an Land. Allerdings, auch dieses Tier gebärt bereits lebendige Nachkommen. So weiß man auch, dass einige Dinosaurier lebend gebärend waren, alles voran die Meeressaurier wie der Ichthysaurier. Die großen Meeressaurier mussten schon alleine deshalb ihren Nachwuchs lebend zur Welt bringen, weil sie gar nicht in der Lage waren zum Eier legen wieder an Land zu gehen. Es wäre ihnen darin ähnlich unmöglich gewesen, wie den Walen, Delphinen oder Haien.

Auch von manchen großen Saurierarten, wie den Brontosauriern, wird angenommen, dass sie lebend gebärend waren, da sie sich kaum zum Eierlegen hätten hinhocken können. Die einzige Möglichkeit wäre hier gewesen, die Eier über einen 'ausrollbaren Schlauch' aus dem Eileiter langsam auf den Boden gleiten zu lassen, um nicht beim Aufprall zu zerbrechen. So wären auch Gelege bzw. Nester faktisch undenkbar, einmal weil man sich kaum vorstellen kann wie die großen Saurier diese hätten sorgsam anlegen sollen, andermal auch, weil diese die Gelege bzw. Nester beim Eierlegen möglicherweise wieder zerstört hätten. Andererseits fand man Fußspuren von Saurierfamilien, und diese belegen, dass die älteren, die jungen in ihre Mitte nahmen, ein eindeutiges Sozialverhalten, wie es auch für Säugetiere typisch ist und dafür spricht, dass die Saurierbabys in Gemeinschaft ihrer Muttertiere zur Welt kamen und späterhin von ihnen auch groß gezogen wurden. Um dies alles mit Eiern zu erklären, müssten aber diese riesig groß gewesen sein, mehr als drei Meter, eher gar fünf Meter, damit die Jungtiere nicht zu klein sind, so dass sie in den Herden von ihren riesigen Eltern nicht zertreten worden wären. Auch müssten dann die Eier erst faktisch ausgebrütet gelegt worden sein, so dass die Jungen nur wenige Minuten oder Stunden nach dem Legen geschlüpft und nur wenig später auch ausreichend agil gewesen wären. Der Paläontologe Bakker ist der Ansicht, dass ein Brontosaurierbaby beim 'auf die Welt kommen' mindestens eine viertel Tonne gewogen haben muss, etwas sehr gewichtig für ein Ei, es wäre wohl unter diesem Gewicht zusammengebrochen.

Anders die nicht mit den Vögeln verwandten Flugsaurier, ihr Becken war definitiv zu schmal, um lebend gebärend ausreichend großen Nachwuchs zu bekommen, entweder bekamen sie solchen mittels Eier und zogen dann die geschlüpften Babys in Nestern groß, oder sie sie zogen sie am Körper groß, zum Beispiel wie es Beuteltiere tun.

Apropos, ein wagemutiger, aber nicht völlig abwegiger Gedanke: Könnten Sauropoden ihre Jungen in Beuteln, ähnlich denen der Beuteltiere mit sich geführt haben? Das Problem ist dann, wie sie gefüttert worden wären. Kängurus sind Säugetiere, mit Zitzen die die zu nährende Milch liefern. Diese entwickelten sich wohl aus einstigen Drüsen der Haut, so wie auch Schweiß- oder Talgdrüsen. Letztere haben auch Vögel und die Dinosaurier hatten sie wohl zur Hautpflege ebenfalls. Völlig auszuschließen ist es daher jedenfalls nicht, dass auch bei Dinosauriern sich einige dieser Drüsen zu Milchdrüsen hätten weiterentwickeln können. Der Vorteil der Aufzucht des Nachwuchses in Beuteln liegt darin, dass die Eier aus denen der noch bei weiten ‚unfertige' Nachwuchs schlüpft, recht klein sein könnten. Da dann aber die ‚Beutelbewohner' ebenfalls zu klein wären um ihre Wärme zu halten, würden sie durch die Körperwärme der Mutter schön warm gehalten werden. Auch wenn also eine solche Brutpflege möglich wäre, bisher wurde noch kein Fossil gefunden, welches eine solche Brutpflege belegen würde. Wobei es freilich schwer zu unterscheiden wäre, ob die Knochen des kleinen Sauriers nun in einem Beutel vor dem Bauch, oder nur wenige Zentimeter dahinter im Gedärm gelegen haben.

Die großen pflanzenfressenden Dinos konnten wahrscheinlich die Nahrung in ihren Magen vergären lassen, weil die Cycadeen und Farne die sie aßen, doch recht zäh und faserig waren - mit anderen Worten schlecht verdaulich. Dabei hätte es die Natur auch so einrichten können, das der Kot, oder zumindest ein Teil dessen, als Nahrung für die Aufzucht hätte genutzt werden können. Es gibt tatsächlich einige Tierarten, die so ihre Nachkommenschaft in der ersten Zeit ernähren. Selbst bei der Geburt eines Menschenbabys sondert der After der Mutter Kot ab, welches nach Möglichkeit in das Gesicht, speziell dem Munde des Babys geschmiert wird, hier geht es aber weniger um eine Ersternährung nach der Geburt, sondern die Versorgung des Babys mit wichtigen Darmbakterien. Es zeigte sich dass Kinder die mittels Kaiserschnitt geboren werden, und diese Kotimpfung nicht erhalten haben, später eher Allergieprobleme haben und auch sonst nicht so gesund sind, wie die die die Kotimpfung erhielten.

Die aufrechte Haltung mancher Dinosaurier erinnert an die Haltung von Känguru und Wallaby, vielleicht haben einige von diesen so auch ihre Babys groß gezogen … oder sie machten es wie die Säugetiere. Leider sagen Fossilien dazu nur wenig aus, da Weichteile extrem selten fossilisiert werden. Daher ist alles dazu Spekulation, aber auch Denkansatz für Möglichkeiten.

Kommunikation

Dinosaurier hatten empfindliche Mittelohrknochen und eine Kerbe in ihrem Schädel, von wo aus die engen Trommelfelle gespannt wurden. Krokodile und Vögel, die beide mit den Dinosauriern verwandt sind, haben ein recht brauchbares Gehör. In der Regel ist es ein nicht so Hochwertiges wie das der Säugetiere, aber für eine ausreichende Kommunikation reicht es aus. So dürfte es wahrscheinlich sein, wenn die Dinosaurier auch ein relativ gutes Gehör hatten.

Natürlich hatten Dinosaurier nichts Vergleichbares wie unseren Kehlkopf, zwar besitzen Vögel einen solchen, aber der ist ohne Stimmlippen und Kehldeckel, was eine genaue Artikulation menschlicher Art nicht möglich machen würde. Dinosaurier hatten möglicherweise einen ähnlichen Kehlkopf wie Vögel, bestimmt aber keinen wie die Säugetiere. Warum sollten sie auch? Selbst unsere Wale oder Delphine (ebenfalls beides Säugetiere), führen eine für die Tierwelt recht anspruchsvolle Kommunikation auf der Basis einer Vielzahl von Tönen, viele vom Menschen gar nicht wahrnehmbar. Der Hadrosaurier hatte markante Kämme zum Schutz seiner langen Nasengänge. Philip Currie vom Albertas Tyrrell Museum legt nahe, diese könnten als Resonanzkammer, es dem Hadrosaurier ermöglicht haben Töne in der Art eines Posthornes zu machen. Es wird vermutet, dass der Edmontosaurus einen aufblasbaren Sack auf der Schnauze hatte, der als Resonator es ermöglichte, Anrufe und Signale an die anderen Mitglieder der Herde zu machen, um sie so auf etwas aufmerksam zu machen oder zu warnen. See-Elefanten haben jedenfalls ein ähnliches Organ, welches sie entsprechend nutzen. Auch der Maiasaurier aus Montana, konnte recht tiefe Töne mittels Ein- und Ausblasen von Luft durch seine Nasengänge erzeugt haben.

Intelligente Vegetarier?

Kann ein Vegetarier sich zu einem intelligenten Wesen entwickeln? Das menschliche Gehirn verbraucht einen erheblichen Teil der uns durch die Nahrung gelieferten Energie, Vegetarier oder gar Veganer schaffen es dennoch nicht zu verblöden – obwohl da meine Frau ganz anderer Meinung ist! Und so ganz unrecht hat sie nicht. Dass ein heutiger Mensch als Vegetarier (oder gar Veganer) auch ganz gut überleben kann, liegt vor allem daran, dass er nicht mehr den Unbilden des Wetters und den Erschwernissen der Nahrungssuche ausgesetzt ist. Außerdem muss er ja (als Art) nicht mehr sein Gehirn weiterentwickeln. Ein Tier, welches proteinreiches Fleisch isst, benötigt weniger Zeit für Nahrungssuche und Essen, gewinnt so mehr Zeit für die Pflege sozialer Beziehungen. Aber auch für andere Dinge – Weiterentwicklung, Kreativität, Kultur.

Aus versteinerten Fährten wissen wir, dass fleischfressende Dinosaurier oft auch in Rudeln jagten, zum Teil ist in diesen Fährten sogar planvolles und strategisches Verhalten erkennbar. Kommunikation zwischen den einzelnen Rudelmitgliedern ist dabei elementar und tatsächlich auch an den Fährten erkennbar. Kommunikation gibt es zwar auch bei Vegetariern, aber doch in einem weit beschränkteren Ausmaß. Somit zeigt sich, das einerseits Fleischnahrung wichtig ist für steigende Intelligenz. Tiere welche von Pflanzenkost auf Mischkost bzw. gar auf Fleischkost wechseln, steigern im Laufe dieses Wechselprozessen nachweisbar ihre Intelligenz und ihre Kommunikationsfähigkeit. Aus solch einer evolutionären Entwicklung muss freilich keine anspruchsvolle Kommunikation und Sprache entstehen, wie bei uns Menschen, aber es ist doch eine wichtige Grundvoraussetzung intelligenter Entwicklung. Sprache hilft Sammelaktivitäten zu koordinieren, wie auch Sozialkontakte zu vertiefen, noch mehr aber Erfahrungen auszutauschen.

Die Schädel der Dinosaurier zeigen, dass viele von diesen wohl sehr gut entwickelte Sinne hatten. Die Struktur der Ohren zeigt ein ausgezeichnetes Gehör und die Fähigkeit, hohe schrille Geräusche, möglicherweise zunächst die Rufe ihres Nachwuchses, aber auch derer von Artgenossen, auch aus einiger Entfernung wahrzunehmen. Gehirnabgüsse zeigen hoch entwickelte Nasen, der Geruchssinn war also recht weit entwickelt und auch die Augen standen einer fortschrittlichen optischen Wahrnehmung kaum nach.

Einige Möglichkeiten für die Vorstufen der intelligente Dinosaurier

Compsognathus war ein kleiner, kaum zwei Meter langer, aber recht schlanker Dinosaurier vom Ende des Jura vor 140 Millionen Jahren, mit dem Gewicht eines Truthahns. Seine Hand hatte nur zwei Finger und seine Vorderbeine waren kurz, aber er war flink und mit seinen Händen konnte er leicht seine Beute fangen.

Ornitholestes lebten etwa zur gleichen Zeit, wie Compsognathus war aber größer und hatten einen mächtigen Kopf. Seine Arme waren lang und er hatte drei Finger, von denen zwei lang waren und der andere, der Daumen, kurz und opponierbar.

Die Coelurosaurier waren kleine, leicht gebaute schnell laufende Raubtiere. Sie hatten kleine Köpfe mit scharfen Zähnen, mäßig lange Hälse und lange Arme mit Greifhänden. Tiere dieser Art müssen während der weit über 140 Millionen Jahre Herrschaft der Dinosaurier reichlich vorhanden gewesen sein, aber wegen ihrer leicht gebaut Physiologie und einer wahrscheinlich arborealen Lebensweise, konnten nur wenige ihrer Knochen fossilisieren. Die Dromaeosaurier, die aus dem Coelurosaurier sich entwickelt zu haben scheinen, lebten am Ende der Kreidezeit und könnten ein heißer Anwärter für eine Fortentwicklung zu einen Sauro sapiens sein.

Die Ornithomimosaurier hatte dreifingrige Hände, lange Arme, große Gehirne und ebenfalls opponierbare Daumen. Oviraptorosaurs, die in dieselbe Kategorie fallen, hatte gute Greifhände. Saurornithoidide wie Stenonychosaurus könnten die eher nachtaktiven Säugetiere in die Nacht gejagt haben, dies schärfte deren Intelligenz.

Checkliste für Sauro sapiens

Was den Menschen zum Menschen machte

Im vorherigen Teil habe ich einige Voraussetzungen für die Evolution hin zu einem intelligenten Wesen hin erläutert, im nachfolgenden gilt es die genannten körperlichen 'Must haves' aufzulisten, die für unsere Entwicklung kennzeichnend gewesen sind, um dann in den Stammbäumen dinosauroider Arten nach Vergleichbarem zu suchen. Das bedeutet nicht im Umkehrschluss, dass Arten, die nicht diesem Maßstab entsprachen bzw. entsprechen, auch niemals vernunftbegabte Formen hervorbringen können. Es bedeutet nur, dass physische Merkmale, die einen nachweislichen Beitrag zum Aufstieg unserer Gattung geliefert haben, auch anderswo zu vergleichbaren, hominiden Formen sich entwickeln hätten können.

Als erste typische Eigenart des Homo sapiens ließe sich das Fehlen einer übermäßigen Spezialisierung anführen. So zeigt sich allgemein im Tierreich, dass Generalisten intelligenter und vielseitiger sind, als ihre mehr spezialisierten Verwandten. Sie müssen immer in der Lage sein, sich auf verschiedene Milieus einzustellen. Sie müssen sich immer und überall an die Gegebenheiten anpassen, dies verlangt einen Grad von Intelligenz, den spezialisierte Arten nicht benötigen. Es sind dann übrigens zumeist auch die spezialisierten Arten, die zuerst aussterben, während sich die Generalisten weiterentwickeln.

Zweitens fehlen uns nennenswerte körperliche Verteidigungswaffen – wie Hörner und Panzer, Hauer und Reißzähne, Krallen und Hufe – wenn wir nicht ins Hintertreffen gegen stärkere Räuber geraten wollen, sind wir fast schon gezwungen, uns mit 'körperfremden Material' zu behelfen.

Daraus ergibt sich auch gleich der nächste Punkt: ein universell verwendbares Greiforgan. Um eine Waffe wie auch ein Werkzeug führen zu können, muss man es erst einmal halten können. Die Vögel können hier ihren Schnabel einsetzen, gelegentlich auch ihre Füße. Bei den Säugetieren ist es etwas komplizierter. Ein Eichhörnchen etwa braucht beide Vorderpfoten, um eine Nuss zu halten, und muss sich dazu aufsetzen. Für einen Vierfüßer ist das eine arg unbequeme Haltung, die auch nicht allzu lange eingenommen werden kann, viele Arten können dies faktisch gar nicht. Der Mensch und viele Affen aber haben nicht nur Finger mit denen man etwas umfassen, also greifen kann, sondern auch noch einen opponierbaren Daumen. Eine solche Hand erst gestattet es, mit einem einzigen Griff zuzupacken – kein Pferd, kein Schwein, Hase, Hund oder Igel wäre dazu in der Lage. Dazu kommt, dass bei den Menschen die Krallen zu Nägeln umgewandelt sind, was durch den Einsatz der Fingerspitzen einen präziseren und definierten Griff überhaupt erst erlaubt. Damit kann man Werkzeuge nicht nur nutzen, sondern auch herstellen, bearbeiten und verfeinern – damit kann man überhaupt erst eine feinmechanische Uhr herstellen. Wie viele Finger eine Hand hat, ist dabei unerheblich, es wäre auch eine Hand denkbar mit zwei Fingern und zwei Daumen. Aber auch hochflexible Tentakeln wie die von Kraken erfüllen die Anforderungen. Dennoch, unsere fünffingrige Hand ist schon recht optimal, wohl eines unserer am besten konstruierten Körperteile.

Hat man nun erst so etwas wie eine Hand, nützt die nur eher wenig, ohne die passenden Sinnesorgane die sie erst in die richtige Richtung lenken. Will man die Oberfläche eines Gegenstandes wahrnehmen und bearbeiten, eignen sich kaum Geruchs- und Geschmackssinn, sondern eine hervorragende, räumliche optische Wahrnehmung ist fast schon zwingend. Zwei Augen erfüllen diese, allerdings gibt es verschiedene Arten von Augen, solche wie sie Insekten haben könnten möglicherweise ungeeignet sein. Könnten - aber so genau weiß man dies nicht.

Der Gehörsinn ist hierbei nur dann von Nutzen, wenn er in Verbindung mit einem Echo-Ortungssystem genutzt wird, wie ihn viele Fledermäuse und Wale besitzen. Als Alternativen wären allerdings 'Sehvermögen' auf Basis von Funk- oder Radarwellen denkbar. Viele Tiere, wie Maulwürfe, nutzen Haare für ihre Umgebungswahrnehmung, dies ist aber nur geeignet für die unmittelbare Umgebung. Letztlich können sich aber verschiedene Wahrnehmungsformen hierbei ergänzen, es ist schwer zu erfassen, was hier alles möglich ist, da wir hier als Menschen im Besonderen, und Tier im Allgemeinen, ein relativ begrenztes Spektrum an Sinneswahrneh-mungen haben. Der Mensch hat mit seinen fünf (sehen, hören, schmecken, riechen, tasten/ fühlen) Sinneswahrnehmungen schon mehr als der Durchschnitt der Fauna, welche es meist auf kaum 4 schaffen. Tatsächlich werden Tieren, wie Menschen auch noch mehr Sinne zugesprochen, wie dem Gleichgewichtssinn, aber diese sind eben so grundsätzlich, dass ein Wesen ohne diese gar nicht existieren könnte. Andere, wie der 6. Sinn, das 3. Auge und dergleichen sind eher nicht im naturwissenschaftlichen Rahmen.

Aber zurück zu dem so gerne unterschätzten Tastsinn. Bei Arbeiten, die Präzision erfordern, ist er fast noch wichtiger als der optische Sinn. Die Fingerkuppen des Menschen sind besonders gut entwickelt, was sie geradezu prädestiniert, Gegenstände und die an ihnen vorgenommenen Änderungen zu überprüfen. Tatsächlich sind sogar Blinde in der Lage, einige besondere feinmechanische Arbeiten auszuführen, oft gar besser als Sehende. Wie auch immer, um sich eine solche Empfindlichkeit leisten zu können, dürfen die entsprechenden Extremitäten aber nicht mehr zum Laufen genutzt werden. Wobei man hier allerdings auch auf die hohen manipulativen Fähigkeiten hinweisen muss, die manche 'Handlose' mit ihren Füßen erreichen, dies liegt aber vor allem daran, dass auch unsere Füße eine vergleichbare Entwicklung durch-liefen wie unsere Hände. Anders aber als bei den Händen, würden uns Hufe oder Schwielen-ballen auch als Menschen kaum schlechter stehen wie Pferd oder Kamel, am Fuß wären sie wohl weder Vor- noch Nachteil – aber eben nur dort. Aber in der Frühzeit der menschlichen Evolution wurden auch die Füße massiv für Manipulationen genutzt, wie man bei Affen noch heute gut erkennen kann. Oder auch bei Menschen, die durch die verschiedensten Gründe keine brauchbaren Arme besitzen, ihre Füße aber, in kaum schlechterer Art als Hände einsetzen.

Haben wir also eine vollumfängliche Hand, einen brauchbaren Tastsinn und ein tiefen-räumliches Sehen, dann brauchen wir noch etwas um komplizierte Werkzeuge herzustellen, den 'Sinn', abstrakt und damit in die Zukunft zu planen. Es braucht zwangsläufig auch ein leistungsfähiges Gehirn, das in der Lage ist, über die unmittelbare Gegenwart hinaus zu planen, und das sich ein inneres Bild von dem Werkzeug machen kann, wie es nach der

Bearbeitung aussehen soll. Es gibt viele Werkzeug benutzenden Tiere, viele von diesen können ihre Werkzeuge auch in einem gewissen Sinne bearbeiten. So zum Beispiel zum entasten eines Astes, aber keines kann aus einer Steinknolle, einen Faustkeil herstellen, geschweige denn eine Pfeilspitze – nicht einmal ein Affe.

Das Gehirn soll aber nicht nur abstraktes denken erlauben, sondern auch Neugier und eine damit verbundene Experimentierlust unterstützen, denn es muss ja überhaupt erst einmal der Antrieb entwickelt werden, etwas Neues auszuprobieren, und dies möglichst oft.

Freilich ist das Gehirn kein Organ wie jedes andere. Jede Vergrößerung, jede Verstärkung seiner Fähigkeiten, ist ein teuer erkaufter Luxus. So beansprucht unsere menschliche Denkmurmel bereits im Ruhezustand ein Fünftel der physisch erzeugten Energie und fast des gesamten, über die Atemluft aufgenommenen Sauerstoffs, und dies bei gerade einmal 2 % der Körpermasse. Ein wechselwarmer Metabolismus, wie der von herkömmlichen Reptilien, wäre zu solchen Lieferleistungen nicht einmal annähernd fähig. Und wo ein Körperteil dermaßen Ressourcen bindet, fehlen sie natürlich anderswo. Es mag verwundern, aber in der freien Natur, in der eine bestmögliche Verwertung der begrenzten Nahrungsvorräte ebenso wichtig ist, wie die Stärke und Ausdauer des Leibes als Ganzes, wird ein Übermaß an grauen Zellen sehr schnell zu einem Nachteil im Kampf ums Dasein. Es bringt einem Tier keinen Vorteil, wenn sein Intellekt es bewusst dazu bringt von einem Ort zu einem anderen zu flüchten, bei dieser Denksportaufgabe aber soviel Energie verbraucht, dass es den Zufluchtsort gar nicht erst erreicht. Das Gesamtkonzept muss stimmen – beim Menschen und seinen 'affigen' Vorfahren stimmte es. Es stimmte aber andererseits aber kaum bei den meisten Dinosaurierarten, deren Gehirn kaum die Größe einer Walnuss erreichte, während sie selbst das Mehrfache der Größe eines Elefanten erreichten. Nun ist es so, dass so ein Gehirn eigentlich zu klein ist für so ein großes Tier, so klein, dass es selbst mit der grundlegenden Lebenserhaltung eigentlich schon überfordert sein dürfte. Dabei ist freilich denkbar, dass einige Saurierarten (wohl aber nicht die von denen die Vögel abstammen), ihr Gehirn dezentralisiert haben, Nervenknoten in den einzelnen Körperteilen hätten die grundlegenden Körperfunktionen effizient durchführen können. Mit Sicherheit wäre so ein 'körpereigenes Internet' effektiver als unser 'Zentralnerven-system' und wäre alleine schon deshalb als mögliche Alternative denkbar. Nichtsdestotrotz, würde bei beiden Arten der Energieverbrauch vergleichbar sein, die Unterschiede würden hier eher auf rein 'technischer Ebene' liegen.

Wie schon erwähnt ist ein Gehirn, ganz gleich ob als Zentralnervensystem oder als 'Brainales Internet' recht energieintensiv. Bei uns Menschen schaffen es Vegetarier, Veganer und sogar Fruktaner zu überleben, ohne dabei zu verblöden. Heute! Wären unsere Vorfahren solche gewesen, würden sie noch auf den Bäumen klettern. Denn heute leben wir in geschützten Biotopen, wir brauchen kaum noch 2.000 Kilokalorien pro Tag, diese können wir tatsächlich auch gut mit Tofuschnitzel und Bratwurst aus Blumenkohl bekommen. Unsere Vorfahren brauchten aber doppelt, in der Eiszeit gar mehr als drei mal so viel, da musste das Steak schon echter Mammut sein, sonst wäre es schnell aus gewesen. Natürlich brauchte der Körper schon ein Großteil an Energie um die Körpertemperatur hochzuhalten, aber auch das Gehirn war ein Hauptverbraucher. Ganz klar ist, wären unsere Vorfahren keine Allesfresser gewesen, die sie sich vorrangig als Raubtier und Aasfresser betätigten, und eher nebenher als Früchteverwerter, wäre keine ausreichende Hirnentwicklung denkbar. So gesehen ist auch jede Verweigerung eines Fleischkonsumes, ein Nackenschlag gegen unsere eigene Evolution. Übrigens, auf anderen Planeten oder auch auf der Erde zu anderen Zeiten, wären Pflanzen denkbar, die auch eine vergleichbare Nahrungsgrundlage bieten könnten. Hier auf der Erde haben wir so manche solche mittlerweile gezüchtet: Avocado, Oliven, Soja, Mais, Kartoffeln – eine Frucht die Energie und Mineralien wie Knochenmark liefert, ist nicht undenkbar – dank Gentechnik wahrscheinlich bald sogar real.

Notwendig ist des Weiteren, die Möglichkeit stark differenzierter Kommunikation, die deutlich über das Äußern momentaner Stimmungen oder Signalkundgebungen hinausgeht. Denn wenn ein Individuum in der Lage ist, sich hilfreiche Geräte zu basteln, wird es dennoch keine Zivilisation begründen, wenn es keinen Weg findet, das damit erworbene Knowhow weiterzugeben.

Keine Kultur ist denkbar ohne ein komplexes Sozialverhalten, ein solches kann aber nicht aus sich heraus entstehen, es muss schon tief in den Arten vorhanden sein, aus dem eine 'sapienide' Art entsteht. Dies beginnt bei einem komplexen Sexualverhalten. Auf der Erde sind alle höheren Lebewesen zweigeschlechtlich, wären sie eingeschlechtlich, wäre es kaum denkbar, dass diese überhaupt so was wie eine Kultur entwickeln könnten – der Kampf um die besten Sexualpartner, war wohl einer der größten Triebfedern der menschlichen Evolution. Kaum weniger denkbar wäre es, dass Tiere, die als Einzelgänger oder in einer kleinen familiären Gruppe, zusammenleben, aber jeden anderen Artgenossen sofort als größten Feind betrachten (Krokodile, Löwen, Biber), gemeinschaftsbildend und damit auch kulturschaffend entwickeln könnte.

Nun wissen wir, dass viele Saurierarten groß waren, verdammt groß sogar. Ist es denkbar, dass einer dieser Riesen sich sapienid hätte entwickeln können? Nein, wohl eher nicht, und dies aus vielen Gründen – neben dem Gehirnproblem (sie hatten definitiv die falschen Hirn-Körpermasserelationen), brauchen diese Tiere einfach zu viel Nahrung um die immensen Muskelmassen unter Strom zu halten. Hühnergröße wäre aber auch nicht sinnvoll, ein ideal dürfte so zwischen 1 und 3 Meter Größe (bei aufrechten Stand auf zwei Beinen) liegen.

Fassen wir also die Kriterien zusammen, die die Evolution eine Kreatur mitgegeben haben sollte, damit sie befähigt wäre eine Kultur zu errichten, die der des Menschen vergleichbar wäre (wie gesagt, ob andere denkbar sind, können wir mangels uns bekannter Beispiele nicht konkret erfassen):

- 1.) Das Wesen muss ein Generalist sein.
- 2.) Es benötigt Hände oder Ähnliches, mit denen sich Dinge greifen und präzis bearbeiten lassen.
- 3.) einen Wahrnehmungssinn mit detaillierter tiefenräumlicher Wahrnehmung der Umgebung.
- 4.) seine Fortbewegung erlaubt ihm die freie Entwicklung und Nutzung eines oder mehrerer Greiforgane.
- 5.) einen empfindlichen Tastsinn.
- 6.) ein leistungsfähiges Denkorgan.
- 7.) einen Metabolismus, der eine ausreichende Ressourcenversorgung des Denkorgans gewährleistet.
- 8.) eine Ernährung die ausreichend Ressourcen liefert.
- 9.) eine verfeinerte intraspezifische Kommunikation.
- 10.) ein komplexes Sozialverhalten.
- 11.) eine körperliche Größe welche ein Ideal für eine sapienide Entwicklung darstellt.

Nun bleibt die Frage: Gab es denn überhaupt Dinosaurier, die diese Vorgaben erfüllt haben?

Frage 1 ist verhältnismäßig schwer zu beantworten, da alle bekannten dinosauroiden Formen im Vergleich zu Primatenformen recht stark spezialisiert waren, wie uns ihre anatomischen Ausstattungen (Zähne, Krallen, Körperbau) recht gut zeigen. Dies heißt aber nicht, dass es Solche nicht gab, wir aber keinerlei Kenntnis von diesen haben. Denn unsere Kenntnis von mesozoischen Wirbeltieren ist arg lückenhaft. Man darf nicht vergessen, dass wir uns hier mit einem Zeitraum beschäftigen, der nicht nur ca. 65 Millionen Jahre zurückliegt, sondern auch ein mehr als doppeltes diesen an Zeitraum umfasst. Nach allem aber was man von den Troodontiden weiß, scheinen diese nicht sehr spezialisiert zu sein.

Frage 2 lässt sich da mit größerer Sicherheit beantworten: Greiffähige Hände mit opponierbarem Finger (oder Fingern) sind aus gleich zwei dinosauroiden Entwicklungslinien bekannt. Da sind zum einen die Iguanodonten, große und ausgesprochen erfolgreiche Ornithopoden. Ihr Daumen stand zwar ab, war jedoch aufgrund einer großen, geraden Kralle nicht zum Fassen geeignet. Dafür allerdings ließ sich der kleine Finger abspreizen und den anderen gegenüber stellen. Die Troodontiden konnten von ihren drei Fingern gleich die beiden Äußeren opponieren. Nicht zu vergessen die Maniraptora, bei denen das „Manus" (lat. für „Hand") schon im Namen steckt.

Über die Feinmotorik dinosauroider Hände und Finger lässt sich aus dem Fossilbefund heraus freilich nichts sagen. Etwas wie Fingernägel und sensitive Fingerkuppen scheint es bei Dinosauriern nie gegeben zu haben, die spitze Kralle schmückte wohl jeden Dinosaurierfinger. Es ist zwar kaum denkbar, wie er damit eine Taschenuhr hätte zusammenbauen können, aber es heißt dennoch nicht, dass sich im Laufe einer Evolution diese Krallen nicht doch recht schnell zurückbilden hätten können, denn auch unsere Vorfahren trugen vor Jahrmillionen noch Krallen.

Frage 3, nach einem Wahrnehmungssinn, welches einem eine detaillierte tiefenräumliche Wahrnehmung der Umgebung erlaubt, ist relativ einfach beantwortbar. Bei der irdischen Fauna geht es dabei vorrangig ums Sehen, genau genommen um das berühmte dreidimensionale Sehen. Schon frühe Ceratopsier waren dazu in der Lage, auch wenn diese sich wohl mehr auf ihre Nase, als auf ihre Augen verließen. Aber die überwiegende Mehrzahl der Raubdinosaurier, auch bereits die primitiven Formen aus der frühen Spättrias (Carnium und Norium) und die Theropoden, waren ebenfalls zu einer solchen Wahrnehmung befähigt. Auch hier stechen die Maniraptora und insbesondere die Troodontiden durch ihre oft ungewöhnlich großen Augen hervor. Bei manchen hat man eine nächtliche Lebensweise angenommen (z. B. bei Saurornithoides/Troodon). Zumindest jedenfalls die polaren Saurier, welche auf Antarktika lebten, müssen bei den monatelangen polaren Nächten auch gute Augen gehabt haben. Weitere nachtaktive Arten von Dinosauriern sind weltweit bekannt, bzw. werden zumindest vermutet.

Viele Tiere haben keine tiefenräumliche Wahrnehmung, dies liegt aber weniger an Augen oder Gehirn, sondern daran dass die Augen einfach an den Seiten des Kopfes liegen und es kein oder nur ein geringes sich überlappendes Sichtfeld ergibt. Dies trifft besonders auf die Pflanzenfresser zu, Raubtiere hingegen haben schon seit früher Zeit die Augen eher frontal sitzen, womit sie ein sich deutlich überlappendes Sichtfeld haben. Die räumliche Wahrnehmung des Gesehenen ist dann nur noch eine kleine Denksportaufgabe des Gehirns. Einige Paläontologen weisen auf die für Saurier überdurchschnittliche Größe des Sehzentrums und des für koordinierte Bewegungen zuständigen Hirnareals bei den Troodoniden hin. Auch die Struktur des Innenohres der Toodoniden ließen auf agile Tiere schließen. Mit anderen Worten, viele dinosauroide Arten haben ein ausreichend gutes optisches Tiefenwahrnehmungssystem entwickelt, dies hätte dann auch für die Entwicklung des Sauro sapiens hilfreich sein können.

Frage 4 bezieht sich, unter irdischen Aspekten, auf eine bipede Fortbewegung, so dass das obere Beinpaar als Arme zu verwenden ist, wodurch die eventuell vorhandenen Greiforgane auch frei eingesetzt werden konnten. Schon die frühesten bekannten Dinosaurier waren auch ohne Beteiligung der vorderen Gliedmaßen recht flink auf zwei Beinen unterwegs. Für nicht riesenwüchsige Gattungen blieb dies auch bis zum großen Aussterben die bevorzugte Methode, um von A nach B zu kommen. Wo man ganz oder teilweise zur vierbeinigen Lebensweise zurückkehrte, geschah es in erster Linie wegen der enormen Größenzunahme oder fortschreitenden Panzerung, diese Arten aber waren deutlich größer als ein Mensch. Es bleibt, sich auf die eher kleineren dinosauroiden Arten zu konzentrieren. Vielleicht nicht die allerkleinsten, welche kaum größer als unsere heutigen Hühner oder Raben waren, sondern denen die eine den Primaten vergleichbare Größe hatten, und diese gab es überall auf der Welt, und dies bei vielen Arten. Damit wäre auch gleich **Frage 11** beantwortet.

Aber zurück zur bipeden, also zweibeinigen Fortbewegung. Bei Säugetieren, ganz gleich ob Primaten oder Kängurus, führte die bipede Fortbewegung zu einer aufrechten Fortbewegung, dies trifft auch auf die meisten bipeden Dinosaurier zu, aber nicht allen. Zweibeinige Dinosaurier darf man sich nämlich nicht nach Art der Menschen oder auch nur der Kängurus vorstellen, denn tatsächlich gingen diese nicht wirklich aufrecht. Sie dürften in ihrer Haltung oftmals eher mit einem Strauß oder Emu gemein gehabt haben, womit sie nicht mal so aufrecht durch die Gegend stapften wie Godzilla. Wenn man von einigen schwimmenden Spezies absieht, ist der Rumpf unserer gefiederten Freunde nicht aufgerichtet, sondern vorwärts ausgerichtet, just wie bei quadrupeden Kreaturen. Körper von Vögeln, wie auch bipeden Dinosauriern, stehen auf zwei Beinen und fanden dabei den Ausgleich zwischen Vorderkörper und Schwanz, in dem zwischen diesen ein Ausgleich wie bei einer Waage erfolgte. Das Becken und hintere Gliedmaßen fungieren als Schwerpunkt, also Ständer bzw. Aufhängung, einer Waage. Manche, wie einige kleine Theropoden und Ornithopoden, konnten dem Bau und den Proportionen ihrer Knochen nach, durchaus beachtliche Geschwindigkeiten erreichen. Insgesamt ist diese Art von Bipedie instabiler als die unsrige, zumindest im Stand ist ein bipeder Saurier deutlich leichter aus dem Gleichgewicht zu bringen, als ein Mensch. Im Sprint könnte es aber genau anders herum sein.

Nun muss man aber diese Art der Bipedität der Saurier als die einzig mögliche annehmen. Auch wenn die Anatomie der Dino's so grundsätzlich verschiedenen zu der von uns Primaten war, gibt es auch Belege dafür, dass sie auch sie zu einer Bipedität ähnlich der uns Menschen hätten finden können. Denn es gibt auch schon unter den Vögeln entsprechende Ausnahmen, dies vor allem die Pinguine, etwa 5-15 Millionen Jahre dürften diese für ihre Entwicklung gebraucht haben. Es gibt also keinen Grund anzunehmen, dass auch die 'vogelähnlichsten' Dinosaurier nicht dafür in der Lage gewesen wäre. Zwar war wohl das polare Klima ausschlaggebend für die Entwicklung der Dinosaurier, aber der Grund könnte eher sekundär sein, die Tatsache, dass es möglich ist, ist primär. Außerdem, ob der Sauro sapiens nun eine hominide Form hätte, oder die eines Riesenputers, an der Möglichkeit kulturbildend zu sein, hätte dies nur wenig geändert.

Punkt 5, Gliedmaßen welche nicht vorrangig für die Fortbewegung genutzt werden, sind nun frei für Manipulationen, um diese aber wirklich in hoher Präzision auch vollführen zu können, bedarf es eines empfindlichen Tastsinnes. Katzen und Mäuse haben Schnurrhaare dazu, aber man mag sich beim besten Willen kaum vorstellen können, wie eine Katze so ein Uhrwerk reparieren wollte – ein drolliges Bild gebe es aber sicherlich ab.

Punkt 6, die kleinsten Gehirne gab es bei den Stegosauriern und Sauropoden, denen folgen Ankylosaurier, Pachycephalosaurier und Prosauropoden, Ceratopsier, große Ornithopoden, kleine Ornithopoden, große Theropoden (auch „Carnosaurier" genannt) und am Schluss die kleinen Theropoden (weiland als „Coelurosaurier" bezeichnet) mit den Maniraptora an der Spitze, von denen wiederum die Troodontiden die größte Hirnmasse aufweisen (vergleichbar derjeniger, heutiger Laufvögel und primitiver Säugetiere). Frühe Dinosaurier sind bei dieser Aufzählung nicht berücksichtigt worden, dürften aber hier aber ohnehin eher noch weiter zurückgelegen haben. Die genauen Gehirngrößen sind zwar oft umstritten unter den Experten, aber es gibt Anhaltspunkte, dass sich zwischen einigen Räubern und deren potentiellen Opfern ein Wettkampf um die Größenentwicklung der Gehirne ereignete, so zwischen den Tyrannosauroiden und großen Ceratopsiern. Dieser Wettkampf scheint bei beiden Gruppen mit der Zeit nicht nur zu einer Zunahme der Körper-, sondern auch der Hirngröße, geführt zu haben. Was Tyrannosaurus und Triceratops als absoluten Spätformen dann doch noch zur Ehre gereicht, nicht nur ein 'Kleindenker' gewesen zu sein.

Carl Sagan nimmt für Saurornithoide, welche ein Körpergewicht von ca. 50 Kilogramm hatten, eine Gehirnmasse von ca. 50 Gramm an. Adrian J. Desmond schätzt für Stenonynchosaurus (Troodon) eine von 45 Gramm, bei vergleichbaren Körpergewicht. Vermutungen gehen davon aus, dass beide Tiere möglicherweise „schlau wie ein Fuchs" gewesen wären. Dies dürfte aber übertrieben sein.

Was den **Punkt 7** anbelangt, so impliziert, nach allem naturwissenschaftlichen Wissensstand, diese Bedingung Warmblütigkeit. Dinosaurier hat man früher den bekannten Reptilien gleichgestellt und somit als reine Kaltblüter angesehen. Faktisch als viel zu groß gewachsene Eidechsen, deren Hirn nicht mitgewachsen sei. Inzwischen haben sich die Ansichten gewandelt, die Anhaltspunkte mehren sich mehr und mehr, dass die Dinosaurier hierbei den gleichwarmen Vögeln und Säugetieren näher standen, als dem der wechselwarmen Reptilien.

Viele Dinosaurier organisierten sich in Herden, etwas was Reptilien eher gar nicht tun. Sie wiesen gar anatomische Gemeinsamkeiten und gemeinsame Äußerlichkeiten mit Säugetieren auf, darüber hinaus betrieben sie wohl eine umfangreiche Brutpflege (Maiasaura und Oviraptor), besetzten Nischen, die heute Säuger und Vögel besetzt halten und hielten diese dauerhaft und erfolgreich raus aus den besetzten Nischen. Der Nachweis einer Wärme haltenden Körperbedeckung, aber auch für Warmblüter typische Spuren in den Knochen, scheinen Beleg für eine Warmblütigkeit, zumindest einiger, wenn nicht gar der meisten dinosauroiden Arten zu sein.

Inzwischen kennt man mehrere Gruppen kleiner bis mittelgroßer Dinosaurier, die über ein Federkleid verfügt haben, erste Anzeichen auf Entwicklung von Federn lassen sich gar bei einigen frühen Archosauriern finden, wie den Thecodonten. Federn sind natürlich auch eine Anpassung an die Fähigkeit, zu gleiten oder zu fliegen. Sie dienten jedoch in der Frühzeit der Evolution hin zu Flugeigenschaften vor allem zur Isolierung des Leibes gegen Auskühlung. Erst als die Federn schon recht weit entwickelt waren, kam ihr Einsatz beim Gleiten und

Fliegen hinzu. Bei wechselwarmen Tieren hat so ein Schutz keinen echten Effekt, weswegen keine echten Reptilien auch so was wie ein Feder- oder Fellkleid haben, sondern nur Gleichwarme. Das Vorhandensein von Körperbedeckungen kann daher durchaus als Indiz, wenn nicht sogar als Beweis dafür gelten, dass wir es mit einem Warmblüter zu tun haben.

Sicheres Indiz für eine Warmblütigkeit könnten allein die Organe liefern, aber diese sind im Normalfall kaum fossilisiert. In jüngerer Zeit fand man aber Dinosauriermumien und in diesen, auch mehr oder weniger vollständige Organe, auch diese scheinen eine Warmblütigkeit zu bestätigen. Letztlich gibt es ja auch bei viel konservativeren Reptilien bereits Anzeichen hin zu einer Warmblütigkeit. Krokodile sind zwar wie alle anderen Reptilien wechselwarm (bzw. kaltblütig), dies aber wohl vor allem wegen des doch recht konservativen Atmungssystems, deren Herz, mit seinen vier Kammern, ist hingegen bereits ein recht fortgeschrittenes.

Der Metabolismus führt uns direkt zu **Punkt 8**, einer Ernährung, die viel Power bringt. Obst, damit auch Nüsse, Beeren und Ähnliches, gab es erst in der späten Kreidezeit. Powerfrüchte waren aber wohl kaum dabei, es war wohl eher dürftige Zusatznahrung für die frühen Vögel und Säuger, sowie die Zwerge unter den Dinosauriern, vielleicht noch für junge Dinos. Richtig Power brachten aber wohl Insekten, besonders Würmer, sowie Fleisch. Es war gut bei Mangel daran, wenn man sich auf 'vegan' umstellen konnte, also Allesfresser war, und tatsächlich dürfte zumindest der Großteil der unter 5m großen Dinosaurier dies gewesen sein. Ein Besonderes, gar das namensgebende, Merkmal der Troodontiden ist eine sägeblattartige Riffelung der Zahnränder, wie sie ähnlich auch bei vielen großen Raubsauriern und einigen Haien vorkommt. Die Art dieser Struktur hat jedoch auch die Deutung aufkommen lassen, er wäre weniger ein Fleisch-, als ein Allesfresser gewesen.

Punkt 9 ist allein auf die Anatomie bezogen schwer nachzuweisen, insoweit man sich hier nicht auf Analogien zu anderen Tieren, insbesondere Vögeln berufen kann, bleibt nur die Spekulation. Viele Hadrosaurier (große Ornithopoden, also vogelähnliche Dinosaurier) besaßen ausgeprägte Kämme, in denen die Nasengänge verliefen. Sie eigneten sich als Resonanzkörper für laute Schreie, denn wir kennen vergleichbares aus von anderen Tieren, besonders von Säugern.

Was den Menschen anbelangt, lässt sich das Sprachzentrum des Gehirns auch als Abdruck an der Schädeldecke erkennen. Es ist nicht allein nur zuständig für das Reden und Verstehen, sondern auch am fortschrittlicheren Denken beteiligt. Es ist das Teil des Gehirns, welches ermöglicht, dass wir nicht nur in Bildern denken können, sondern auch abstrakt. Es hat also einen sehr großen Anteil an dem, was wir als Bewusstsein erfahren. Freilich kann man darauf keine Rückschlüsse bei dinosauroiden Arten tätigen, da deren Gehirnentwicklung zu lange, bis zum KT-Ereignis immerhin gute 200 Millionen Jahre, schon getrennt von den Säugetierartigen verlaufen war. Es wäre daher zwar nicht auszuschließen, aber wohl nicht sehr wahrscheinlich, wenn auch bei Dinosauriern die gleiche Gehirnregion sich entsprechend entwickelt hätte. Dazu kommt, dass diese Hirnregion auch bei unseren Vorfahren de facto nicht vorhanden ist, es daher auch keinen Grund gibt sie bei Dinosauriern zu finden. Es bleibt, Dinosaurier jagten in Rudeln bzw. verteidigten sich in Herden, sie betrieben Brutpflege – all dies verlangt Kommunikation. Nicht viel mehr war auch der Anfang menschlicher Kommunikation, wie diese dann differenziert sich weiterentwickelt, ist primär nicht wirklich wichtig. Es sei daran erinnert, dass auch menschliche Sprache Schnalz- oder Zischlaute, sogar auch Pfeifen, mit einbaut. Jeder weiß selber, dass manche Sachen nur schwer zu erklären sind, ohne Gesten – wie zum Beispiel eine Wendeltreppe aussieht. Auch Sauro sapiens hätte bei der Kommunikation auf Gesten und Hilfsmittel setzen können – das denkbare Spektrum ist groß, man könnte auch an eine Art ‚moduliertes Pfeiffen' denken.

Bleibt als letzter Punkt **Frage 10**, das Sozialverhalten von Dinosauriern. Wie schon eben angesprochen, gab es ein Solches. Wir wissen aus den Funden von Eiergelegen und 'Dinokindergärten', dass Dinosaurier Brutpflege betrieben, welche kaum der von Vögel oder Säugetieren nachstand. Aus den Funden von Fährten von Dinosaurier weiß man ebenfalls, dass einmal die Raubdinosaurier (hier vor allem die kleineren und mäßig großen) komplizierte Jagdstrategien anwendeten, anderseits deren potentielle Opfer entsprechende Strategien der Verteidigung. Grundlage dessen ist ein umfangreiches Sozialverhalten, welches deutlich über den von Reptilien hinausgeht.

Kommen wir also zur Auswertung! Keiner der Kriterien ist ein Totschlagargument gegen die Theorie eines Sauro sapiens, auch wenn es hier und da weiterhin offene Fragen gibt, erfüllten viele unterschiedliche Dinosaurierarten bereits die grundlegenden Kriterien für eine entsprechende Evolution. Hätte man hier unsere Vorfahren von vor 15 Millionen Jahren gegenüber gestellt, würden sie kaum besser abschneiden. Darüber hinaus zeigt sich bei der genaueren Inaugenscheinnahme der Ergebnisse, dass die Troodontiden, also eben jene wohl recht fortschrittlichen Dinosaurier, die Dale Russell und Ron Séguin dazu inspiriert haben, ihren Dinosauroid zu konstruieren, hier auch tatsächlich die besten Aussichten genießen. Nichtsdestotrotz dürften auch mindestens ein Dutzend weiterer Arten in die 'Ausscheidungs-runde' um den Vorfahren eines möglichen Sauro sapiens kommen, wahrscheinlich dass es noch weitere gibt, von denen man bisher noch gar nichts weiß oder auch nur ihre Qualifikationen noch nicht erahnt.

Dale Russels Modell eines 'sauroiden Menschen'

Kandidaten aus dem Dinoreich für die Entwicklung hin zu einem Sauro sapiens hätte es also mehrere gegeben. Der Hadrosaurier zum Beispiel wäre aber kaum so einer, weil pflanzenfressend, eher aber ein Mitglied aus den vielen Familien von Raubsauriern, vor allem aber die evolutionär recht fortgeschrittenen Dinosaurierfamilien der Troodontiden und Dromeosauriden (zu denen auch der Velociraptor und Deinonychus gehören).

Dale Russel (kanadischer Paläontologe und aktuell Professor für Forschung der North Carolina State University, sowie Museumskurator) entwarf ein kühnes Spekulationsobjekt eines Sauro sapiens, entstanden aus dem Stenonychosaurus, einer sehr vogelähnlichen Art. Dale Russel hatte dazu Compu-terprogramme erarbeitet, die den möglichen weiteren Verlauf einer Evolution simulieren konnten. Nun gab er am Beispiel der von Stenonychosaurus vorge-gebene Charakteristika, Zielmerkmale wie ein vergrö-ßertes Gehirn, aufrechter Gang, Greifhände mit

Abbildung 2: Dale Russell (* 27.12.1937),

Fingern sowie andere Merkmale in die Rechner ein und erzielte eine Sensation. Das Modell eines ‚sauroiden Menschen', überraschend war das Ergebnis aber sicher nicht, sondern eher erwartbar.

Der Stenonychosaurus

Toodon, 'amtlich' auch Stenonychosaurus, lebte in der späten Kreidezeit in Nordamerika, Europa und Nordwestasien. Viel fand man von ihm nicht. Basis von Dale Russels Extrapolationen war nur ein unvollständiges Skelett, welches 1967 in Alberta gefunden wurde. Stenonychosaurus hatte bereits Augen deren Gesichtsfeld sich nach vorne überlappten und somit räumliches Sehens ermöglichten, so etwas wie einen opponierbaren Daumen und, was noch interessanter ist, das mit 0,1% größte bekannte Hirn-Körpermasse-Verhältnis bei Dinosauriern. Es wog so um die 40g, war also von der Größe vergleichbar mit einer größeren Pflaume oder Feige – also nicht wirklich groß, eher recht winzig, dennoch für einen Dinosaurier überdurchschnittlich groß.

Die Art Stenonychosaurus inequalis, deren Fossilien im Süden der kanadischen Provinz Alberta entdeckt und 1932 von Charles Mortram Sternberg beschrieben wurden, wurde lange für einen Saurornithoididae gehalten. Sie ist inzwischen als Synonym von Troodon formosus bestätigt. Troodon ist eine Gattung theropoder Dinosaurier aus der späten Oberkreide von Nordamerika und Asien. Bisher ist ´nur die eine einzige Art bekannt, die Typusart T. formosus. Seine Zähne mit ihren gezackten Rändern gaben der Familie ihren Namen. Denn als Erstfund gilt ein Zahn, der im Jahr 1856 entdeckt wurde und den Namen Troodon („Wunden reißender Zahn") für das Tier ergab. Nach dem ersten Fund war man bei späteren Funden (1979/1980) überrascht, dass dieser zum Gebiss eines doch eher vogelähnlichen Dinosauriers gehörte. Die Körperlänge betrug etwa 2,5 bis 3 Meter und das geschätzte Gewicht etwa 35 bis 45 kg. Es handelt sich um einen Dinosaurier mit großen Augenhöhlen, der möglicherweise nachtaktiv war. Zudem waren die Augen teilweise nach vorne gerichtet, was höchstwahrscheinlich bereits ein stereoskopisches Sehen möglich machte.

Der Schädel des Troodons wies große Ähnlichkeit mit dem eines Vogels auf, was für die nahe Verwandtschaft zwischen diesem Zweig der Dinosaurier und der Vögel spricht. Einige Wissenschaftler halten Troodon formosus für die am weitesten entwickelte Dinosaurierart und vermuten eine ähnliche Intelligenz wie bei den heutigen Vögeln, wenn auch nur eher den weniger schlauen unter diesen. Der Dinosaurier besaß, wie bereits erwähnt, mit 0,1 % des Körpergewichts ein verhältnismäßig großes Gehirn, sowie große Nasenöffnungen, die auf einen ausgeprägten Geruchssinn hindeuten. 1986 entdeckte der chinesische Fossilienpräparator Tang Zhilu die etwa avocadogroße Hirnschale eines Troodons, die dreimal größer war als die, sämtlicher anderer bekannter Dinosaurier.

Abbildung 3:

Die relativ langen Arme hatten drei Greifzehen, die Beine drei Zehen, wobei eine Zehe wie bei Deinonychus eine spezielle Reiß- oder Sichelzehe war. Über die Haltung der Arme gibt es unterschiedliche Theorien: Die Mehrheit der Wissenschaftler nimmt an: Troodon habe seine Arme beim Laufen nach vorne gestreckt, wie die meisten zweibeinige laufenden Dinosaurier dies taten und wie es die meisten Abbildungen zeigen. Eine andere Gruppe von Paläontologen vermutet jedoch (vielleicht aufgrund der großen Ähnlichkeit zu den Vögeln), dass es seine Arme am Körper faltete wie einen Flügel, so dass die Hände nach hinten gestreckt am Körper lagen. Da die drei Finger der Hand jedoch ideal zum Greifen von Beute erscheinen, ist letztere Annahme weniger wahrscheinlich.

Es wird angenommen, dass die Spezies zwei Eier legten, diese wurden wahrscheinlich nach der Ablage vollständig mit Sand und anderen Sedimenten bedeckt und von der Sonnen- bzw. Bodenwärme ausgebrütet. Darauf weist zum einen die sehr grobkörnige Oberflächenstruktur der Eier hin, da nur so bei vollständiger Abdeckung mit Sedimenten ein notwendiger Gasaustausch gewährleistet werden konnte. Zum anderen kann dadurch auch erklärt werden, warum sich hauptsächlich die unteren Schalenhälften erhalten haben. Viele Wissenschaftler schließen aber auch nicht aus, dass auch Troodon, bereits eine gewisse Brutpflege betrieb, ähnlich den ihm artverwandten Vögeln. Von anderen nahe verwandten Dinosaurierarten weiß man nachweislich, dass diese einst Brutpflege betrieben.

Krokodile, die einzige heute noch lebende Gruppe der Archosaurier, zu denen weitläufig auch die Dinosaurier gerechnet werden, legen ihre Eier alle auf einmal in einem Gelege ab und begraben diese anschließend unter Vegetation bzw. Sand. Das ist für gewöhnlich die einzige elterliche Fürsorge, die dem Nachwuchs zuteilwird. In den Eiern, die durch die Bodenwärme ausgebrütet werden, wachsen 'fertige kleine Krokodile' heran, die direkt nach dem Schlüpfen allein in der Welt zurechtkommen müssen. Ein weibliches Krokodil besitzt, wie generell alle Reptilien, zwei funktionstüchtige Eileiter, die beide am laufenden Band Eier produzieren und ausstoßen. Die hohe Zahl an Eiern die sie dabei produzieren sichert den Fortbestand, da die jungen Krokodile so schwach sind, dass sie schnell Opfer von Räubern werden.

Schon einige Krokodilarten, wie die vom Nil, betreiben aber schon Brutpflege, in dem sie ihre Nachkommenschaft nach dem Schlüpfen schützen und in Sicherheit bringen. Moderne Vögel treiben die Brutpflege noch weiter: Abgesehen von einigen Ausnahmen, wird bei Vögeln in jedem Eileiter immer nur ein Ei produziert und die Eier werden dann über einen bestimmten Zeitraum der Reihe nach abgelegt. Diese Verhaltensweise erfordert die Anwesenheit der Mutter beim Gelege zumindest solange, bis das letzte Ei den Weg ins Gelege gefunden hat. Der Schritt seine Eier selbst auszubrüten ist dann nicht weit. So brüten fast alle Vögel ihre Eier

Abbildung 4: Plastische Rekonstruktion eines Troodon

selber aus, statt sie unter Vegetation oder Erde zu begraben, um sie dann ihrem Schicksal zu überlassen.

Das Brutverhalten des Troodon scheint nun eine Mischung aus diesen beiden Verhaltensweisen zu sein: Zwar legte Troodon seine Eier wie die Krokodile ebenfalls im Boden ab und bedeckte sie anschließend mit Sedimenten, doch scheint bei ihm - wie bei den modernen Vögeln - immer nur ein Ei in jedem Eileiter herangereift zu sein. Dies bedeutet, dass die Mutter, zumindest solange in der Nähe ihres Geleges bleiben musste, bis das letzte Paar Eier gelegt worden war. Ob sich die Eltern später um den Nachwuchs kümmerten, ist nicht bekannt, Funde von Eiern mit embryonal weit entwickelten Tieren lassen aber darauf schließen, dass bereits schon die frisch geschlüpften Troodon gute Läufer waren.

Andererseits kann die Tatsache, dass einige Troodoneier in einzelnen Orodromeus-Nester gefunden wurden, als Indiz dafür angesehen werden, dass sich die Troodon-Eltern nach der Eiablage nicht mehr um ihren Nachwuchs kümmerten, sondern ihn bereits im Vorfeld mit der ersten Nahrung versorgten – den Ordodromeus-Nachwuchs. Für Troodon dürfte die Eiablage in der Nähe von Nestern bzw. direkt in die Nester nichträuberischer Dinosaurier vorteilhaft gewesen sein, da von diesen zum einen keine direkte Gefahr drohte, zum anderen sich sogar der Schutz der Nistkolonie auch auf den räuberischen Troodon-Nachwuchs ausdehnte. Wenn man hier an den Kuckuck denkt, kann man davon ausgehen, dass der Troodon-Nachwuchs nicht nur von den unfreiwilligen Adoptiveltern ernährt und beschützt wurde, sondern dass dieser den eigenen Nachwuchs seiner Adoptiveltern tötete, wahrscheinlich sogar auffraß. Schon die intelligenteren Vögel merken diese Untat nicht, es ist davon auszugehen, dass die wesentlich tumberen Dinosaurier es noch weniger mitbekamen.

Das Vertrauen, sich zum ausbrüten der Eier, auf die Sonnen- bzw. Bodenwärme zu verlassen, barg jedoch auch gewisse Risiken in sich: Im Gegensatz zu den in den Nestern von Maiasaura und Orodromeus vorgefundenen Eiern, die wahre Brutkolonien kannten, sind hier bei den in einer Linie abgelegten Gelege, viele Eier unausgebrütet.

Troodon bzw. Stenonychosaurus - beides ist so ziemlich dasselbe, auch wenn Dale Russels Modell noch darauf fußte, dass beide eine eigene Spezies war - war ein Raubsaurier. Aber er war ein kleinerer Raubsaurier, im Vergleich zum allseits bekannten T-Rex ein Winzling, etwa wie ein Wiesel zu einem Löwen. Seine relative Winzigkeit konnte er nur mit Intelligenz und Gemeinsinn egalisieren. Seine geringere Geschwindigkeit

Abbildung 5: Dale Russels 'Sauroide'

könnte er bei fortschreitender Evolution mit der Nutzung einfacher Werkzeuge und der Entwicklung von Taktiken egalisiert haben, welche die Jagd auf Beute, wie auch die Flucht vor größeren Raubtieren effektiver gestaltet hätte.

Der Sauro sapiens

Basierend auf seinen Extrapolationen, erstellte Russell 1982 zusammen mit dem Präparator Ron Séguin ein dreidimensionales Model eines Sauro sapiens, also ein Wesen mit dinosauroider Herkunft und humanoider Form. Das Modell war 1,2m hoch und wog etwa 40kg, es war damit zwar deutlich kleiner als ein heutiger Mensch, aber dennoch noch in Größenordnungen unserer Vorfahren vor über eine Million Jahre. Allerdings war es freilich nicht unbedingt ein 1:1 Modell, eine bis zu 1:2 Variation wäre hier auch gut denkbar.

Der Schädel des hier dargestellten Sauro sapiens ist überaus humanoid inspiriert, erinnert aber dennoch ein wenig an Kermit aus der Muppet Show. Das Gesicht besitzt ovale Augen und eine abgeflachte Mundpartie. Ohrmuscheln fehlen freilich, so wie bei Reptilien und Vögeln üblich, denn wenn es auch nicht gänzlich auszuschließen ist, ist es nicht wahrscheinlich dass sich Ohrmuscheln hätten entwickelt. Zwar hätte dies ein schlechteres Hörvermögen als beim Menschen zur Folge, aber die Evolution hätte hier durchaus andere Ersatzlösungen finden können. Ein vergrößertes Gehirn hätte zu einem verbreiterten Schädel geführt, dadurch wären die Augen noch weiter in Frontlage geraten und hätten das räumliche Sehen verbessert. Auch die Kiefer, und damit die Schnauze, wären deutlich verkürzt worden, möglicherweise so flach wie beim Menschen, zwangsläufig notwendig wäre dies aber nicht. In Russels Spekulation hat der Sauro sapiens auch keine Zähne, sondern so etwas wie Zahnbälge, dadurch sind seine Wangen eingefallen. Für den Verlust der Zähne gibt es aber wenig Anlass. Dem Menschen vergleichbare Intelligenz und Kommunikationsvermögen wird angenommen, wie auch vorausgesetzt. Gleich was man über den hypothetischen Sauro sapiens denkt: Dieses Wesen wäre wohl befähigt zur Entwicklung einer komplexen sauroiden Gesellschaft.

Nun ist es so, dass so ein menschlicher Bregen relativ schwer ist, gut 2 Kilo, dazu noch der Schädel mit seiner nicht unbeträchtlichen Knochen- und Muskelmasse. So eine schwere Denkmurmel kann schwerlich vor einem her getragen werden, zudem noch auf einem langen Hals. Es versteht sich daher fast von selbst, dass sich der lange dinosauroide Hals arg verkürzte und der Kopf, und damit auch der Rumpf eine Position senkrecht über den Hüften einnahm. Das bei solch einer Entwicklung der Schwanz an Bedeutung verliert, ist ebenso klar. Zumindest so ähnlich lief es beim Menschen ab, und es gibt keinen Grund anzunehmen, dass es bei einem Dinosaurier hätte anders sein können oder zumindest ähnlich.

Aus dieser Sichtweise heraus ist es fast zwangsläufig, dass Rumpf, Arme und Bein überaus humanoid wirken, denn man kann sich (als Mensch) kaum Alternativen zu dieser Idealform denken. Die flachen Füße aber, die gibt es auch im Tierreich und nicht nur beim Menschen, zum Beispiel, wenn man an Kängurus denkt. Dass der menschliche Körper der 'beste' Bauplan ist und daher auch auf einen Sauro sapiens angewandt werden müsste, ist freilich etwas arrogant und daher geholt, aber die körperlichen Grundvoraussetzungen zwischen beiden, wären einfach zu ähnlich gewesen, dass andere Alternativen kaum denkbar wären. Dies jedenfalls nach unserer humanoiden Denkweise – tatsächlich kann man sich auch erheblich andere Alternativen denken. In der Zukunftsspekulation 'Die Zukunft ist wild' des Dougal Dixon wurde spekuliert, dass eines Tages die Tintenfische an Land gehen und sich zur Krone der

Schöpfung aufschwingen. Keine wilde Spekulation, denn Augen und Intelligenz dieser Wirbellosen sind schon jetzt die am weitesten fortgeschrittenen unter den Wirbellosen und schlagen dabei viele Wirbeltiere. Ein achtarmiger 'Octopus sapiens' könnte 3 oder 4 seiner Arme für das gehen benutzen, die restlichen für manipulative Arbeiten. Seine körperliche Form würde vielleicht in die Länge gezogen, der Basisbauplan des Oktopus wäre aber eben weiterhin die Grundlage gewesen - zwar adaptierbar, aber nicht ignorierbar.

Auch der Skelett-Bauplan der Dinosaurier hat so seine Besonderheiten gegenüber den Säugetieren, dies wäre vor allem das völlig anders aufgebaute Becken und der eher seitliche Ansatz der Beine. Wahrscheinlicher wäre daher bei einem Sauro sapiens eher ein gedrungener, in die Breite gezogener Unterleib, vielleicht vergleichbar im Aussehen mit dem Steiß der San-Frauen im Süden Afrikas. Das die ältesten Statuetten der Menschheit, welche aus Mitteleuropa stammen, deutlich eher das Aussehen einer San-Frau haben, als den typischen kleinen Knackarsch der heutigen Mitteleuropäerin, könnte als Beleg einer Jahrtausende währenden Evolution gelten. Den menschlichen Männern haben der kleine Knackarsch und knackige Brüste wohl besser gefallen als 'Riesenarsch' und 'Hängetitten', zumindest denen Mitteleuropas Derlei klingt arg sexistisch, ist aber so. Könnte ein vergleichbarer Evolutionsdruck bei Sauro sapiens nicht auch zu ähnlichen Resultaten führen? Nein eher nicht, wie gesagt, hier liegen anatomische Besonderheiten vor, die dies eher ausschließen.

Dinosaurier haben keine 5 Finger wie Säugetiere, sondern nur 4, meist aber nur 3. Ebenso Russels Sauro sapiens, er hat an den Händen zwei Finger und einen opponierbaren Daumen. Die Beine haben sich durch Absenken des Knöchels bis auf den Boden verändert und den Fuß verlängert. Der Fuß selbst hat nur drei Zehen, da die vierte Kralle mit Ferse bzw. Knöchel verwuchs, was ihm möglicherweise mehr Stabilität beim Stehen gegeben hätte. Zehen- und Fingerspitzen werden weiterhin als Krallen dargestellt, da würde es aber ernsthafte Probleme wegen der sensorischen Sensibilität geben.

Abbildung 6: Sauro sapiens und Stenoychosaurus

Stenonychosaurus hatte möglicherweise Federn, jedenfalls ist dies bei vielen anderen Vertretern seiner Gattung der Fall. Zumindest könnte er an einigen Körperpartien (Kopf, Rücken) noch bzw. schon Federn gehabt haben. Bei Dale Russel hat der Sauro sapiens aber keine Federn mehr, die Haut war noch leicht schuppig, vielleicht so wie ein Hühnerbein. Dies muss aber nicht sein, wir Menschen haben ja auch kaum noch das dichte Fellkleid unserer Vorfahren und eine recht glatte und zarte Haut, in einer Art wie sie kaum ein anderes Säugetier hat, auch kein Primat. Die Farbe der Haut wird gerne grün, bis braunrot dargestellt. Tatsächlich weiß aber niemand, welche Farbe Stenonychosaurus besaß. Gerne stellt man Saurier grundsätzlich mit grüner bzw. grünlicher Hautfarbe da, weil es ja Krokodile und Frösche auch sind, wahrscheinlicher waren sie aber, so sie nicht ein Fell- oder Federkleid trugen, wohl eher dunkelbraun bis dunkelgrau, da diese Farbe bei nackter Haut einen optimalen Sonnenschutz abgibt. Ähnlich sieht man es ja auch bei den weitläufig artverwandten Vögeln.

Wie bei Reptilien und Vögeln, damit auch bei allen Dinosauriern üblich, liegen auch bei Sauro sapiens die männlichen Geschlechtsorgane nicht außen, sondern sind eher im Körperinnern angelegt. Den bei diesen münden diese Organe in eine Kloake an der Körperoberfläche und ein evolutionärer Zwang zu einer Änderung ist kaum denkbar. Hieraus ergibt sich ein Problem: Männer und Frauen wären nicht an ihren primären (Penis / Vagina) bzw. auch sekundären Geschlechtsmerkmalen (Hodensack / Brüste) erkennbar. Um dies auszugleichen hätte die Natur einem Geschlecht vielleicht ein besonderes Farbenspiel der Haut gegeben.

Kleine 'Sauro sapiens' wären wohl ähnlich wie Vögel aus Eiern geschlüpft und nicht wie bei Säugetieren lebend geboren worden. Ihnen hätte deshalb freilich auch Nabel und Brustwarzen gefehlt. Durch ihre Entwicklung außerhalb der Mutter könnte bei der Evolution des Sauro sapiens auch eine noch stärkere Gehirnvergrößerung als beim Menschen möglich gewesen sein. Beim Menschen kann sich der Schädel und damit auch das Gehirn nicht mehr nennenswert vergrößern, denn sonst hätten Mütter Schwierigkeiten ihre Kinder auf eine natürliche Weise zur Welt zu bringen. Der menschliche Geburtskanal wäre für einen noch weiter vergrößerten Schädel einfach zu eng. Ein Ei an sich, bietet hier aber keine echten Begrenzungen an.

Dennoch aber darf man diskutieren, ob auch Sauro sapiens es fertig gebracht hätte, mit dem Eierlegen aufzuhören, um lebend zu gebären. Man geht davon aus, dass lebendgebärend zu sein, das Sozialverhalten und den Gemeinsinn stärkt, was wichtig war/ist bei der Bildung menschlicher Gesellschaften. Tatsächlich gibt es auch einige Dinosaurierarten, für die man ein solches Verhalten annimmt, bisher aber noch nicht zweifelhaft belegen konnte. Wenn aber Sauro sapiens aufgehört haben soll Eier zu legen, um lebendgebärend zu werden, besitzt er vielleicht auch einen Nabel, vielleicht gar auch Brustwarzen - beides ist aber keine zwangsläufige Notwendigkeit.

Interessanterweise trägt der Sauro sapiens auf obiger Zeichnung Kleidung, warum? Sauro sapiens hätte keine äußeren Geschlechtsorgane, ein Schamgefühl zwischen verschiedenen Geschlechtern hätte sich ebenso wenig entwickeln können, wie die Notwendigkeit die äußeren Geschlechtsorgane durch Kleidung zu schützen. Die Temperaturen waren damals auch auf fast der ganzen Welt tropisch – gemäßigtes und polares Klima gibt es auf der Erde faktisch erst seit gut 5 Millionen Jahre, als sich Australien, Antarktika und Südamerika endgültig von einander trennten, andererseits Nord- und Südamerika sich verbanden. Natürlich hinkt die Zeichnung auch an anderen Stellen, eine kreidezeitliche Grassavanne hat es auch niemals gegeben, da es solche Gräser erst am Ende der Kreidezeit entstanden und sich erst nach dem KT-Ereignis massenhaft verbreiteten.

Da der nicht allzu ferne Cousin Deinonynchus nachweisbar in Rudeln lebte, dürften auch Stenonychosaurus und Co. eher soziale Kreaturen gewesen sein. Sie waren im Vergleich zu den anderen Dinosauriern nicht sehr groß und standen somit nicht automatisch am Ende der Nahrungskette. Dem Vor- und Urmenschen erging es ähnlich, er musste sich seines Geistes bedienen, um gegen seine zahlreichen Freßfeinde bestehen – Stenonychosaurus und seine Kollegen waren ebenfalls mit einem für ihre Zeit großen Gehirn ausgestattet. Des Weiteren war er zwar ein ausgesprochen flinker Läufer, aber das traf auch auf viele große Theropoden zu. Und Letztere stellten zudem noch ernst zu nehmende Nahrungskonkurrenten dar, die es auszustechen galt. Sein Speiseplan dürfte zwar eher Kleintiere, Aas und etwas pflanzliche Kost enthalten haben, aber als Meute konnte man auch schon mal den einen oder anderen kleinen Ornithopoden erbeuten.

Dem Menschen vergleichbare Intelligenz und Kommunikationsvermögen wird angenommen, wie auch vorausgesetzt. Die Sprache hätte sich aber wohl deutlich anders angehört, vielleicht wie das Gezische eines Vogel Straußes, aber kaum wie das Gezwitscher einer Amsel. Gleich wie, dieses Wesen wäre wohl befähigt zur Entwicklung einer komplexen Kommunikation und damit auch einer solchen Gesellschaft.

Neuronale Leistungsfähigkeit

Die Intelligenzleistung der Troodontiden, zu denen auch Stenonychosaurus gehört, wird mit der eines Emus oder Opossums verglichen, zwei nicht wirklich für intellektuelle Hochleistungen bekannte Tiere. Aber wie der Einäugige unter den Blinden als König gilt, so können die Troodontiden in der Kreidezeit als die Krönung der evolutionären Schöpfung im Hinblick auf Erlangung von Intelligenz erachtet werden. Wären damals Aliens auf der Erde gelandet, unter allen Lebewesen der damaligen Zeit, hätten sie wohl den Angehörigen dieser Gattung die besten Chancen auf einen Weg zur 'Krönung der Schöpfung' gegeben.

Dabei hätte es wohl auch ein paar andere Dinosaurierarten gegeben, die gute Chancen zu höchster Entwicklung gehabt hätten. In Jurassic Park hat man die Dromaeosauriden intellektuell auf Augenhöhe mit den Schimpansen gestellt, das waren sie freilich nicht, auch sie waren kaum schlauer als ein Opossum – also gerade zu dumm. Die Gehirnrelationen bei Dinosauriern sind einfach zu extrem. Ein Triceratops wog 9.000-mal mehr als sein Gehirn, ein Hadrosaurier gar 20.000-mal mehr, und der Brontosaurus gewaltige 100.000-mal mehr.

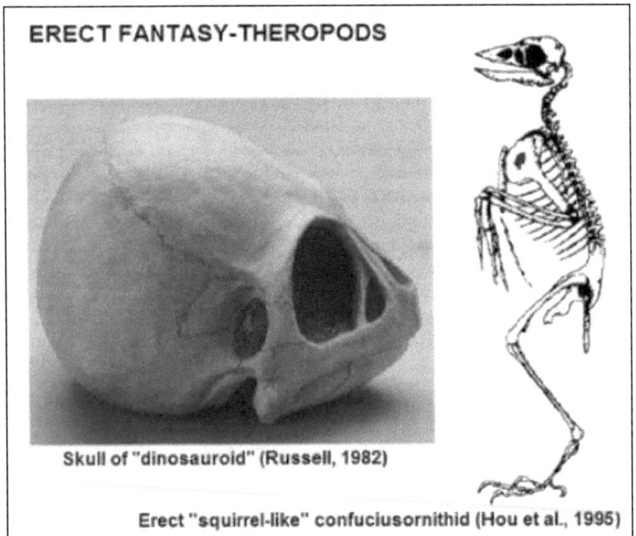

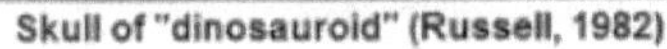

Abbildung 7: Mögliches Skelett eines Sauro sapiens

Gehirne wachsen zwar nicht von Generation zu Generation, aber doch oft im Rahmen der Weiterentwicklung von Arten. Aber dies trifft weniger für Kaltblüter zu. Während eine moderne Katze ihr relatives Hirnvolumen im Vergleich zum Säbelzahntiger binnen 30 Millionen Jahre verdoppeln konnte, verfügt ein modernes Krokodil immer noch nur über das gleiche Volumen an Hirnsubstanz wie seine Vorfahren von vergleichbarer Größe vor 200 Millionen Jahren. Stellt man aber die Dinosaurier eher den Reptilien, wie z.B. den Krokodilen nah, würde man sie heute in ihren Entwicklungsstand kaum in die Nähe der Säugetiere stellen können.

Dies ist aber nur Theorie, die Praxis könnte eine andere sein, dies dürfte auch zutreffen auf die mögliche Hirnentwicklung bei Dinosauriern, zumindest einigen ihrer Arten.

Für die Intelligenz einer Lebensform ist einerseits die Art des Aufbaues des Gehirns verantwortlich, anderseits das Verhältnis zwischen Körpergewicht und Gehirngewicht und nicht die absolute Gehirnmasse. Denn sonst wäre der Pottwal das intelligenteste Lebewesen aller Zeiten. Sein Gehirn wiegt rund 9kg, während es der Mensch durchschnittlich auf 1.300-1.400g bringt. Der moderne Mensch besteht zu 2,5% aus Gehirn. Er erreicht in der Tierwelt einen Spitzenwert, der allerdings nicht einmalig ist, der uns verwandte Klammeraffe kommt auf einen Wert von 4.8%. Aber auch Vögel kommen nicht selten auf vergleichbare Werte, so der Spatz der es auf ein Verhältnis von 4,2% bringt. Hier zeigt sich, dass eher kleinere Tiere eine bessere Hirn-Körpermasse-Relation hat, als größere Tiere. Entscheidend für das besondere Leistungsvermögen des menschlichen Gehirns ist seine Struktur und sein Organisationsgrad, womit es deutlich differenzierter und 'ausgebauter' ist, als die bei Klammeraffen und Vögeln. Dies macht sich besonders deutlich in den speziellen Windungen des Gehirns, die es faktisch so nur beim Menschen gibt. Diese Entwicklungen sind aber relativ neu, wohl nur einige hunderttausend Jahre alt.

Bei Steronychosaurus wird bei etwa 50 kg Körpergewicht ein Gehirngewicht von rund 50 g angenommen, also kaum 0,1 %. Also kaum ein 25tel des Menschen, das klingt erstmal nicht nach sehr viel, selbst die menschlichen Vorfahren hatten vor 25, ja gar vor 50 oder 100 Millionen Jahren, zumeist ein deutlich besseres Verhältnis. Nun ist aber der Steronychosaurus relativ nahe verwandt mit den Vögeln und diese haben eben deutlich bessere Hirn-Körpermaße-Relationen, und dies schon lange. Es gibt also keinen Grund, dem Steronychosaurus (oder einem anderen Dinosaurier) eine entsprechende Evolution nicht auch zuzutrauen.

Für Dale Russel sind die 0,1% daher auch eine günstige Basiskorrelation, ausreichend für eine Evolution bis hin zum Niveau der geistigen Leistungsfähigkeit eines modernen Menschen. In Dale Russels Gedankenexperiment hatte der Sauro sapiens ein Gehirnvolumen von ca. 1.100 cm³, also noch einiges weniger als beim Menschen, aber sicher auch noch ausbaubar.

Bei den großen Dinosauriern waren die Hirn-Körpermaße-Relationen oft Zehntausendmal kleiner als beim heutigen Menschen. Es wird jedoch seit langem angenommen, dass die Saurier in ihrem Körper möglicherweise mehrere nervöse Steuerzentren hatten und sich nicht auf ein einzelnes zentrales Gehirn beschränken mussten. Durch diese Arbeitsteilung hätte das Gehirn nicht so groß sein müssen wie bei den Säugetieren. Dies dürfte allerdings nur auf die großen Saurier zugetroffen haben, nicht aber auf die deutlich kleineren, welche auch recht nahe mit den Vögeln verwandt sind, welche eben auch nur ein einziges zentrales Gehirn haben. Es gibt auch keine Anzeichen bei den Vögeln, dass dies in ihrer Entwicklungsgeschichte jemals anders war.

Bei Säugetieren wuchs das Gehirn durch Erweiterung der Hirnlappen, aber bei Vögeln war es das Striatum, ein Teil des Großhirnes, welches sich erweiterte. Ein großer Teil der visuellen Informationsverarbeitung bei Reptilien wird bereits in der Netzhaut verarbeitet, anstatt erst im Gehirn wie bei Säugetiere. Viele Dinosaurier, wie Stenonychosaurus, hatten riesigen Augen, welche durch Knochenplatten geschützt waren. Diese werden in der Regel auf eine nachtaktive Lebensweise zurückgeführt. Würde aber ein Teil der Informationsverarbeitung des Gesehenen nicht im Gehirn, sondern schon im oder unmittelbar am Auge geschehen, könnte dass

Gehirnmasse für andere Aktivitäten freistellen. Generell kann das Gehirn entlastet werden und möglicherweise hatte bei der einen oder anderen Dinosauriergruppe, ein Teil des Nervensystems im Rückgrat, einen erheblichen Teil der vegetativen und motorischen Systeme steuern können. Solcher Art von Routineaufgaben entlastet, könnte fast das gesamte Gehirn alleine zum denken genutzt werden.

Wären die Saurier also nicht ausgestorben, sondern hätten sich weiterentwickeln können, dann hätten sich nach Dale Russels Analysen vermutlich nach etwa 25 Millionen Jahren Evolutionsdauer aus Stenonychosaurus menschenähnliche Lebensformen entwickeln können. Diese hätten sowohl im Aussehen als auch in der Gehirnstruktur dem modernen Menschen, dem Homo sapiens, geähnelt. Die Sensation des Simulationsexperimentes war, denn wäre das KT-Ereignis völlig anders, oder auch nur weniger umfangreich, ausgefallen, es schon vor rund 40 Millionen Jahren früher auf der Erde eine technische Intelligenz mit dem Potential zur Kulturentwicklung hätte existieren können. Der Stenonychosaurus als Kandidat für einen Sauro sapiens ist aber nur eine Möglichkeit, es könnte auch noch weitere unter den Dinosauriern geben, andere könnten ebenso die Kriterien erfüllen, vielleicht bringt hier die Paläontologie in Zukunft noch einiges, denn eines muss klar sein, das wir heute nur von einem Bruchteil der Dinosaurierarten wissen.

Physische Leistungsfähigkeit

Für einen 'Menschen' ist nicht nur die Intelligenz wichtig, sondern auch dessen 'handwerkliches' Geschick. Der moderne Banker von heute mag dem zwar widersprechen, wenn er vergeblich versucht, einen Nagel in die Betonwand seines Luxusappartments zu schlagen - letztlich aber auch nicht sehr unter dies Defizit leiden. Dem Vor- und Urmenschen hingegen, hätte solche Arroganz das Leben gekostet.

Inwieweit Feinmotorik bereits eine Sache eines Vorläufers des Sauro sapiens war, muss als Frage im Raum stehenbleiben. Die Primaten haben wohl schon im frühen Eozän Nägel an Stelle der Krallen entwickelt, wie die Gattung Plesiadapis mit seinen gekrümmten Klauen vermuten lässt. Bei ihnen ermöglichte dies eine Stabilisierung der Finger, was sie erstmal vor allem zum Festhalten von Nahrung, späterhin aber zum Herstellen von Werkzeugen befähigte. Nebenher stellte es die Fingerkuppen frei, wodurch der Mensch auch zu einem verbesserten Tastsinn kam.

Stenonychosaurus kletterte vermutlich nicht auf Bäume, aber da zu seiner weitläufigen Verwandtschaft auch Epidendrosaurus gehörte, lässt es sich nicht vollends ausschließen, dass er sich ab und zu auch mal über das untere Zweigwerk wuselte, zumindest in Jugendjahren. Bei seinen kräftigen Krallen hätte er sich sicherlich gut

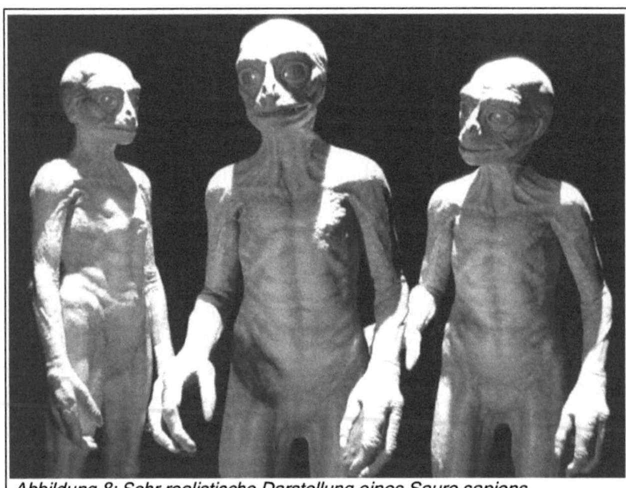
Abbildung 8: Sehr realistische Darstellung eines Sauro sapiens

an Ästen festhalten können, unabhängig davon bestand aber wohl keine Notwendigkeit diese altbewährte Errungenschaft der Evolution, zugunsten von Nägeln zurückzuentwickeln.

Mutationen entstehen nicht aufgrund von Notwendigkeiten, sie ereignen sich eher zufällig, und das Milieu bedingt ob sie sich durchsetzen oder nicht. Ein zufällig kleinwüchsiger Stenonychosaurus hätte erfolgreich Zuflucht auf Bäumen suchen können, und sich so zu einer eigenen Art entwickeln können, eben weil dies ein Vorteil gegenüber seinen Artgenossen gewesen wäre. Dies aber auch nur dann, wenn das Biotop in dem er Zuflucht suchte, unbesetzt war und ihm ausreichendes Auskommen geboten hätte. Der einige Millionen Jahre andauernde Zeithorizont, vom ersten Auftreten von Troodon bis zum KT-Ereignis, wäre so gesehen mehr als genug Zeit, um einigen seiner Nachfahren die Entwicklung einer manipulativen Hand zuzugestehen. Mit dieser hätte er auch Feuersteine zerlegen und Höhlenwände beschmieren können und das auch mit Klauen an Stelle von Nägeln.

Wahrscheinlichkeit eines Sauro sapiens

Dale Russell ist nun nicht ein Irgendwer, er ist ein seriöser und angesehener Wissenschaftler dem wir unter anderem, die Verbindung zwischen Dinosauriern und modernen Vögeln verdanken. Die Arbeit von Russell, und seines Kollegen Séguin, ist deutlich mehr als eine wissenschaftliche Gedankenspielerei bei einem Glas Bier oder Wein. Tatsächlich erregte sie durchaus Aufsehen nicht nur bei interessierten Laien, sondern auch in der Fachwelt und sie wird sogar gelegentlich in Fachliteratur zu Dinosauriern zitiert. Dies zeigt, dass sich auch Russels Fachkollegen mit dem Thema auseinandersetzen - wenn auch oft im Resümee 'ablehnend'.

Generell haben Historiker, wo zu im weitesten Sinne auch Paläontologen gehören, generell ein gespaltenes Verhältnis zu kontrafaktischen Gedankenspielen. Weil sie Geschichte als lineares Geschehen ansehen, was sie auch ist. Um aber zu erkennen, warum Geschichte so oder so verlief, sind kontrafaktische Gedankengänge immer sinnvoll - wenn sie fundiert durchgeführt werden, denn oft zeigen gerade sie, die wahren Ursachen eines Geschichtsablaufes auf. Dieser Grundsatz kann durch aus auch in der Paläontologie hilfreich sein, zumindest aber mit Sicherheit bei diesem Thema.

Die Analysen von Dale Russel waren nicht einfach so aus der Luft heraus fabuliert, sondern ihnen lagen allgemein bekannte Gesetzmäßigkeiten von Konvergenzentwicklungen zugrunde. Denn das weiß die Biologie schon seit langen, total unterschiedliche und nicht miteinander verwandte Arten können in einer vergleichbaren Umwelt auch vergleichbare Eigenschaften ausprägen, wenn sich diese Eigenschaften für das Überleben als besonders zweckmäßig erweisen. Mit anderen Worten: Ähnliche Umwelt, ähnliches Aussehen. Denn es ist nun einmal so, dass sich in erster Linie Lebewesen stets an ihre Umwelt anpassen. Dies tun sie nicht bewusst, sondern die Evolution findet zur Lösung von Problemen oft vergleichbare Strategien. Am Ende der jeweiligen konvergenten Entwicklungen gibt es dann Lebewesen, die sich oft äußerlich sehr ähnlich sind, aber entwicklungsgeschichtlich sehr weit auseinander liegen.

Ein berühmtes Beispiel von Konvergenz findet sich in der großen Ähnlichkeit der Körperform so unterschiedlicher Arten wie der Haie, mancher Knochenfische (wie etwa dem Schwertfisch), der ausgestorbenen Ichthyosaurier der Meere oder der Delphine und Wale. Alle diese Tiere sind und waren nicht miteinander verwandt. Mit anderen Worten, bei ihnen handelt es sich nicht nur um unterschiedliche Gattungen, sondern zum Teil gar um unterschiedliche taxonomische Klassen. Aber ihr Aussehen ist im gegenseitigen Vergleich so ähnlich, dass durch die jeweils optimale Anpassung an den Lebensraum eine Verwandtschaft suggeriert wird und von den Forschern zumindest in früheren Zeiten auch oft angenommen wurde. Die perfekte Anpassung an ihre jeweils vergleichbar ähnliche Umwelt, wurde aber von der Evolution auch bei diesen Meerestieren über jeweils unterschiedliche Entwicklungswege erreicht. Dieses Ergebnis ist nicht aus einer Absicht heraus entstanden, auch kann sie nicht als 'zielgerichtet zwingend' bezeichnet werden.

Mutationen, auf welche die Evolution basiert, sind zwar reiner Zufall, die tatsächliche Durchsetzung dieser Zufälle sind aber durch die jeweilige Umwelt bedingt und erst diese tatsächliche Durchsetzung kann als Evolution bezeichnet werden. Denn erst viele kleine Mutationen, führen zu einer großen - so wird aus einer Art, eine andere. Mit der Zeit aus dieser dann taxonomische Familien, Ordnungen, Klassen – und jede einzelne ist Spiegelbild ihrer gesamten Entwicklung und damit der jeweiligen Umwelt in welche, sie in den einzelnen Phasen sich abspielte.

Die Natur bietet viele Beispiele von Konvergenzen. Alle Tiere, die aus Blüten Nektar saugen, verfügen über einen Saugrüssel, der trotz seiner unterschiedlichen anatomischen Herkunft bei Schmetterlingen, Hautflüglern, Vögeln, Kletterbeutlern und Fledermäusen nicht nur funktionell identisch ist, sondern auch optisch markante Ähnlichkeiten aufweist. Pflanzenfressende Tiere haben völlig unabhängig von ihrer Stammesgeschichte Mahlzähne mit flachen Kronen und starker Schmelzfaltung entwickelt – hier sind sich zum Beispiel Elefanten und Brontosaurier sehr ähnlich. Solche Zähne stellen ein Konstruktionsprinzip dar, das sich als besonders zweckmäßig erwies, zu dem es aber auch kaum Alternativen gab und deshalb immer wieder von der Evolution neu 'erfunden' wurde und wird. Den Paläontologen helfen diese, und viele ähnliche Konvergenzen, mehr über die Geschöpfe zu erfahren, über die man sonst nur indirekt aus den Fossilien Rückschlüsse ziehen kann. Konvergenzen hat die Evolution auch bei Pflanzen hervorgebracht. In den unterschiedlichen Trockengebieten der Erde ähneln sich beispielsweise Kakteen und Wolfsmilchgewächse optisch sehr stark, obwohl sie nicht miteinander verwandt sind.

Als zweckmäßig für eine intelligente Art würde sich in jedem Fall erweisen: ein aufrechter Gang und dadurch für den Werkzeuggebrauch frei werdende Hände, das räumliche Sehen, sowie das große und hochdifferenzierte Gehirn. Ein Schwanz war bzw. wäre trotz seiner Existenz bei den Vorläuferformen sowohl beim Menschen als auch bei den Sauro sapiens nicht mehr notwendig, könnte aber dennoch vorhanden sein und der Stabilisierung beim stehen und laufen dienen, eventuell gar als zusätzliches Organ zum festhalten von Gegenständen.

Die Entwicklung eines hypothetischen Sauro sapiens aus den Dinosauriern wäre somit auch nur eine Konvergenz zur Entwicklung des Menschen aus den Säugetieren. Aber, dass es zwingend zu solcher beim Primaten gekommen wäre, ist genauso wenig zu behaupten, als dass diese bei den Dinosauriern nicht denkbar wäre.

Antrieb zur Entwicklung des Sauro sapiens

Evolution ist keine Fortentwicklung einer Spezies zu einer anderen in einer unendlich geraden Linie, sondern die sich immer wieder neu erfolgende Abtrennung einer kleinen Population von der Hauptpopulation, welche neue Charakteristika aufweist und sich mit der Zeit zu einer neuen Art auswächst. Diese neuen Charakteristika müssen immer von einem Vorteil gegenüber den bisherigen Artgenossen sein, mit denen sie noch den gleichen Lebensraum teilen. Gelegentlich kann so ein Vorteil im angestammten Lebensraum eher gering sein, aber um so größer in einem benachbarten, in welchem die sich neu ausbildende Art auswandert um dort die Trennung abzuschließen. Auch Umweltveränderungen im angestammten Lebensraum können der Grund sein, ob eine Population (eher noch Rasse, als Art) die bisher eher im Schatten einer anderen stand, nun aber die Verhältnisse umdreht. Besteht dann noch aus topographischen Gründen eine Trennung zur Altpopulation, entsteht nach einer gewissen Anzahl von Generationen, eine eigenständige Spezies im Sinne einer taxonomischen Familie - Art, Gattung, Familie. Dabei sind plötzliche Veränderungen, als Artwechsel, wie sie gelegentlich in Science-Fiction-Genre dargestellt werden, absolut ausgeschlossen. Denn wie oben beschrieben geschieht Evolution nicht um sich selbst willen, sondern ist die Folge eine Reihe von Zufällen, welche umweltbedingt zu Erfolgen bei einzelnen Lebewesen und deren Nachkommen führt.

In der Evolution sorgen gleichbleibende Umweltbedingungen für eine verlangsamte Evolution, wechselnde Umweltbedingungen für eine Beschleunigung. Wechseln die Umweltbedingungen häufig, ist auch die Wahrscheinlichkeit für das entstehen neuer Arten hoch. Ganz gleich wie, wird aber jede Art optimal an diese Umweltbedingungen angepasst sein müssen, zumindest auf jedem Fall aber besser als eine konkurrierende Art. Derlei sorgt dafür, dass Lebewesen in vergleichbaren Umwelten ähnlich aussehen, die aus verschiedenen eben nicht. Dies dürfte nicht nur auf der Erde gelten, sondern im gesamten Universum.

Damit ein Saurier sich aus seiner ursprünglichen Form zu einer humanoiden Form entwickelt, bedarf es vergleichbarer Bedingungen, wie sie auch für die menschliche Entwicklung vorlagen. Vor 70 Millionen Jahren gab es aber solche Umweltbedingungen nicht. Die großen und offenen Grassavannen welche für die Entwicklung des frühen Menschen so grundlegend waren, waren noch lange nicht vorhanden, da die dazu notwendigen Gräser noch nicht existierten. Das Land war von Wald bedeckt, wo es freie Flächen gab, wuchs Farn und Ähnliches. Damals gab es viel mehr Kontinente als heute, welche aber viel kleiner waren, allein auch deswegen, weil größere Teile überflutet waren, denn der Meeresspiegel lag deutlich höher. Durch die Überflutungen weiter Teile der Kontinente, gab es riesigere Schelfmeerflächen, wohl ein vielfaches der heutigen. Dadurch bedingt viel stärkere und wärmere Meeresströmungen, damit aber auch stärkere Niederschläge. Die Bedingungen für Savannenbildung waren daher von Natur aus eher schlecht. Nichtsdestotrotz gab es auch in der Kreidezeit Gebiete, welche die Umwelt-Kriterien zur Savannenbildung erfüllten und aus verschiedenen anderen Gründen bereits heutigen Savannen zumindest ähnlich waren.

Man darf aber davon ausgehen, dass auch ohne dem KT-Ereignis, die Gräser ebenfalls weltweit ihren Siegeszug angetreten hätten und die Dinosaurier dann auch auf allen Kontinenten mehr oder weniger ausgedehnte Grassavannen hätten kennengelernt. Früher dachten nicht wenige Paläontologen, dass die Gräser und Blütenpflanzen den Dinos zum Aussterben brachten, da diese sich nicht umstellen konnten. Davon ist aber nicht auszugehen. Auch Saurier welche in solchen Pseudo-Savannen lebten, würden sich diesen neuen Gegebenheiten anpassen. Und sie haben es auch getan, denn Blütenpflanzen, etwas später auch die Graspflanzen, begannen sich ja auch schon bereits in der späten Kreidezeit weltweit auszubreiten. Der Zeitraum zur Anpassung betrug Dutzende Millionen Jahren, mehr als genug für eine evolutionäre Anpassung.

Für die vermeintlichen Vorfahren eines Sauro sapiens würde Gleiches gelten wie für die Primaten! Aufrechtes stehen verbessert in der weiten Grassavanne den Überblick, verbessert die Nahrungssuche und die Suche nach potentiellen Feinden. Schnell hätte er dann auch er auf die Idee kommen können Stöcker, Knochen oder Steine als Waffen bzw. Werkzeuge zu nutzen. Dabei sei daran erinnert, dass bereits auch einige Vögel kleine Stöcker oder Steine als Werkzeug nutzen.

Die Stenonychosaurus waren wohl recht gute und relativ flinke Jäger, aber es gab zu ihrer Zeit andere, welche viel größer und allmächtiger waren und gegen die der kleine 'Steno' kaum ankam. Um diesen Nachteil auszugleichen, bot es sich an, in Rudeln zu jagen, dies verlangt aber bereits eine gewisse Intelligenz, wie auch einen Altruismus. Die frühen Primaten erfüllten diese Qualifikationen, dass auch einige Dinosaurierarten diese erfüllten, belegen Spuren von Fährten, welche ein abgestimmtes Jagen in Rudeln belegen.

Fürstimmen zum Sauro sapiens

Die Reaktionen der Paläontologen auf den Sauro sapiens darf man als gemischt betrachten, einige waren durchaus positiv. David Norman befand 1985 über den Sauro sapiens, dass 'eine solche Idee offensichtlich phantasievoll ist, aber auch ein provozierender Gedanke". Ähnlich auch John Sibbick, welcher aber einen möglichen Sauro sapiens, weniger humanoid sehen wollte. Aber auch er endet mit der Feststellung, dass 'unter den richtigen Bedingungen solche Veränderungen durchaus möglich sein könnten'. Eine weitere positive Interpretation des Sauro sapiens kam von Cristiano Dal Sasso (2004) aus Italien.

Aucdrian J. Desmond, ebenfalls ein renommierter Paläontologe, scheut nicht vor einem mutigen Vergleich zurück, in dem mögliche Dinosaurierarten die Rolle des Homo sapiens einnehmen: „Diese Dinosaurier (Deinonynchus, Saurornithoides, Dromaeosauriern (Toodontiden), vermutlich aber auch Stenonynchosaurus) waren in ihrem Verhalten zu Leistungen imstande, deren Anforderungen an die Geschicklichkeit bis dahin kein Landtier gewachsen war. Von den übrigen Dinosauriern trennte sie ein Graben, der ähnlich breit war wie der zwischen dem Menschen und der Kuh; der Unterschied in der Gehirngröße war gewaltig. Dass den Dromaeosauriden und Coelurosauriern die Möglichkeit für eine explosive Weiterentwicklung zu Anbruch des Tertiärs zu Gebote standen, ist unbezweifelbar: Wer weiß, welche neuen Höhen die hochverfeinerten ‚Vogelnachahmer' hätten erreichen können, wenn sie sich ins ‚Zeitalter der Säugetiere' hinübergerettet hätten. Aber wie es scheint, hat nicht eine einzige brütende Familie dieser schönen aufgeweckten Tiere die vergleichsweise plumpen und beschränkten Riesen überlebt".

Dougal Dixon hat sich der Idee ebenfalls angenommen und geschrieben, dass Saurornithoides sich womöglich zu einem Wesen mit menschlicher Existenz weiterentwickelt hätte, wäre ihm nicht das katastrophale Ende der Kreidezeit dazwischengekommen.

Weiter bei Byron Preiss: „Und einige fingen gegen Ende ihres Zeitalters an, ihre Umwelt mit großen Augen zu beobachten, sie bekamen größere Gehirne, um zu begreifen, was sie sahen und auch um die Bewegungen ihrer lebhaften Gliedmaßen besser zu koordinieren (und umgekehrt), und entwickelten höchst bewegliche drehbare Vorderbeine, durch die sie ihre langfingrigen ‚Hände' zueinander bringen konnten. Diese Adaption ist ähnlich wie bei einem heutigen baumlebenden Koboldmaki, der zusätzlich noch einen spreizbaren Greifdaumen hat –

und dessen entferntem Vetter, dem Menschen.".. Das klingt nicht mehr nach einem dumpfen, wechselwarmen Reptil, mit einem Hirn kaum größer als eine Walnuss!

Gegenstimmen zum Sauro sapiens

Erwähnt sein sollen aber auch ablehnende Stimmen aus Kreisen der Paläontologie. Nach Dale Russels eigener Aussage bemerkte ein wissenschaftlicher Gutachter bei der Veröffentlichung seines Artikels in einer Fachzeitschrift, dass 'ich nicht viel Wert in der äußerst spekulativ 'dinosauroiden' Diskussion sehe'.

Darren Naish, Paläontologe und Schriftsteller, ist ein weiterer, der nicht mit den Theorien von Dale Russell einverstanden ist, allerdings hier eigene Theorien gegenüberstellt. Naish schaut auf die Evolution der Vögel, die evolutionären Nachfolger der Dinosaurier, und befasst sich speziell mit den Papageien und Rabenvögeln. Diese Arten sind auf einem ähnlichen Niveau wie Primaten in Bezug der Gehirngröße relativ zum Körper. Beide Arten haben vergleichbare Fähigkeiten, aber ihre Morphologie bildet eine regelrechte Sackgasse für die Evolution hin zu einem denkenden Wesen, da die Flügel eben zum fliegen gebraucht werden und nicht frei sind zum Werkzeuggebrauch. Dies stimmt natürlich, aber letztlich ist ein Dinosaurier eben kein Vogel, sondern ein Vogel eine Weiterentwicklung einer einzelnen Untergattung der Dinosaurier, damit kann man Vögel zwar gut als Referenzmodel nutzen, sollte dies aber auch nicht übertreiben.

Gregory Scott Paul dagegen wehrt sich vehement gegen solche Überlegungen: „Was mich stört, ist, dass die Dino-Homonoid-Spekulation die öffentliche Aufmerksamkeit davon abgelenkt hat, was an den Troodonten wirklich wichtig ist. Diese Dinosaurier waren vogel-ähnlicher als Archäopteryx, und Teil der anfänglichen Entwicklung der Vögel. Sie waren nicht pseudo-menschlich." Er hält sie für wenig 'verdächtig menschlich' und argumentiert, dass der Standardbauplan eines Theropoden, mit einer horizontalen Lage und einen langen Schwanz, zu sehr in Richtung Mensch manipuliert wurde, und dabei die Nähe der Theropoden zu den Vögeln, außer Acht gelassen wurde. Paul hätte jegliche Weiterentwicklung eines Theropoden bei Beibehaltung horizontaler Körperlage und mit langen Schwänzen gesehen. Diese Körperform hätte aber jede Größenzunahme des Gehirns über eine gewisse Größe verhindert, da so der Kopf einfach zu schwer geworden wäre und der Hals die Last hätte gar nicht tragen können. Dies klingt ablehnend, wie plausibel, ist aber vor allem darin begründet, dass er seine eigenen Stammbaumtheorien in Wissenschaftlerkreisen populär machen möchte. Und die sind nicht unbedingt weniger abenteuerlich, ist doch seine Ansicht, die von nur wenigen seiner Fachkollegen geteilt wird, dass Saurornithoides, Troodon und ihre Verwandten Nachkommen von Archäopteryx & Co. wären, und damit eigentlich Vögel. Dabei ist es für den Sauro sapiens eigentlich egal, ob er mehr oder auch weniger Vogel war, als ein Schwan oder ein Bronto-saurier.

Der Theropodenexperte Thomas R. Holtz Jr. schlägt in die gleiche Kerbe und meint, dass es wirklich keinen Grund gebe zu glauben, dass Dinosaurier in der Lage wären zu solch einer Entwicklung und es daher auch keinen Grund gebe zu glauben, sie würden sich zu 'schuppigen Menschen' entwickeln (oder gefiederte, da viele Forscher heute eher davon ausgehen, dass die Troodontiden ein Federkleid trugen). Aber auch hier gilt, auch wir Menschen haben nur wenig äußere Ähnlichkeit mit unseren Vorfahren vor 25 Millionen Jahren.

Jeff Hecht, ein weiterer Kritiker aus den USA sagt, dass wir dazu neigen zu glauben, Intelligenz ist eine gute Sache, die für den evolutionären Erfolg unserer Spezies elementar beigetragen hat und was gut für uns Menschen ist, sollte auch gut für Dinosaurier sein. Doch einige Forscher wie der Evolutionsbiologe Stephen Jay Gould bezweifeln diese Ansicht, er meint, dass natürliche Selektion keine innewohnende Vorliebe für das hat, was wir Intelligenz nennen. Aber auch hier muss man entgegnen, dass Intelligenz eben ein wichtiger Wettbewerbsvorteil sein kann und die Evolution über den gesamten Zeitraum auch die Intelligenz vieler tierischen Arten erhöht hat. Im Silur galt ein primitiver Fisch als der Höhepunkt intelligenten Verhaltens, im Perm waren es die reptilienartigen Vorfahren von Dinosauriern und Säugetieren, in der Kreidezeit unter anderen eben Stenonychosaurus, heute wir … und in einigen Millionen Jahren? Wer weiß! Evolution ist nicht bewusst zielgerichtet, dennoch treibt sie sich selbst und damit die Entwicklung neuer, fortschrittlicherer Arten, immer weiter an, wie im Wettkampf ein Sportler den anderen.

Sauro sapiens in den Medien

Berühmt und geradezu ein Paradebeispiel ist eine Folge der Science-Fiction-Serie 'Star Trek: Voyager', in welcher es zu einem Zusammentreffen mit sauroiden Aliens kommt. Die Voth, Weltallnomaden am anderen Ende der Galaxie, welche sich als Nachfahren der irdischen Dinosaurier outen, genau genommen der der irdischen Hadrosaurier. Sie entwickelten Intelligenz, verließen die Erde und reisten durch den Raum, dabei vergaßen sie das Wissen ihrer Herkunft und wollen es aus religiösen Gründen auch nicht wiedererlangen. Hadrosaurier sind die phylogenetisch höchstentwickelten Ornithopoden und vom Intellekt sicherlich einen Brontosaurier weit überlegen. Die vegetarischen Hadrosaurier, aber gleich für eine Stammform eines Sauro sapiens zu erklären, wäre so, als würde man Pferde oder Rinder zur (möglichen) Stammform eines Menschen erklären. Auch Captain Kirk hatte sauroide Widersacher, zum Beispiel die aus dem Volke der Gorn, welche dem damaligen Stand der Wissenschaft entsprechend noch Kaltblüter, zwar sehr kräftig, aber ein wenig träge waren. So manch weitere Rasse im Star Trek-Universum ist mehr oder wenig stärker sauroid, als primatoid!

Abbildung 9: Star Trek Voyager :Die Voth

Der bekannte Astronom Carl Sagan spekulierte 1977 in seinem Buch 'The Dragons of Eden' über intelligente Dinosaurier und auch er stellte die Frage: Was wäre, wenn die Dinosaurier nicht ausgestorben wären? Carl Sagan greift Russells Gedankenexperiment auf, und deutet es als „interessante Spekulationen". So schreibt er: „Wenn nicht alle Dinosaurier vor rund 65 Millionen Jahren auf geheimnisvolle Weise ausgestorben wären, hätten sich dann die Saurornithoides weiter zu immer intelligenteren Formen entwickelt? Hätten sie gelernt, gemeinsam große Säugetiere zu jagen, und so vielleicht die weitere Ausbreitung der Säugetiere verhindert, die am Ende des

Mesozoikums erfolgte? Wären die Dinosaurier nicht ausgestorben, wären dann die Nachkommen der Saurornithoides die dominante Lebensform auf der heutigen Erde, die Bücher schreiben und lesen, und darüber nachdenken, was geschehen wäre, wenn die Säugetiere den Sieg davongetragen hätten? Würden die dominanten Formen denken, das Achtersystem in der Arithmetik sei ganz natürlich, das Dezimalsystem dagegen ein Unfug, der nur in der ‚neuen Mathematik' gelehrt wird?". Mit dem „Achtersystem" bezieht er sich auf die zu seiner Zeit oft, aber falsch kolportierte vierfingrige Hand der Troodontiden.

Dabei ist Sagan noch ein Realist, gerade in den Medien wird die Grenze des Realismus schnell überschritten und man landet ganz fix im Reich der Fantasie. Die Shadoks regneten so in eine Welt strickender Saurier hinein, und auch Captain Future hatte bereits mit einer mesozoischen Zivilisation zu tun gehabt (zur Zeit des Planeten Katain). Whoppy Goldberg ging mit einem Dino-Polizisten gemeinsam auf Streife in New York. Und ein Megalosaurier namens „Nicht die Mama" verdient sich sein Geld als Baumschubser. Die verschiedenen Trickfilme, in denen die Helden der Kindheit (meist eines Jungen) zu Superhelden mutieren, brauche ich da gar nicht erst aufzuführen (in der Regel sind Apatosaurus, Stegosaurus, Tyrannosaurus, Triceratops und die Flugechse Pteranodon mit von der Partie). Von den nützlichen Hausgenossen der Feuersteins (Mühlschlucker, Kran, Haustier) ganz zu schweigen.

Abb. 10: früher Silurianer aus Dr.Who

In der TV-Adaption von 'Die Reise zum Mittelpunkt der Erde' von Jules Verne, von Hallmark Channel, sind 'Sauroids', wie sie genannt werden, weniger kulturell entwickelte Konkurrenten des Menschen der Welt im Erdzentrum. Die Sauroids prägen einen vorwissenschaftlichen Geist, der sie zu Gefangenen und Sklaven macht. Harry Harrison spekuliert in seiner 'West of Eden-Serie', über die Folgen einer sauroiden Intelligenz.

In der beliebten britischen Science-Fiction-Serie 'Doctor Who' tauchten gar Silurianer als wiederkehrende Feinde und Verbündete auf, welche gerne feststellen, dass die Erde ihr Planet sei, da sie die Ersten hier waren. Es handelt sich dabei um sehr fortgeschrittene humanoide Wesen, präsauroiden (also nicht sauroiden!) Ursprungs, aus dem Silur, einer Zeit vor über 420 Millionen Jahren, als es noch nicht einmal Saurier gab, ja gerade die ersten Wirbeltiere versuchten an Land zu kommen. Das sich bereits im Silur hätte intelligentes Leben entwickeln können, dürfte daher eher unwahrscheinlich sein, denn die damaligen Tiere waren einfach zu primitiv und noch viel zu weit von vielen 'Must-haves' eines 'Sapiens'

Abb. 11: aktueller Silurianer aus Dr.Who

entfernt, welche die Evolutionsgeschichte erst noch schaffen musste. Genau das sah übrigens in der späten Kreidezeit ganz anders aus, denn nun hatten sich eine Reihe von irdischen Tierarten soweit entwickelt, dass man der einen oder anderen mit der Zeit einen evolutionären Aufstieg zu einer intelligenten Rasse hin zutrauen können.

Angemerkt sei hier aber, dass nach Informationen aus der Dr. Who-Community, die Silurianer eigentlich von den Dinosauriern abstammen sollen und erst im Eozän entstanden seien. Dies passt zu einem Wechsel im Aussehen der Silurianer, denn dieses änderte sich mit der Zeit. So war der anfängliche Silurianer vom Typus eher recht archaisch wirkend, mit einem dritten Auge auf der Stirn versehen, hätte man ihn in seiner speziellen Eigenart, wenn schon, denn schon tatsächlich einer frühen irdischen Lebensform zuordnen können. Hingegen ist der aktuelle Silurianer eher deutlich reptiloid, geradezu sauroid und ist damit fast schon einem Musterbeispiel für einen möglichen Sauro sapiens.

Neben dem altehrwürdigen Dr. Who hat sich die kreative britische BBC auch in einer anderen TV-Serie mit dem Thema Sauro sapiens befasst. 'Dinosapien' wird die Mini-Serie genannt und entstammt dem Jahre 2007. Die dortigen 'Dinosapien' sind allerdings äußerlich noch typische Dinosaurier, nur eben intelligenter – also eher so, wie bei den eher kindlichen TV-Serien. Wohl der Grund, warum die Serie nach einer Staffel eingestellt und niemals im deutschen TV ausgestrahlt wurde.

Alternative Varianten für einen Sauro sapiens

Darren Naish, welcher wie oben beschrieben Russels Model durchaus kritisch, aber auch interessiert gegenüberstand, steht für eine der wichtigsten Alternativvarianten eines Sauro sapiens. Benannt hat er dieses als 'Bioparaptor macloughlini', nach dessen Schöpfer John McLoughlin. Dieses Wesen erinnert mehr an einen kleinen Raubsaurier mit menschlich wirkenden Vorderextremitäten und dem Kopf eines Carnosauriers, nur mit übermäßig großem Hirnschädel. Als wäre hier nicht längst der Wunschtraum manches Grundschülers erfüllt, trägt es auch noch eine Halskette, und hält so etwas wie ein Zepter in seinen dreifingrigen Händen. Wirkliche körperliche Evolution ist an ihm kaum erkennbar, als würde der Mensch heute noch auf allen vieren laufen und seinen Schwanz zum hangeln in den Bäumen nutzen.

In das gleiche Loch schlägt auch Nemo Ramjet, von ihm stammt die Version des eher 'Truthahnoiden' Sauro sapiens. Vergleichbar mit der eben genannte Version, nur mit vielen Federn bestückt, eben ein Riesenputer! Für die Entwicklung dieses Sauro sapiens sah er als Ursprung den mehr rabenähnlichen Dromaeosaurier, wie er sich entwickelt haben könnte, hätte es das KT-Ereignis nicht gegeben.

Magees Anthroposaurier

An dieser Stelle komme ich zum ersten Mal auf Michael „Mike" Magee zu sprechen, er wird später noch Thema sein, den keiner hat dieses Thema so weit getrieben wie er. Er stellte die Behauptung auf, nicht Raub-, sondern Affensaurier hätten intelligente Formen hervorgebracht. Nun steht er vor dem Problem, dass es für diese 'Primosaurier' (benannt nach den Primaten) keinerlei Nachweise gibt, also argumentiert er, dass Fossilien arborealer Lebewesen aufgrund der schlechten Erhaltungsbedingungen in Feuchtwäldern ohnehin sehr selten sind. Damit hat er nicht ganz Unrecht, ähnlich liegt es ja auch mit den viel jüngeren menschlichen Vorfahren, er hat auch einen möglichen Vertreter zur Hand – Lagosuchos. Ein Versuch der Einordnung, der in der Fachwelt keinerlei Unterstützung findet.

Magee wertet Lagosuchus als kletternde Form allein deswegen, weil er diese Gattung als Ahn der Flugsaurier sieht. Vielleicht hätte er besser aus dem Epidendrosaurier den Kronzeugen für seine Theorie gemacht, wäre der damals bereits entdeckt worden. So bleibt ihm nur die Behauptung, dass die Säugetiere die Bäume viel früher erobert hätten, hätte es dort keine sauroide Konkurrenz gegeben. Sie hätten dadurch auch viel früher größere Hirne ausgebildet und so möglicherweise ihren Siegeszug um Jahrmillionen vorgezogen. Aber daran, dass es im gesamten Fossilbericht nicht den geringsten Hinweis auf die Existenz von Primosauriern gibt, kann er nichts ändern. Die Frage bleibt aber, welche Tiere in der Kreidezeit die Biosphäre der Baumwipfel beherrschte – denn ist absolut unwahrscheinlich, dass dieses Refugium über Jahrmillionen vollkommen unbesetzt blieb. Aber es bleibt auch die Frage, warum ein Sauro sapiens unbedingt zuvor in den Bäumen gelebt haben soll – denn nur, weil dies die Menschen taten, muss dies nicht unbedingt für einen Sauro sapiens gegolten haben.

Ein Atomkrieg, der die Anthroposaurengesellschaft beendete, soll globale Waldbrände, aber auch die weltweiten Quarz- und Tektiteinschlüsse in Gestein erklären, welche sonst allgemein als Beweis für einen Asteroideneinschlag interpretiert werden. Sie sollen aber auch mumifizierte Dinosaurier erklären, wie Sternbergs berühmten Edmontosaurier aus Wyoming, welche ihre bemerkenswerte Erhaltung, diesen globalen Atomkonflikt verdanken sollen. 'Dinosauriermumien sind selten, aber wenn sie gefunden werden, sind es meist spätkreidezeitliche Hadrosaurier. Warum sollten sie so gestorben und perfekt erhalten geblieben sein? Weil sie durch Gammastrahlung und Neutronenbeschuss starben ...'' (Magee 1993, S. 148).

Ebenso ist Magee der 'mutigen' Ansicht, dass die verschiedenen vermeintlichen menschenähnlichen Spuren aus dem Mesozoikum keine Fälschungen oder Fehlinterpretationen sind, sondern eben die Fußspuren seiner Anthroposauren. Im Weiteren gleitet er aber immer weiter ins Esoterische ab, faselt von Rückzugsorten in den Tiefen der Erde und Telepathie. Ohnehin ist Magee für Bücher eher esoterischen Inhaltes bekannt.

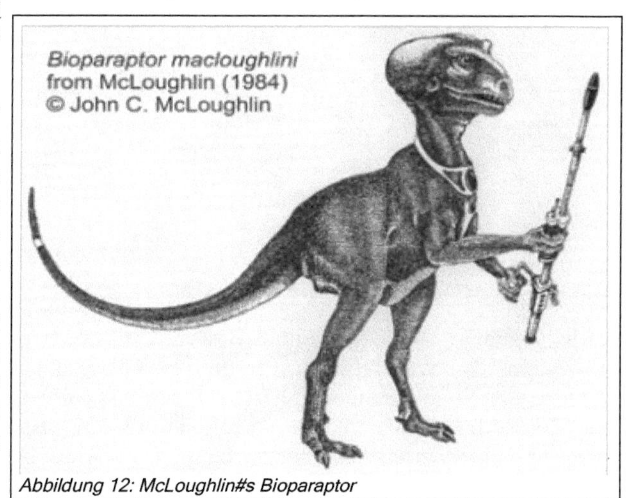

Abbildung 12: McLoughlin#s Bioparaptor

Wo waren die Primosaurier?

Aber zurück zu den hypothetischen Primosauriern, welches Tier besetzte in der Kreidezeit die ökologische Nische, welche später einmal von Primaten besetzt wurde, hoch in den Baumwipfeln der Wälder?! Sicher blieb diese Nische nicht ungenutzt, besonders nachdem sich im Laufe der Kreidezeit Blütenpflanzen mit nahrhaften Früchten sich auszubreiten begannen.

Wer lebte dann also in den Bäumen, wenn die Dinosaurier auf dem Boden herumtrampelten? In den Fossilien scheinen sich keine baumbewohnenden Dinosaurier in dem Sinne solcher Kreaturen, wie Affen oder auch Eichhörnchen, identifizieren zu lassen. Doch wenn es keine Dinosaurier in den Bäumen gab, die Säugetiere hätten dort eine vollkommen sichere Nische gehabt und sich massiv entwickeln können. Aber auch von solchen gibt es keine Fossilien, diese gibt es erst von Purgatorius, welcher unsere eigene Vorfahrenliste mit anführt, aber Purgatorius lebte nicht unbedingt in herkömmlichen Wäldern, sondern eher in ausgesprochenen Feuchtwäldern, wo eine Fossilierung einfacher war.

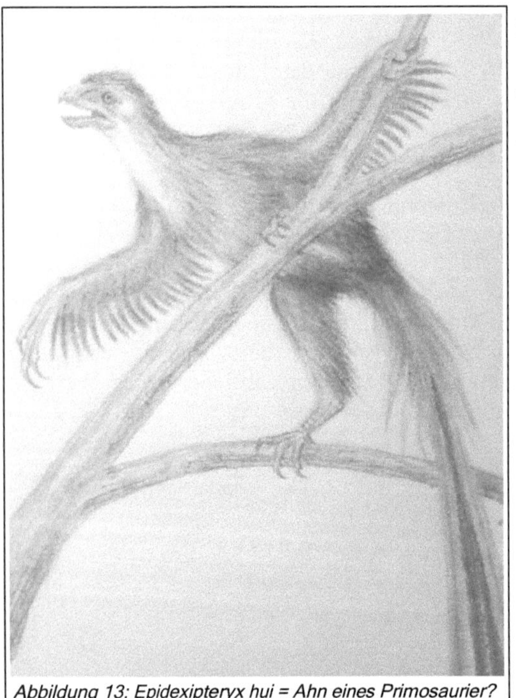

Abbildung 13: Epidexipteryx hui = Ahn eines Primosaurier?

Ansonsten jedoch ist unser Wissen über baumbewohnende Reptilien sehr lückenhaft. Ob hier Saurier existierten, welche dieselben Nischen eingenommen haben, wie später Primaten oder Säuger vom Purgatorius-Typus, entzieht sich unserer Kenntnis. Bekannt sind zumindest Saurierarten, welche die Baumwipfel offener Wälder bewohnt haben dürften, Archaeopteryx dürfte einer dieser gewesen sein. Hier konnten Saurierarten die Zwischenglieder zwischen reinen Landbewohnern und Vögeln waren, auf Bäume klettern und im Gleitflug von diesen auf Jagd gehen. Die dichten Wälder wären dafür aber ungeeignet, weil sie eben keinen ausreichenden Freiraum für Gleitflüge geboten hätten.

Fest steht, dass es noch gewisse Freiräume in den Baumwipfeln der dichten Wälder gegeben haben muss, denn die Entwicklung des Purgatorius zum in Bäumen lebenden Tier, dürfte noch einige Jahrmillionen vor dem KT-Ereignis stattgefunden haben. Damit hätten Halbaffen, Affen und Menschen, so es sie bereits gegeben hätte, eine weitaus bessere Chance, sich im Schatten der großen Kriechtiere zu entwickeln, als etwa Elefanten, Pferde oder Großkatzen, die in direkter Konkurrenz zu bereits existierenden Dino's gestanden hätten. Jedenfalls scheint es so, dass die Vorfahren der Primaten ihre Chance bereits vor dem KT-Ereignis nutzten, allerdings steht noch immer die Frage im Raum, warum dies erst so spät geschah. Eine Antwort könnte sein, dass sie erst ihr Biotop finden mussten, dieses entstand dann vielleicht auf einer der größeren Inseln aus denen damals nicht nur Europa bestand. Denn durch den erhöhten Meeresspiegel sah Europa, wie auch einige andere Kontinente, eher aus wie heute Indonesien. Ein kreidezeitliches Sumatra war vielleicht die Urheimat von Purgatorius.

Fossilien von räuberischen Dinosauriern, welche in eher offenen, park- oder savannenähnlichen Gebieten lebten, sind ebenfalls recht selten. Der Paläontologe Robert Bakker stellt fest, dass er in sechs Jahren seiner Arbeit, nur ein paar Bruchstücke dieser Tiere fand, aber Fossilien von arborealen (auf Bäumen lebenden) Arten sind noch seltener. Von den Schimpansen, welche in jüngerer Zeit lebten, ist bisher keinerlei Fossilmaterial gefunden worden – und diese existieren bereits einige Millionen Jahre. So gibt es bisher auch nur fünf fossile Skelette von Archaeopteryx, welcher vermutlich einen erheblichen Teil seiner Zeit in Bäumen verbrachte, dies aber über dutzende Millionen Jahre hinweg.

Das Problem mit Bewohnern von Waldbäumen ist, dass ihre toten Körper auf den Waldboden fallen, wo sie eher schlechte Chance hätten, fossilisiert zu werden. Der eher dauerfeuchte Waldboden ist reich an Pilzen und Bakterien, die in der feuchten und schattigen Umgebung gut gedeihen. Außerdem gibt es allerlei Insekten und kleine Aasfresser. So wird ein Körper binnen weniger Tage, ja manchmal nur Stunden, regelrecht verputzt. Zwar bleibt dabei das Skelett übrig, das liegt nun aber schutzlos herum und verliert recht schnell den Zusammenhang. Der Waldboden ist sauer, so dass auch die Knochen nicht lange genug überdauern, um fossilisiert werden zu können. So kommt es, dass es kaum fossile Hinweise darauf gibt, was in den Bäumen der damals zweifellos existierenden dichten Wälder lebte, als noch die Dinosaurier die Erde beherrschten.

Zumindest am Ende der Kreidezeit dürften aber auch Säugetiere, ähnlich einem Spitzhörnchen, sich in den Baumwipfeln angesiedelt haben. Aber was war mit den Jahrmillionen davor? Dass die Dinosaurier nicht schwindelfrei gewesen wäre, kann es nicht gewesen sein, Archaeopteryx jedenfalls brauchte mit Sicherheit bei seinen Gleitflügen keine Kotztüten.

Lagosuchus, ein möglicher Vorfahre der Flugsaurier, war ein noch recht primitiver Dinosaurier, er muss schon auf Bäume geklettert sein, aber warum? Heute leben Komodowaran-Jungtiere in den Bäumen, um Raubtiere zu vermeiden. Viele andere Kaltblüter klettern auf Bäume, vom Frosch über den Salamander bis hin zur Schlange. Warum also sollte es also nicht Dinosaurier-arten gelungen sein, sich in den Bäumen anzusiedeln, sogar in denen der dichten Wälder?! Vielleicht gab es sie, vielleicht auch nicht - aber wie wir gesehen haben wissen wir eben nichts von diesen, weil eben ihr Lebensraum sie einfach nicht fossilisierte.

So werden diese Primosaurier auch von einer Reihe von Paläontologen durchaus ernsthaft vermutet. Und man vermutet, dass diese Primosaurier einem Vogel oftmals schon weniger ähnlich waren, als einem Affen, denn sie nutzten bereits die Nische der Primaten. Vor allem ihr Federkleid dürfte diese für den flüchtigen menschlichen Beobachter einem Vogel ähnlicher gemacht haben. Sie lebten in den Bäumen wie Affen, ernährten sich ähnlich und führten wohl auch ein vergleichbares Sozialleben. Aber die bauliche Grundlage des Skeletts, die war weiterhin sauroid, so oder so, hätte ein Sauro sapiens gewisse sauroide Charakteristika übernommen, denn er hätte nicht einfach die Grundlagen die eine über hunderte Jahrmillionen gehende Evolution ihnen brachte, nicht negieren können, sondern nur adaptieren. Konnte dieser vermeintliche Primosaurier vielleicht schon rot von grün unterscheiden? Es wäre ein großer Vorteil gewesen.

Ein eventueller Ahnherr eines möglichen Primosauriers, könnte Epidexipteryx hui sein. Dieser entstammt dem Oberjura von vor ca. 160 Millionen Jahren und gilt für manche Forscher auch als möglicher Ahnherr der Vögel. Dieser baumbewohnende Saurier war kaum größer als eine heutige Taube und dass von ihm bisher nur ein Skelett gefunden wurde, in der Inneren Mongolei, zeigt deutlich, wie schlecht die Chancen sind, dass die Knochen von Waldbe-wohnern bis heute als Fossil überstehen. Dabei dürfte das Tierchen damals gar nicht so selten gewesen sein und hat sicher weite Landstriche bewohnt. Von ihm hätte sich weitere Arten abspalten können und bis in die späte Kreidezeit sich zu einen Primosaurier entwickeln können, ohne dass uns bis heute irgendein Fossilbeleg überliefert worden wäre.

Neuere Funde eines Sinornithosaurus aus China, einem nahen Verwandten von Epidexipteryx, scheinen dafür zu sprechen, das es sich ebenfalls um einen Dinosaurier handelte, welcher im Grunde damals die Nische besetzt haben könnte, welche heute die Primaten einnehmen. Sie sahen wohl mehr aus wie eine krude Mischung aus Falke und Gibbon. Beide waren gefiedert, aber ihr Körperbau war nicht wirklich der eines 'Riesenputers', zwar noch eindeutig sauroid und stark verwandt mit den frühen Vögeln, aber schon mit Analogien hin zu einem primatenähnlichen Tier. Mit Sicherheit dürften diese, gute Kandidaten für eine mögliche weitere Evolution hin zum Sauro sapiens sein.

Affen haben durch ihr Leben in den Bäumen einen opponierbaren Daumen entwickelt, Stenonychosaurus hatte diesen aber bereits ebenfalls – wobei völlig unklar ist, warum und wofür. Hätte sich der Mensch aus der Ratte oder einem Bären entwickelt, er würde wohl ebenfalls ein mehr oder weniger humanoides Aussehen haben. Und so nimmt es auch kein Wunder, wenn Dale Russels Sauro sapiens eine hominide Form besitzt, denn er sieht eben hier eine konvergente Entwicklung. Er sieht nur einen leicht anderen Entwicklungsweg als die Anthropologen und nutzt dabei die völlig unbewiesene Wasseraffentheorie in der Entwicklungsgeschichte des Menschen, auch für den Sauro sapiens, um über diese, konvergentes Aussehen zu erklären.

Die Bedeutung der Blumen

In der Mitte der Kreidezeit, also so vor etwa 117 Millionen Jahren, kam es zum Durchbruch der Blütenpflanzen, welche die recht faserigen und schwerverdaulichen Koniferen, Baum- und Bodenfarne und all dergleichen begannen abzulösen. Die Blätter und wohl auch die Früchte dieser Bäume, Sträucher und Blumen, waren deutlich energiereicher und auch leichter verdaulich, wodurch sich die großen Pflanzenfresser wohl massiv ausbreiteten. Dies war auch schon bei den spätkreidezeitlichen Dinosauriern der Fall. Mit den Früchten der Blütenpflanzen – Obst bzw. Nüsse, stellen die Pflanzen absichtlich, aber nicht uneigennützig, den Tieren eine energiereiche Nahrung zur Verfügung. Aus dieser Verfügungsstellung entstehen zwischen Pflanzen und Tieren Schicksalsgemeinschaften. Bis dahin waren die Pflanzen eher passiv in ihrem Verhältnis zu den Tieren, nun aber breiten sich Partnerschaften aus, ja geradezu gegenseitige Abhängigkeiten.

Schon in der Kreidezeit gab es erste Gräser, allerdings waren dies eher Schilfgewächse am Rand von Gewässern. Den Siegeszug als dominierende Vegetation der Wiesen und Savannen sollten sie erst viel, viel später antreten. Es scheint als hätten sich modernen Graspflanzen auf Indien entwickelt, wohl etwas vor dem KT-Ereignis. Indien lag damals recht isoliert im Indischen Ozean und dürfte, ähnlich wie später Australien oder Neuseeland, ein besonderes Experimentierfeld der Evolution gewesen sein. Es dürfte kein Zufall gewesen sein, dass sich, ausgerechnet als Indien begann mit Asien zu kollidieren, sich weltweit die Gräser begannen auszubreiten.

Auch wenn es kleinere Grasflächen bereits vor dem KT-Ereignis überall auf der Welt gab, wirklich vorherrschend waren sie noch nicht – ganz im Gegenteil. Denn erst vor 24 Millionen Jahren kam es zur Entstehung moderner Gräser, welche ganze Landschaften in Beschlag nehmen konnten, nun kam es zu einer wahren Explosion unter den pflanzenfressenden Säugetieren. Am Ende dieser Entwicklung stand eben auch der Mensch, er ernährte sich zwar nicht von den Gräsern, nutzte aber anderweitig das Biotop Grasland für seinen Fortbestand. Denn es bot nicht nur Deckung, sondern auch jede Menge Futter, von Kleintieren, über Knollen bis hin zu Früchten.

Kann hier eine Parallele zu den Dinosauriern gemacht werden? Könnten sie sich nicht auch in der späten Kreidezeit auf die Bäume gerettet haben, weil es dort sicher vor den großen Raubsauriern war, aber es auch viele kleine Insekten und leckere Früchte gab? Warum nicht? Als es dann zum Ende der Kreidezeit in einigen Regionen wieder trockener wurde, entstanden savannenähnliche (aber immer noch faktisch graslose) Landschaften, könnten baumlebende Dinosaurier dann nicht wieder auf den Boden gekommen sein um diese Landschaften zu erobern, eben weil die dichten Wälder schrumpften? Dem Menschen jedenfalls erging es wohl so.

Umweltbedingungen am Ende der Kreidezeit

Die Kreidezeit an sich, war gekennzeichnet durch das bereits im Jura begonnene Aufbrechen des Superkontinentes Pangäa und einem damit zusammenhängend wechselhaften, aber zu heute immer erhöhten Meeresspiegel. Zum Ende der Kreidezeit begannen sich die jüngst erst auseinandergebrochenen Kontinente wieder neu zu vereinigen und rutschten in dieser Zeit zu einer Reihe von neuen Superkontinenten zusammen, weshalb nun wieder der Meeresspiegel deutlich fiel. Größere Wechsel gab es hier vor 95 bzw. 67 Millionen Jahren, also letztmalig kurz vor dem KT-Ereignis. Durch die neue Vereinigung von Kontinenten und kontinentalen Fragmenten verkürzten sich die kontinentalen Küstenlinien und damit auch die Flächen flacher Schelfmeere. Von vor 100 Millionen Jahren, bis hin zum KT-Ereignis dürfte die Fläche aller Schelfmeere um mehr als die Hälfte abgenommen haben. Anderseits wurden nun aber auch die Tiefseebecken viel umfangreicher, somit war damals der Meeresspiegel relativ niedrig. Zumindest jedenfalls niedriger als zu Beginn der Kreidezeit, als der Meeresspiegel einen Höchststand seit dem Kambrium hatte, aber dennoch noch deutlich höher als heute. Zumindest Antarktika wuselte damals bereits schon seit längeren am Südpol herum, war aber selbst, zumindest bis auf die Hochgebirgsregionen, nicht vereist, sondern unterlag einen gemäßigt bis subtropischen Klima. Ohnehin gab es in der späten Kreidezeit keinerlei Eiszeiten, die durchschnittlichen Temperaturen lagen wohl deutlich höher als die in den pessimistischen Prognosen für den aktuellen Klimawandel vorhergesagten.

Über die ganze Zeit der Erdgeschichte ging es aus diesem Grunde auf und ab mit dem Meeresspiegel, die terristische Gesamtwassermenge an sich änderte sich über die letzten Jahrmillionen bzw. Jahrmilliarden kaum, aber in Zeiten von Superkontinenten waren diese in ihrem Inneren oft trocken, nur wenig Wasser war so als Süßwasser gebunden, dies wirkte Meeresspiegel ansteigend. Andererseits gab es weniger Schelfmeere, dafür ausgedehntere Tiefseebecken, was sich wieder absenkend auf dem Meeresspiegel auswirkte. Ob tatsächlich der Meeresspiegel sank, oder stieg, war also von vielen Faktoren abhängig, welche sich gegenseitig beeinflussten. Neben diesen direkten Faktoren gab es aber noch weitere, mehr indirekte Faktoren, welche den Meeresspiegel beeinflussten.

Bis vor einer knappen Milliarde Jahre die ersten Pflanzen begannen das Land zu erobern, bestand Land faktisch nur als Fels und Geröll. Sande und Kiese erodierten und lagerten sich schnell in den Küstenregionen ab, in deren Folgen dort große Schelfgebicte entstanden. Diese

Ablagerungen, die es seit Anbeginn der Erdzeitalter gab, waren, neben dem Vulkanismus, die Hauptentstehungsursache für die Bildung von Kontinenten. So entstanden mit der Zeit aus Kontinenten von der durchschnittlichen Größe Grönlands, solche von ‚normaler Kontinent-größe' wie die des heutigen Afrika. Binnenseen waren nicht häufig und bei den damaligen weltweit recht tropischen Temperaturen, gab es Vergletscherungen auch nur in aller höchsten Regionen. Aus all diesen Gründen konnte das Land kaum Wasser speichern, anders als heute, war fast alles Wasser in den Ozeanen enthalten.

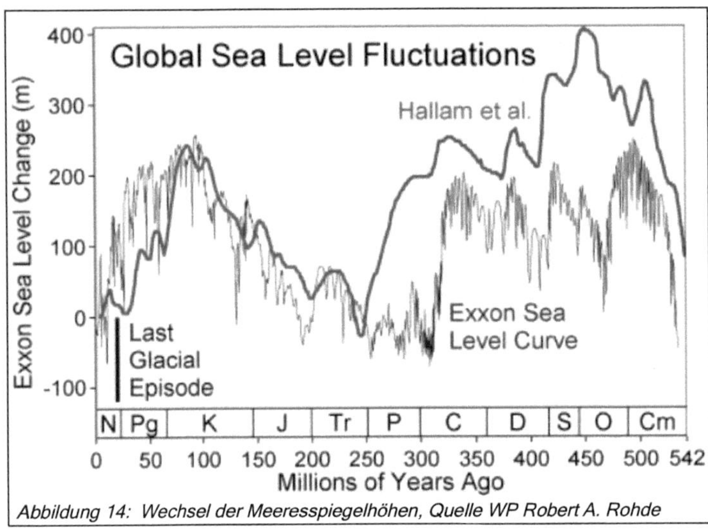

Abbildung 14: Wechsel der Meeresspiegelhöhen, Quelle WP Robert A. Rohde

Zwischen Kambrium und Silur, hatten die Meere ihren höchsten bekannten Meeresspiegel. Sicherlich hat es in den Zeitaltern zuvor noch höhere Meeresspiegel gegeben, was uns aber heute verborgen bleibt, da es zu wenig geologische Daten dazu gibt. Im Silur begannen sich dann sehr schnell die Landpflanzen zu entwickeln und auszubreiten. Schon im Erdzeitalter zuvor, dem Ordovizium, eventuell gar dem Kambrium, begannen die ersten Pflanzen das Land zu erobern. Anfangs waren dies wohl Pilze, Flechten und moosähnliche Pflanzen – also noch nicht viel, es reichte aber aus, dass sich immer mehr Boden bildete, welcher zuvor ohne Pflanzendecke immer wieder schnell erodierte. Beides, Boden und Pflanzen konnten Wasser speichern, was zu einer Abnahme der Wasserspiegel führte, insbesondere im Silur als die Pflanzendecke immer kompakter wurde und bald darauf erste Wälder entstanden. Richtig los ging es aber im Karbon und Perm, als es bei sehr hohen Temperaturen und sehr hohen Kohlendioxidgehalt in der Atmosphäre, zu einer gigantisch hohen Abdeckung der Landflächen mit Wäldern kam, wie sie später nie wieder erreicht wurden. Es waren gigantische Urwälder, wie sie heute kaum noch vorstellbar sind, welche aber auch gigantische Wassermengen speichern konnten.

Als vor ca. 550 Millionen Jahren die ersten Mehrzeller entstanden, war der vorherige Superkontinent Rodinia ein wenig zerfallen, da sich Nordamerika, Nordeuropa und Sibirien sich Richtung Norden vom neuen Superkontinent Gondwana verabschiedet hatten. Eine Situation welche sich auch im Ordovizium kaum änderte. Zu Beginn des Silurs, also vor gut 440 Millionen Jahren, damals entdeckten auch die ersten Wirbeltiere das Land, war ein erstes großes Absenken des Meeresspiegels erreicht. Damals gab es faktisch zwei Superkontinente, der altbekannte Gondwana im Süden und nördlich davon einer welcher aus Nordamerika, Nordeuropa, Sibirien und weiteren Fragmenten bestand. Diese beiden Superkontinente begannen im Devon sich an ihrer Längsseite zu verschmelzen, ein Vorgang, welcher erst im Karbon beendet war. Die Folge dieser kontinentalen Ehe waren gigantische Schelfmeere. Trotz weltweit sehr tropischer Temperaturen, kam es im Karbon zu einer umfangreichen Vergletscherung der damaligen südpolaren Kontinente (Patagonien, südliches Afrika, Antarktika, Südaustralien, Indien). Diese Vergletscherung begann, zusammen mit den gewaltigen Wäldern, dem Meeresspiegel massiv abzusenken.

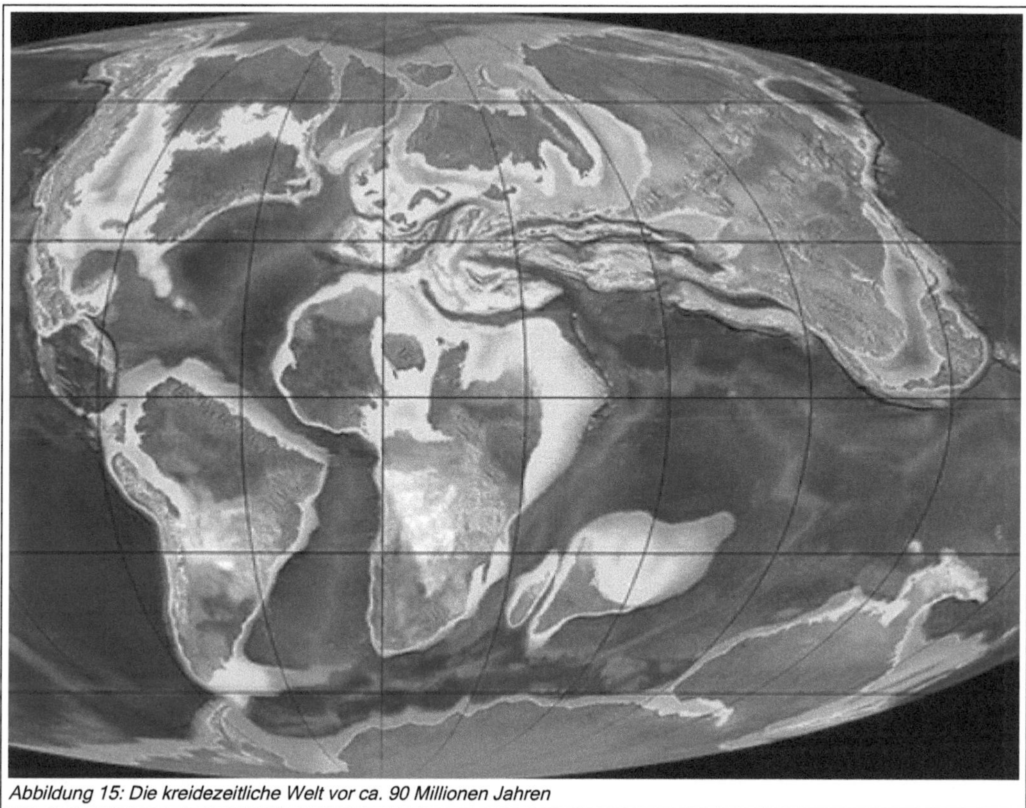

Abbildung 15: Die kreidezeitliche Welt vor ca. 90 Millionen Jahren

Im Perm bzw. Trias wurde der Tiefpunkt der Meeresspiegelabsenkung erreicht. Damals waren, bis auf einige Teile Ostasiens, noch alle Kontinente in Pangea vereinigt. Gondwana, der massivste Teil Pangeas, war jetzt schon einige hundert Millionen Jahre alt, mit der Zeit hatte es sich immer höher aus dem Erdmantel gedrückt, dies führte zum Verschwinden der weiten Schelfmeere des Karbons. Zu Beginn der Trias, also so vor 230 Millionen Jahren, begann der Meeresspiegel wieder anzusteigen, der Grund lag darin, das Pangea einerseits sich immer mehr zusammenschob, dabei die Gebirge an den alten Kontinentgrenzen immer weiter anhoben, andererseits dadurch bedingt aber auch begann auseinanderzubrechen. Seit der Trias stieg nun der Meeresspiegel langsam, aber stetig an, bis vor ca. 80 Millionen Jahren der Höhepunkt erreicht war und der Meeresspiegel wieder begann abzusinken.

Nun ist es aber so, dass ja nicht nur der Meeresspiegel auf- oder absteigt, sondern dies ja auch das Land tut. Die historische Meeresspiegelhöhe damit aber immer auch eine relative ist. Denn es ist im nach herein nur sehr schwer zu bestimmen, auf welcher Höhe vom Erdkern her, befand sich einst eine Küstenlinie. Damit aber nicht genug, die Erde ist nicht wirklich eine perfekte Kugel. Wenn es von der Entfernung vom Erdkern gehen würde, würde der Chimborazo in Ekuador der höchste Berg der Welt sein, dies zeigt, dass die äquatoriale Küste Ekuadors einige hundert Meter weiter vom Erdkern sich befindet, als die Küste Indiens. So kommt es, dass andere Wissenschaftler auch zu abweichenden Ergebnissen kommen – wie die von Exxon. Letztlich sind aber diese Abweichungen vor allem für die früheren Erdzeitalter prägnant, nicht für die jüngeren. Für unser Thema kann man sich einig sein, dass vor gut 80-100 Millionen Jahren, also mitten in der Kreidezeit, der Meeresspiegel gute 240m höher war als heute, beim KT-Ereignis waren es dann aber wieder bereits 50 bis 140m weniger. Und wie bereits erwähnt, heute sind wir auf einen echten Tiefstand.

Heute leben wir faktisch in einer Ära der Superkontinente – denn Geologen in 100 Millionen Jahren werden Europa, Asien und Afrika als einen Kontinent ansehen, zu welchem aber auch beide Amerikas gehören. Einmal weil die schmalen Meere wie Rotes Meer und Persischer Golf, andermal die schmalen Meeresstraßen wie die von Gibraltar und Malta, späterhin kaum feststellbar sind. Erschwerend kommt hier hinzu, dass das Mittelmeer vor wenigen Millionen Jahren immer wieder trocken fiel. Darüber hinaus in den Eiszeiten besonders zwischen Tunesien und Sizilien es zu erheblichen Landgewinnen kam und Randmeere wie die Adria trocken fielen. Dazu kommt, dass es rund um das Mittelmeer aktuell eine recht gemeinsame Flora und Fauna gibt, teilweise ist dies Menschen gemacht, aber manche Arten sind eben speziell eher mediterran, als nordafrikanisch oder südeuropäisch. Was für das Mittelmeer gilt, gilt auch für die Beringstraße, die in ihrer Geschichte mehr trockenes Land, als Meeresstraße war. Tatsächlich gehört der Nordosten Asiens, plattentektonisch nicht zu Asien, sondern ist nur der nordwestliche Teil Nordamerikas. Und auch hier gilt, dass Fauna und Flora in Nordamerika und Nordasien viel zu ähnlich ist, als sie in 100 Millionen Jahren wirklich unterscheidbar wären. Etwas anders Südamerika, die Zentralamerikanische Landbrücke, wie auch die Antillen-Kette, könnten soweit erodiert bzw. subduziert sein, dass man von ihr keine Spur mehr finden könnte. Vergleichbares gilt auch für einige der Inseln zwischen Südostasien und Australien. Gleich wie, isolierte Kontinente werden die Geologen in 100 Millionen Jahren für unsere Ära nur in Australien und Antarktika finden, bestenfalls noch in Südamerika bzw. unter anderen bei den Mikrokontinenten Madagaskar und Neuseeland (Seelandia), wenn diese dann noch existent sind.

Aber wir leben heute nicht nur in einer Ära der Superkontinente, oder gar eines Hyperkontinentes, sondern auch in einer Ära eines recht niedrigen Meeresspiegel, denn selten in der Erdgeschichte war dieser niedriger wie heute. Aber was ist die Ursache? Die polaren Eiskappen binden viel Wasser, ohne diese wäre der Meeresspiegel noch gute 73 m höher, noch höher, wenn man einkalkuliert, dass diese Eismassen Grönland und Antarktika erheblich – wir reden da von vielen hundert Metern – in die Tiefe drückt. Auch ist heute die Fläche der Schelfmeere eine relativ geringe, weil wohl die einige Kontinente stark aus dem Erdmantel herausragen – z.B. Afrika, mit im Schnitt mehr als 200 m über eine für den Kontinent normalen Küstenlinie. Ebenfalls scheinen die Tiefseebecken heute besonders ausgedehnt zu sein, was wieder auf den Meeresspiegel absenkend wirkt. In vergleichbaren Zeiten der Erdgeschichte (Zeiten von Superkontinenten, welche kurz vorm Trennen waren) war der Meeresspiegel immer recht niedrig. Dazu kommt aber auch, dass der aktuelle Super-/Hyperkontinent nicht so massiv wie frühere ist, sondern sehr zerklüftet ist und es eine recht lange Küstenlinie gibt, welche vergleichbar ist mit solchen in Zeiten von fragmentierten Kontinenten.

Wenn sich nicht gerade zufällig ein Kontinent gerade an den Polen befand und sich um diesen eine zirkumpolare Strömung bilden konnte, gab es wohl auch keine Eiszeiten, in welchen die Gletscher gewaltige Wassermengen binden konnten. Bedingt durch den Wechsel der Küstenlinien entstanden auch viele der heutigen Lagerstätten fossiler Brennstoffe und in den Zeiten, als es nur einfachstes Leben gab, auch zahlreiche Metalllagerstätten. Ein weiterer Beweis für solche Zyklen zeigt sich im quergestreiften Aussehen in der Kreidezeit entstandener Kreide-, Kalk- oder Sandsteinfelsen.

Aber wieso erzähl ich dies alles, was hat dies mit dem Sauro sapiens zu tun? Nun, wechselhafter Meeresspiegel ist ein wichtiger Faktor für evolutionären Druck, oder zumindest kann es ein Indikator für entsprechende Rahmenbedingungen sein. Ist es daher möglich, dass Schwankungen der Meeresspiegel den evolutionären Impuls für die Entwicklung des Sauro sapiens boten, analog den Eiszeiten beim Menschen?

Im Falle der Evolution des Menschen, waren jedenfalls dass plattentektonischen Geschehen von nicht irrelevanter Bedeutung. Einst brachen Südamerika und Australien von Antarktika ab, Indien und Madagaskar, damals erheblich größer als heute, hatten sich wohl kurz zuvor von Afrika verabschiedet. Die Bruchstücke nahmen dabei eine gewaltige Schelffläche mit, die einige Zeit nach dem Auseinanderbrechen, langsam überflutete. Auseinanderbrechende Kontinente heben sich zuvor immer an, heute gut am Afrikanischen Grabenbruch zu sehen. Haben die Bruchteile aber erst einen gewissen Abstand erreicht, sinken sie tief ein, heute gut zu sehen zwischen Nordamerika und Europa.

Zeitlich noch etwas weiter, aber nicht sehr weit zurück, hatte sich Afrika von Südamerika und Co. getrennt, nun trennte sich auch Nordamerika immer weiter von Europa. Beide sollten aber im Norden (Spitzbergen, Grönland) noch viele Jahrmillionen zusammenbleiben. Vermutlich bestand noch bis ins Eozän hinein eine Verbindung zwischen Nordamerika und Europa, die sogenannte „Thule-Landbrücke", die es klassischen amerikanischen Lebensformen ermöglichte, sich bis ins heutige Deutschland auszubreiten (Urpferdchen [Hyracotherium], Ameisenbären [Eurotamandua] und Riesenvögel [Diatryma]). Anderseits schob sich Zentral- und Ostasien, sowie Sibirien mit voller Macht auf Europa zu. Aus Ozeanen wurden hier flache Schelfmeere, dann Tiefebenen. Auch die Meeresströmungen begannen sich grundlegend zu ändern.

Ähnliches geschah auch zum Ende der Kreidezeit. War über weite Zeiträume der Kreidezeit das Klima auf hohem Niveau relativ gleichförmig, änderte es sich nun öfter, nicht nur in Jahrmillionen, nein nun auch binnen weniger Jahrtausende, gar Jahrhunderte. Denn damals war es, als sich Südamerika/Antarktika/Australien und Madagaskar/Mauritia/Indien von Afrika trennten. Weite Teile des heutigen Eurasiens und Nordamerikas waren durch Meeresarme fragmentiert, aber die 'kontinentale Komposition' wechselte alle paar Jahrmillionen. Und dass alles geschah bereits Jahrmillionen vor dem KT-Ereignis, hatte allerdings seinen Höhepunkt später. Klar dass dabei Flora und Fauna unter starken Anpassungsdruck gerieten, wen würde es da verwundern, wenn unter diesem Druck ein Sauro sapiens entstehen würde. Der Klimawechsel war so heftig, dass nicht wenige Paläontologen der Ansicht sind, hierin könnte eine der Ursachen fürs Aussterben der Dinosaurier liegen, es war sogar eine der wichtigsten Theorien, bevor die Einschlagtheorie sich durchsetzte.

Obwohl ein Eintrag extraterrestrischen Materials durch einen oder mehrere Meteoriteneinschläge auf die Erdoberfläche zu diesem erdgeschichtlichen Zeitpunkt durch Forschungsergebnisse belegt wird, ist die Frage, ob dieses Ereignis tatsächlich für das Massenaussterben zu dieser Zeit verantwortlich ist, noch nicht restlos geklärt. Als möglicher Ort des Einschlags wird oft der Chicxulubkrater im Golf von Mexiko nahe der Halbinsel Yucatán genannt. Kontrovers diskutierte Untersuchungen an Bohrkernen aus dem Kratergebiet durch G. Keller (2004) und neuerlich M. Harting (2004) deuten allerdings darauf hin, dass der Chicxulubkrater etwa 300.000 Jahre älter sein könnte als die bekannte KT-Linie. Dieser Einschlag wäre demnach nicht primär für das Massenaussterben verantwortlich, das es im Falle eines global verheerenden Einschlags in einem wesentlich kürzeren Zeitraum als den obigen 300.000 Jahren abgelaufen sein muss. Alternativ wird daher auch die Theorie vertreten, dass es sich bei dem KT-Ereignis um den Einschlag mehrerer Asteroiden oder Kometen innerhalb einer kürzeren Zeitspanne handeln könnte.

Ein wesentliches Indiz für die Hypothese eines oder mehrerer Einschläge ist der ungewöhnlich hohe Iridium-Gehalt vieler Gesteine innerhalb der KT-Linie. Da der Erdmantel, im Vergleich zu Steinmeteoriten, arm an Iridium ist, vermutet man, dass sich in diesen Schichten, der beim Einschlag mitgebrachte und dann in der Atmosphäre aufgewirbelte Staub wiederfindet. Starke Unterstützung erhält die Hypothese eines Meteoriteneinschlags durch eine Anomalie der Chrom-Isotopenverteilung in derselben Schicht, die auch die Iridium-Anomalie enthält. Die Chrom-Isotopenverteilung ist auf der Erde normalerweise homogen. Während bei der Iridiumanomalie noch eingewandt wurde, dass auch vulkanische Aktivitäten eine Iridiumanreicherung bewirken könnten, ist die Chrom-Isotopenanomalie nur durch Beimischung von extraterrestrischem Material zu erklären. Weitere mineralogische Spuren des Einschlages bestehen aus Ergebnissen der Druckwelle und der hohen Temperaturen, wie veränderte Quarzstrukturen (PDFs), Stishovite, Zirkon, Diamantkristallen und Glaskugeln (Mikrotektite). Diese Strukturen kommen weltweit vor und nehmen sogar quantitativ proportional mit der Entfernung vom Chicxulubkrater ab. Ein möglicher Kandidat für den Einschlagskörper ist ein Asteroid mit einer ähnlichen Zusammensetzung wie kohlige Chondriten; Letztere besitzen die gleiche Chrom-Isotopenverteilung wie man sie in der KT-Linie fand. Da ein Komet vermutlich aus Eis und Staubteilchen besteht, deren Zusammensetzung den kohligen Chondriten ähnelt, ist auch ein Komet als eventueller Einschlagkörper nicht auszuschließen.

Tatsächlich scheint es, das Chicxulub, wie auch dass damals stattfindende Dekkan-Ereignis, zusammen zu einer Umweltkatastrophe globalen Ausmaßes führte, welches im eigentlich KT-Ereignis mündete. So mancher Autofahrer ist bei einem leichten Verkehrsunfall durch den Airbag mehr verletzt worden, wie er es allein durch den Unfall wäre. Ähnlich kann man es hier möglicherweise auch sehen. So gesehen wären die Dinosaurier (und zahlreiche andere Arten) nicht direkt wegen des Chicxulub ausgestorben, sondern das Leben an sich stand zum KT-Ereignis hin wegen des Dekkan-Ereignis und seit Jahrmillionen stark wechselhaften Klimas, in einer gewissen Krise. Eine Krise welche sich wegen des Chicxulub kurzzeitig verschärfte und die Folgen dieser Verschärfung führten dann zum großen Aussterben.

Alternative Abläufe

Der Einschlag eines Meteoriten mit dem Durchmesser von mehreren Kilometern bewirkt eine gewaltige Explosion, die den Eintrag von Staubpartikeln in die Atmosphäre und eine dadurch bedingte weltweite Klimaänderung zur Folge haben kann. Durch die Abschwächung der Sonneneinstrahlung sinken die Temperaturen, das Pflanzenwachstum geht zurück – Auswirkungen, die sich auf die gesamte Nahrungskette übertragen. Es wird daher vermutet, dass das

Aussterben der Dinosaurier am Ende der Kreidezeit mit diesem Ereignis zusammenhängen könnte. Sollte sich allerdings bestätigen, dass die Entstehung des Chicxulubkraters zeitlich nicht mit dem Massenaussterben identisch ist, welches dem angenommenen KT-Impakt zugeordnet wird, ist fraglich, ob selbst Einschläge dieser Größenordnung ausreichen, um ein entsprechendes Massenaussterben zu verursachen. Die Klimaänderung könnte auch durch Veränderungen der Erdatmosphäre während einer Phase eines erhöhten Vulkanismus verursacht worden sein.

Allgemein sind die Ursachen für Massensterben, welche mehrmals in der Erdgeschichte auftraten, noch wenig verstanden, dafür aber immer hochgradig umstritten. Die Ökologie, Teildisziplin der Biologie, weist darauf hin, dass Einzelereignisse in komplexen Lebensräumen zwar gravierende Auswirkungen haben können, welche aber durch herkömmliche evolutionäre Vorgänge fortgetragen werden. Demnach könne ein kosmisches Ereignis vor allem den Anstoß, nicht aber den biologischen Prozess der Umwälzung in Flora und Fauna an sich, liefern.

Die Vertreter der Meteoriten-Hypothese sind der Ansicht, dass ein Massivereignis in Form eines Einschlages eines gigantischen Asteroiden, zwar ein selten auftretendes Ereignis ist, tatsächlich auch als Auslöser für evolutionär umformende Geschehnisse wirksam sein kann. Die einem solchen Impakt folgende rapide physische Zerstörung weiter Teile

Abbildung 16: KT-Einschlag

der Erdoberfläche durch Druck-, Feuer- und Wasserwellen, vergifteter Atmosphäre, raschen Temperaturschwankungen, Verdunkelung usw., mit einem Wort 'nuklearem Winter', müsse zwangsläufig gewaltige Folgen bei Flora und Fauna haben. Eine ökologische Umwälzung hingegen, wie sie mit dem KT-Ereignis fossil belegt ist, ist zwar auch ohne einen solchen punktuell, katastrophalen Ablauf möglich, aber wird in der Fachwelt heute eher für unwahrscheinlich gehalten.

Neben einem Einzel-Einschlag werden eine Reihe alternativer Abläufe als Ursache des KT-Ereignis in Betracht gezogen. So wird auch vermutet, dass der Einschlag nur das Ende oder den katastrophalsten Teil einer Kette aus voneinander unabhängigen Ereignissen darstellen könnte, welche in ihrer gesamten Abfolge zum Massenaussterben führte. Denkbar ist auch eine Serie kleinerer und größerer Meteoriteneinschläge, die in einer geologisch kurzen Zeitspanne die Erde trafen. Dies erscheint vor allem dann wahrscheinlich, wenn man die Bewegung des Sonnensystems rund um das Zentrum der Galaxie mit in Betracht zieht. Wobei angenommen werden darf, dass die Erde zeitweise Räume mit höherer Dichte von kosmischen Vagabunden durchquert, welche zum gegenwärtigen Zeitpunkt astronomisch nicht beobachtbar sind. Auch der gravitative Einfluss eines vorbeifliegenden größeren Objektes, wie eines Sternes von der Art eines braunen Zwerges, kann zu einem veränderten Bahnverhalten der im Sonnensystem, bzw. an dessen Rande, ohnehin vorhandenen Objekte führen. Darüber hinaus wäre denkbar, wenn auch nicht belegt, dass durch einen ausreichend großen Einschlag nicht nur regional, sondern auch global erhebliche vulkanische Aktivität ausgelöst wurden – also solche in Form von Trapps. Der durch den Einschlag erzeugte Impuls setzt sich bei diesem Gedankengang geotektonisch in den Gesteinsschichten fort, er lässt weltweit die Erdkruste aufreißen und löst auch Schwingungsbewegungen im semifesten Erdmantel aus, welches sich in Form von Supervulkanen, vor allem auf der dem Einschlag entgegengesetzten Seite der Erdkugel äußert bzw. äußern könnte.

Auch ein anderes großes Massenaussterben, am Übergang zwischen Erdaltertum und Erdmit-

Abbildung 17: KT-Linie

telalter (Paläozoikum und Mesozoikum), könnte bereits durch den Impakt eines gigantischen Asteroiden erklärt werden, der „Perm-Trias-Impakt". Für dieses Ereignis wurden aber in den entsprechenden Gesteinsschichten bisher noch keine global messbaren, hohen Iridium-Anteile oder Isotopenanomalien festgestellt. Klimaänderungen und Klimakatastrophen (und infolgedessen das Massenaussterben) könnten natürlich auch Ursachen im Rahmen interner geodynamischer Prozesse auf der Erde haben, wie zum Beispiel erhöhte vulkanische Aktivitäten. Zumindest für die Perm-Trias-Grenze lässt sich eine extraterrestrische Ursache für das Massenaussterben derzeit nicht belegen. Auch wenn die Fachwelt mittlerweile die Hauptursache für das PT-Ereignis recht einhellig in dem Ausbruch des gewaltigen Sibirischen Trapps sieht, gilt zumindest, dass auch hier Meteoriteneinschläge der Sargnagel für die damalige Flora und Fauna gewesen sein könnten.

Das KT-Ereignis

Bisher schon mehrfach erwähnt, aber noch nicht wirklich erklärt, ist es Zeit etwas tiefer auf das KT-Ereignis, den großen, katastrophalen Faunen- und Florenschnitt am Wechsel von Kreidezeit zu Tertiär, einzugehen.

Neu ist die Impakthypothese nicht, bereits der finnische Paläontologe Björn Kurtén hat sie 1974 in seinem Buch „Die Welt der Dinosaurier" unter jenen Theorien zum Aussterben der Dinosaurier aufgeführt, die als veraltet und unwahrscheinlich galten. Die neuere und beliebtere Theorie seiner Zeit war, dass die neuen Blütenpflanzen Schuld am Aussterben waren – Dinolein soll Verstopfung, Scheißerei und Heuschnupfen bis hin zum Aussterben geplagt haben.

Unter den Paläontologen gibt es sowieso seit langem einen Streit, ob das Aussterben der Saurier schon Millionen Jahre vor dem KT-Ereignis begann, oder diese bis zum Ende so vital und artenreich waren, wie die Jahrmillionen zuvor. Da aber Fossilienfunde oft sehr unvollständig ist, zudem in der Paläontologie recht strittig ist, ob viele Arten nur Varianten ein und derselben sind (Kinder, Halbwüchsige, Erwachsene bzw. Männchen und Weibchen), ist bisher noch kein gesichertes Ergebnis auszumachen.

Bleiben wir hier aber erst einmal bei der wahrscheinlichsten Theorie, der Impakttheorie, also dem Einschlag eines Himmelskörpers – dies kann ein Asteroid sein oder ein Komet gewesen sein, aber wie unterscheidet man diese? Und was hat es mit diesen Meteoriten auf sich?

Himmelsschutt

Asteroiden sind Gesteinsbrocken verschiedener Größe, die sich wie die Erde um die Sonne bewegen. Die meisten befinden sich im sogenannten Asteroidengürtel zwischen Mars und Jupiter. Die größten Asteroiden nannte man auch 'Kleinplaneten' und der erste dieser Kleinplaneten wurde mit Ceres im Jahr 1801 entdeckt. Darüber hinaus gibt es aber auch Asteroiden, welche einst aus Sonnensystemen geschleudert wurden und nun als Vagabunden durch All ziehen, bis sie erneut von einem Sonnensystem angezogen werden. Asteroiden bestehen aus Gesteinsmaterial und sind zu meist recht massiv, man kann sie als 'Felsbrocken' bezeichnen. Sie entstanden während der Planetenbildung innerhalb eines Sonnensystems, als es immer wieder zu Zusammenstößen der sich entwickelnden Himmelskörper kam und Gesteinsmaterial frei gesetzt wurden, wurden aber nicht dauerhaft in einen sich bildenden Planeten eingebacken.

Kometen werden wegen ihrer Zusammensetzung oft auch als schmutzige Schneebälle bezeichnet und sind somit in ihrer Substanz nicht so massiv wie Meteoriten, allerdings sind sie im Schnitt meist deutlich größer. Sie haben ihren Ursprung im Kuipergürtel, der hinter der Neptunbahn beginnt oder in der noch weiter entfernt liegenden Orthschen Wolke. Manchmal wird durch eine Kollision innerhalb dieser riesigen Reservoire von Kometenkernen, eines dieser Objekte abgelenkt und nähert sich dann der Sonne. Durch das Aufheizen in Sonnennähe zeigt der Komet dann den typischen Schweif.

Kometen, wie auch Asteroiden, gelten als kleine Himmelskörper, dies aber natürlich nur in Relation zu den viel größeren Planeten. Tatsächlich sind viele der Kometen und Asteroiden mehrere Kilometer groß, manche gar mehrere hundert. Beide mögen am Himmel zwar unterschiedlich erscheinen: Ein Asteroid als winziger, schwacher Lichtpunkt und ein Komet als eher diffuser Lichtfleck mit einem langen Schweif; sie sind aber im Prinzip gar nicht so verschieden. Bei beiden handelt es sich um sogenannte 'ehemalige Planetesimale'. Das sind faktisch die Bausteine, aus denen sich die Planeten zusammensetzen. Anders erklärt, aus der Staub- und Gasscheibe, welche einst die junge Sonne umgab, formierten sich immer größere Brocken. Diese backten zu immer größeren zusammen, den Planetesimalen. Nicht alle Planetesimale fanden eine dauerhafte Bindung zu einem Planeten – die übriggebliebenen, also die Paria der Planetenbildung, nennen wir heute Asteroiden und Kometen, die größeren sind als Planetoide / Mini-Planeten klassifiziert. Der Unterschied zwischen diesen liegt in ihrer chemischen Zusammensetzung. Je weiter weg von der Sonne sich ein Planetesimal gebildet hat, desto größer kann der Anteil an leicht flüchtigen Substanzen wie Wasser oder Kohlenmonoxid sein. Diese Stoffe liegen dann gefroren meist auf bzw. nahe der Oberfläche der Himmelskörper vor. Kommt so ein Objekt dann aber doch einmal in die Nähe der Sonne, dann taut diese Schicht quasi auf und der Himmelskörper umgibt sich mit einer Hülle aus flüchtigen Substanzen (man nennt das "Koma"). Der Sonnenwind schließlich bläst die Teilchen der Koma fort und so entsteht ein oft Millionen Kilometer langer Schweif – und wir haben einen fertigen Kometen. Asteroiden hingegen weisen eher wenig flüchtige Substanzen auf, daher ändern sie ihr Erscheinungsbild auch nicht, wenn sie sich der Sonne nähern – es sei denn die Gravitation dieser lässt sie auseinanderbrechen.

Die Grenzen zwischen Asteroid und Komet sind nicht klar definiert. Ein Komet, der sich wiederholt der Sonne annähert, verliert immer mehr seiner flüchtigen Stoffe bis er schließlich überhaupt keine Koma und keinen Schweif mehr zeigt und von einem Asteroiden nicht mehr zu unterscheiden ist. Andererseits gibt es auch Asteroiden, die ab und zu kometenartige Ausbrüche aufweisen und Koma oder Schweif entwickeln. Es gibt einige Objekte, die sowohl als Asteroide als auch als Komet klassifiziert werden – z.B. Chiron, der einerseits die Asteroidennummer 2060 trägt; andererseits auch als "95P/Chiron" in der Liste periodischer Kometen erscheint.

Genauso wie die Abgrenzung der Planetesimale nach oben hin zu den Planeten nicht ganz eindeutig ist; ist sie es auch nach unten. Denn es gibt nicht wirklich eine Minimalgröße für Objekte im Sonnensystem. Von kleinen Asteroiden, die vielleicht nur einige Meter groß sind, bis hin zu interplanetaren Staubkörnern bzw. den einzelnen Gasatomen des interplanetaren Mediums ist der Übergang fließend. Bei wirklich kleinen Objekten macht es allerdings keinen Sinn mehr, sie als "Asteroid" oder gar als "Komet" zu bezeichnen. Hierfür wurde die Bezeichnung "Meteoroid" eingeführt. Laut Definition der Internationalen Astronomischen Union (IAU) handelt es sich hierbei um interplanetare Festkörper, die deutlich größer als ein Atom und deutlich kleiner als ein Asteroid sind. Wie groß das nun tatsächlich ist, ist nicht klar angegeben und wird auch in der Fachwelt immer wieder diskutiert. Man gilt sicherlich nicht als kleinlich, wenn man alles was größer als ein paar dutzend Mikrometer und kleiner als ein paar Dutzend Meter als Meteoroid bezeichnet. Mit anderen Worten, alles zwischen – 'ich sehe nichts' bis zu 'das tut verdammt weh, wenn es einem auf dem Kopf fällt'.

Solch kleine Meteoroiden gibt es im Sonnensystem in Unmengen, sicherlich dürften sich alleine aus diesen, ein recht ansehnlicher Planet bauen. Aus den Schauer dieser, welcher seit Jahrmilliarden auf die Erde eingeht, hat diese bereits einige Prozent an Masse zugenommen und wird dies auch noch die nächsten Jahrmilliarden tun. Meist stammen diese Meteoroiden direkt von ihren großen Brüdern, den Kometen und Asteroiden ab. Denn wenn die flüchtigen Substanzen eines Kometen ins All ausströmen, dann nehmen sie auch jede Menge Staub von seiner Oberfläche mit, der sich dann entlang seiner Bahn verteilt. Auch Asteroiden kollidieren immer wieder mal miteinander und erzeugen dabei kleine Bruchstücke. Es ist also nicht verwunderlich, dass täglich einige Tonnen dieses Weltraumstaubs auf die Erde trifft. Und neuerdings schafft auch der Mensch Meteoroiden, in dem er im All immer mehr Schrott zurücklässt.

Meteoroid, Meteorit und Meteor: Drei Bezeichnungen, welche alle eine andere Bedeutung haben. Solange ein Gesteinsbrocken noch im Weltall umherschwirrt, bezeichnet man es als Meteoroiden. Tritt nun ein Meteoroid in die Erdatmosphäre ein, beginnt er zu verglühen. Es zeichnet sich ein helles Leuchten am Himmel ab, das man Meteor oder – besser bekannt – Sternschnuppe nennt. Durch die Reibung der Meteoroiden mit der Luft der Atmosphäre, entstehen hohe Temperaturen und hinter dem Objekte eine Plasmaspur, in der die Elektronen der Luftmoleküle durch Rekombination zum Leuchten angeregt werden. Dieses Leuchten können wir – mit etwas Glück – vom Erdboden aus sehen und uns dann einen Lottogewinn, den Traumpartner oder auch den Weltfrieden wünschen.

Verglüht der Meteoroid beim Eintritt in die Erdatomsphäre nicht vollständig und erreicht die Erdoberfläche, wird er zum Meteorit – genau genommen erst nach dem er diese erreicht hat. Hier haben die Meteore oftmals Schäden bei ihrem Einschlag angerichtet, denn durch die gewaltige Aufschlaggeschwindigkeit von mehreren Kilometern pro Sekunde wird eine enorme kinetische Energie umgewandelt und freigesetzt, was wiederum eine starke Druckwelle und Zerstörungen auslöst. Dies aber natürlich je nach Einschlagwinkel und Objektgröße. Einschlagskrater größerer Meteore kann man überall auf der Welt finden. Somit auch Meteoriten, diese bzw. deren Bruchstücke werden von vielen Menschen gesammelt wie Münzen oder Briefmarken.

Also, ein Meteoroid war nicht Schuld am Aussterben der Dinosaurier, weil er viel zu klein wäre. Entweder war es ein Komet oder ein Asteroid. Allerdings könnte ein extremer Schauer abertausender Meteoriten ebenso verhängnisvoll sein, eventuell gar schlimmer, als ein einzelner Impakt eines Riesenbrockens. Hier eine Festlegung zu finden ist schwer, egal was es war, die letztendlichen Folgen sind vergleichbar. Da der außerirdische Bösewicht und Riesenbrocken die irdische Atmosphäre relativ unbeschadet durchstieß (was kein Kunststück bei seiner vermuteten Größe war) und auf der Erde einschlug, kann er auch als Meteorit bezeichnet werden, auch wenn von ihm bisher noch keine echten Bruchstücke gefunden wurden. Diese dürften ohnehin entweder verdampft sein oder haben sich tief in den Erdmantel gebohrt.

Der Asteroid war an allem Schuld

1980 erschien eine Arbeit von Vater und Sohn Alvarez zu einer weltweit auftretenden Schicht an der Kreide-Tertiär-Grenze, die vor allem durch ihren hohen Gehalt an Iridium auffällt – die sogenannte und zuvor hier schon oft genannte KT-Linie. Genau genommen handelt es sich bei dieser „Iridium-Anomalie" um eine zumeist schiefrige Schicht aus Kalk und Ton, mit einem ungewöhnlich hohen Gehalt an Schwermetallen. Besonders auffallend ist das Vorkommen von Platinmetallen, die auf der Erdoberfläche recht selten sind, etwas häufiger aber im Erdmantel und in Meteoriten auftreten. Neben dem namensgebenden Metall, sind auch Osmium, Palladium, Arsen, Chrom, Kobalt, Selen, Nickel und Zinn überdurchschnittlich stark hier vertreten. Besonders Osmium, ein naher Verwandter von Iridium und Nickel, ist dabei recht häufig in Eisen-Meteoriten zu finden. Darüber hinaus gibt es aber anhand dieses Spektrums an Schwermetallen keine großen Hinweise auf einen tatsächlich außerirdischen Ursprung.

Der Geologe Kenneth Hsü ist der Ansicht, dass es sich bei dem Impaktverursacher eher um einen Kometen handelte, welcher diese Elemente ebenfalls aufweisen würde. Für die Folgen ist es aber eher belanglos, ob nun ein Klumpen aus gefrorenem Wasser und Gasen auf die Erde prallte, oder ein solcher aus Gestein, was letztlich auch nur gefrorenes Metall ist.

Der auf die Publikation des Alvarez-Klanes folgende Enthusiasmus erfasste zunächst mehr die Geologen, als die Paläontologen, welche die Theorie noch eine ganze Weile ignorierten. Doch im Laufe der Jahre sprangen mehr und mehr Wissenschaftler der Familie Alvarez zur Seite, trotz sich verbreitender Zustimmung, so manche der nicht unbeträchtlichen Widersprüche konnten nicht aus dem Weg geräumt werden, denn auch andere Erklärungen für die KT-Linie waren möglich.

Mit der Zeit bildeten sich zwei rivalisierende Lager heraus, von denen das eine die Anomalie als Hinterlassenschaft des Einschlages eines Himmelskörpers propagierte, die andere es aber als Fallout eines gewaltigen Vulkanausbruches sehen wollte: Haupttäterkandidat: Der Dekkan-Trapp in Indien. Doch welcher Theorie man auch den Vorzug gibt, beide implizieren, dass in Folge des Aufsteigens von heißen und trüben Aerosolen in höhere Schichten der Atmosphäre, die Sonneneinstrahlung beträchtlich vermindert wurde, und damit die Photosynthese der Pflanzen stark behindert hätten. Dies wiederum hätte eine deutliche Abkühlung des Weltklimas zur Folge gehabt, in Anlehnung an ähnliche Auswirkungen eines Atomkriegs, wird eines solche gerne als „nuklearer Winter" bezeichnet. Die Pflanzen gehen ein, ihnen folgen die Vegetarier, und denen wiederum die Fleischfresser, Überlebenschancen haben eigentlich nur kleinere Allesfresser, die genügsam und flexibel sind und eben alles essen, was sie gerade so finden – Insekten, Samen, Pilze … .

Für die Befürworter der Asteroiden-Theorie begann nun die Suche nach einen gewaltigen Krater, es dauerte Jahre, bis sich herausstellte, dass dieser schon längst entdeckt war. Der Chicxulubkrater am Rand der Halbinsel Yucatán, größtenteils im Golf von Mexiko gelegen, zufällig entdeckt von ölsuchenden Geologen, für die diese Entdeckung nicht wirklich primär war. Spuren von starken Waldbränden und gewaltigen Tsunamies im Süden Nordamerikas, welche man in jüngsten Jahren fand, bestätigten die Zuordnung des Kraters als Missetäter für das Dinoaussterben. So ist die Paläontologin Gerta Keller von der Princeton University nach intensiven Forschungsarbeiten zu dem, ebenfalls nicht unumstrittenen Schluss gekommen, dass Chicxulub um einige Jahrhunderttausende, wenn gar Millionen Jahre, älter sei als die Iridium-Anomalie.

Für manche ist der Chicxulub aber dennoch nicht unbedingt der ideale Kandidat, wenn es darum geht, einen Weltuntergang an Ende der Kreidezeit zu begründen. So hat er mit einem Durchmesser von 180 Kilometern, zwar eine respektable Größe, doch reicht sie aus? Es gibt ähnlich große Krater aus anderen Zeiträumen, die nachweisbar deutlich geringeren Einfluss auf die Umwelt hatten. Im Falle des Chicxulub kommt allerdings hinzu, dass dieser hauptsächlich sich in Kalkstein eingrub, welches wohl von einem flachen Schelfmeer bedeckt war. Etwas Dümmeres hätte nicht passieren können, da die Hitze des Impaktes zahlreiche Gifte, vom Kohlendioxid bis zum Schwefel aus dem Kalkstein lösten und in die Atmosphäre brachten. Außerdem scheinen aktuelle Forschungen darauf hinzudeuten, dass diese Schichten damals recht reich an Erdöl waren, immerhin wird heute im Umfeld des Kraters umfangreich Öl gefördert. Wie auch immer, man kann sich leicht ausmalen, was ein Eintrag größerer Mengen verbrannten Erdöls in die Atmosphäre bedeutet hätte. Immerhin hatten schon die dazu im Vergleich mickrigen Ölbrände beim 2. Golfkrieg einen deutlich messbaren Einfluss aufs Weltklima.

Der 'nukleare Winter' nach dem KT-Ereignis dürfte nur wenige Monate angedauert haben, weswegen es auch zu keiner neuerlichen Eiszeit kam, auch wenn es wohl auf Jahre hinaus deutlich abgekühlt blieb. Widerstandsfähige Tiere und Pflanzen, aber auch Samen, konnten die Krise überleben, große und spezialisierte Tiere und Pflanzen starben aus. Wohl nicht alle auf einmal, so manche konnten sich noch viele Jahrtausende halten. Aber der Weltenbrand und der anschließende Winter war so global und umfänglich, dass die Umweltbedingungen nach dem KT-Ereignis völlig andere waren. Auch nach dem KT-Ereignis ging das Leben weiter, aber eben nicht mehr so wie zuvor. Eher wenige Arten konnten sich dann an diese völlig neuen Umweltbedingungen auch anpassen – es war wohl in diesem Moment sehr hilfreich, recht mobil und nicht so sehr spezialisiert gewesen zu sein.

Aber keine Theorie, die nicht auch Widersprüche hat. Der Impakttheorie spricht entgegen, dass es sich bei der Anomalie um eine Wechsellage aus Kalk und Ton handelt, wie sie ganz normal bei der Sedimentation in aquatischem Milieu entsteht, sie ist zwar schmal, dürfte aber doch einem Zeitraum von mehreren Jahrzehnten, ja eher Jahrhunderten widerspiegeln. Aerosole zumindest halten sich nur wenige Jahre in der oberen Atmosphäre. Was immer sich hier an Eintrag findet, muss mit ähnlich langsamer Geschwindigkeit in den Boden gelangt sein, wie sich diese Schichten ablagerten. Zu dem Ergebnis kommen auch nähere Untersuchungen, die eine allmähliche Ablagerung mit stetiger Massenzunahme annehmen lassen. Ja, im oberen Bereich gar nimmt der Iridiumgehalt sogar deutlich ab, während nun gehäuft Eisen-Nickel-Kügelchen und selbst Diamanten auftreten. Auch ist die Zusammensetzung der Anomalie nicht weltweit gleichmäßig, sondern variiert von Fundort zu Fundort, was für einen Einfluss lokaler Phänomene sprechen könnten, wie dem Dekkan-Trapp und anderer größerer Vulkanereignisse zu dieser Zeit. Aber auch die Asteroidentheorie kann man da noch einpassen, denn es wurden für den betreffenden Zeitraum des KT-Ereignisses, nicht nur ein Krater entdeckt, sondern eine Reihe weitere, weltweit verteilter, es scheint eher so, als hätte es über Jahrzehnte und gar Jahrhunderte, vielleicht sogar Jahrtausende ein wiederholtes Bombardement unterschiedlich großer Himmelskörper gegeben. In diesem Fall dürften die Verursacher aber kaum aus unserem Sonnensystem kommen, daher wird auch angenommen, das es in der Milchstraße ein Asteroidenband gibt, durch welches die Erde in größeren Zeitabständen fliegt.

Die Forscher Sloan und Van Valen haben für die letzten fünf bis zehn Millionen Jahre der Kreidezeit ein leichtes Abkühlen des Klimas festgestellt. Doch auch das ist einmal umstritten unter den Wissenschaftlern, andermal eben eine längerfristige Geschichte, die keine spontane Folge eines Einzelereignisses sein kann und die so langsam ablief, so dass sich die Natur und damit auch die Dinos anpassen konnte. Die wahrscheinliche Ursache für diese Klimaabkühlung, dürfte in der Kontinentaldrift und damit verbundener Änderungen der Meeresströmungen gesehen werden. Etwas was auch in der Evolutionsgeschichte der Dinosaurier mehr als nur einmal geschah und wohl nie sonderlich störte.

Anderseits lassen oberhalb der KT-Linie einige Indikatoren auf eine weitere, deutliche klimatische Abkühlung schließen. So scheint es zu Beginn des nachfolgenden Tertiärs weltweit zwei bis drei Grad kälter gewesen zu sein. Die Klimazonen scheinen binnen 10 Millionen Jahre um ein, zwei Klimazonen in Richtung Äquator verschoben worden zu sein. Wo in der Endkreidezeit noch (sub-)tropische Pflanzen häufig waren, finden sich oberhalb der Iridiumschicht Gewächse wie die Sequoia, die nun eher für ein gemäßigtes Klima sprechen.

Die für diese Zeit prognostizierten Schwankungen von 2 bis 3° Celsius sind aber in erdgeschichtlichen Dimensionen nun nichts wirklich weltbewegendes. Bereits die „kleine Eiszeit", die uns vom Spätmittelalter bis in die frühe Neuzeit hinein schwer heimsuchte, brachte einen Temperaturunterschied von gerade mal, einem einzigen läppischen Grad. Zum Vergleich, bei dem Maximum des letzten eiszeitlichen Gletscherschubs kam ein Unterschied von 5° bis 6° zu heute zustande. Dies macht deutlich, wie sehr die langfristigen Klimaabkühlungen von um die 2° Celsius vor bzw. nach dem KT-Ereignis eher unbedeutend waren. Selbst insgesamt gesehen und damit über einen Zeithorizont von gut 10-20 Millionen Jahren, ist die Temperaturdifferenz kaum größer, als solche, wie sie die glazialen und nicht glazialen Epochen unseres Eiszeitalters kennzeichnen. Dennoch, auf einen kürzeren Zeithorizont unmittelbar vor und nach dem KT-Ereignis gebrochen   sagen wir mal, einige hunderttausend Jahre, insgesamt aber kaum mehr als eine Million – könnten es aber noch einmal so viele gewesen sein.

Einige Paläontologen sind der Ansicht, dass das Klima nach dem KT-Ereignis nicht wieder auf den alten Stand zurückkonnte. Alleine schon die weltweit veränderte Flora änderte sich das Klima. Auf Jahrzehnte, ja gar Jahrhunderte hinaus, soll es keine großen Wälder mehr gegeben haben, weite Bodenflächen sollen mehr oder weniger offen dagelegen haben. So konnte die Flora sich nicht mehr stabilisierend auf das Klima auswirken – Nachts wärmend, Tags kühlend. Der Mangel an riesigen Wäldern, ja generell an stark wurzelnden Pflanzen hätte mit Sicherheit zur Folge, dass die Bodenerosion sehr stark war. In den Ablagerungen, besonders in denen in den damaligen Schelfmeeren, müssten sich die Spuren dieser Erosion deutlich finden und dies global. Das Problem, dass es keine verstärkten Ablagerungen unmittelbar oberhalb der KT-Linie gibt. Im Gegenteil, die Ablagerungsschichten sind genauso stark wie vor dem KT-Ereignis, sie bestehen aber zumeist aus anderem Material, und dies nicht nur was Mikrofossilien angeht, sondern auch was das Gesteinsmaterial angeht. Dies lässt sich vor allem dadurch erklären, dass das mikroskopisch, maritime Leben nach dem KT-Ereignis stark abnahm. Wo sich zuvor Kreide ablagerte, lagerte sich nun ein Schlammgemenge oder eher Sand ab. Tatsächlich hatte sich wohl die Flora, und dies nicht nur an Land, massiv nach dem KT-Ereignis verändert, dies aber vor allem in den nun vorherrschenden Arten – Blütenpflanzen und Gräser waren die großen Sieger, Farne und andere urwüchsige Pflanzen die Verlierer. Möglich dass dieser Wechsel zu hart war, für die einige oder andere Saurierpopulation, welche hier und da auf der Welt noch überlebten.

Auch das Plankton in den Meeren war stark betroffen und hatte damit Auswirkungen, die man auch an Land spürte. Die Meeresströmungen waren wegen der Kontinentalwanderung ohnehin seit Millionen Jahren in Veränderungen begriffen. Dennoch, noch immer gab es keine Zirkumpolarströmung, weshalb Nord- und Südpol weiterhin noch für viele Jahrmillionen unter einem milden, gemäßigten Klima standen – wohl vergleichbar dem heutigen in Mitteleuropa.

Der indisch-amerikanische Paläontologe Sankar Chatterjee führt als Gegentheorie noch den Shiva-Krater an, welcher den Carlsberg-Rücken in zwei Hälften teilt, just als hätte der Impakt hier für einen Riss in der Erdkruste gesorgt. Denn besonders pikant ist, dass dieser Krater dem von Chicxulub auf der Erdkugel nahezu gegenüber gelegen hat, heute allerdings mehr, als noch vor 65 Millionen Jahren. Chatterjee geht von einem zweiten Bruchstück des Asteroiden aus, der zwölf Stunden später im Indischen Ozean niedergegangen sein soll und den Shiva-Krater verursacht hätte. Er nimmt an, dieser hätte einen Durchmesser von 40km, was viermal so groß wäre, wie der der in Yucatán runtergekommen sein soll. Freilich bestehen noch große Zweifel, ob es sich bei der zweigeteilten Struktur des Shiva-Kraters überhaupt um den Überrest eines Einschlagskraters handelt, und nicht zum Beispiel um das Relikt eines dereinst auf dem Carlsberg-Rücken aktiven Vulkans. Außerdem müsste ja, wenn der Shiva-Krater zwölf Stunden jünger sei, der Riss vor dem Krater entstanden sein, als umgekehrt – allerdings kann ja auch der Shiva-Krater zwölf Stunden früher entstanden sein – aber wo wäre dann der antipodische Riss bei Yucatan? Gleich wie, der Meeresboden hier dürfte damals bereits ein Paar Tausend Meter tief gewesen sein und vor allem aus magmatischen Gesteinen bestanden haben, ein Einschlag hier könnte weniger drastische Folgen haben, als der des Chicxulub, selbst wenn das Einschlagsobjekt ein deutlich Größeres gewesen wäre

Chatterjee sieht aber auch den Dekkan-Vulkanismus als eine Folge dieser beiden Einschläge. Das Problem daran: Der Dekkan-Vulkanismus wird allgemein so datiert, dass er mehrere hunderttausend Jahre vor dem angenommenen Chicxulub-Impakt stattfand. Auf alle Fälle aber nicht nach diesem und da seine Lavaschichten die, nach der indischen Gottheit der Zerstörung benannte, vermeintliche Mulde überdecken. Daher muss das Shiva-Ereignis älter sein und kann somit nicht zeitgleich mit dem des Chicxulub sein.

Die spezifische Lage des Kraters in Richtung zum Dekkanvulkanismus nährt auch bei anderen Forschern zumindest den Verdacht, dass hier Wellen der Erschütterung durch unseren Planeten selbst gejagt, und am antipodischen Gegenpart zu einem vermeintlichen Einschlagsort kulminiert sind. Der Effekt ist ähnlich dem mehrerer nebeneinander hängender, sich berührender Holzkugeln: Wenn Linksaußen eine gegen eine andere rechts davon schlägt, schwingt die rechts außen weg,

Abbildung 18: Der Dekkan-Trapp

während sich die anderen dazwischen nicht bewegen. Auf diese Weise ließe sich aber nicht der spätkreidezeitliche Vulkanismus im Dekkan-Hochland erklären, denn wie erwähnt, fand dieser bereits in den Jahrtausenden vor dem Chicxulubeinschlag statt. Erstaunlich, es scheint, dass der Einschlag die Druckverhältnisse im Erdinnern soweit änderte, dass der Druck unter dem Dekkanfeld abnahm und damit der Dekkanvulkanismus.

Übrigens könnten weitere, sogar größere Asteroiden damals eingeschlagen sein und wir hätten kaum Chancen davon zu erfahren. Dies in dem Fall, in dem ein Impakt einen Krater auf dem Grund des Ozeans hinterlassen hat. Immerhin ist ein Großteil unseres Planeten mit Wasser bedeckt und weite Teile der Ozeanischen Kruste in den letzten 65 Millionen Jahren subduziert und somit auch ein oder mehrere mögliche Krater längst schon wieder aufgeschmolzen worden.

Ohne dass es dazu wissenschaftliche Belege gibt, liegt es im Bereich des möglichen, dass ein Meteorit der gewaltig genug ist die Kruste bis zum Erdmantel hin zu beschädigen, damit auch ein bleibendes Ereignis wie einen sogenannten Hotspot erzeugen könnte. Hierbei handelt es sich um einen von der Kontinentaldrift unabhängigen, vulkanisch aktiven Bereich abseits der ozeanischen Rücken und der Subduktionszonen. Mit jedem Ausbruch entstehen Vulkanberge, aber da die Erdkruste über den Hotspot im Erdmantel hinweg wandert, ziehen auch die Vulkane weiter, und mit der nächsten Eruption wächst ein neuer Lavaberg. Mit der Zeit bildet sich auf dieser Weise eine Kette von Inseln im wahrsten Sinne des Wortes 'Inselkette', wie zum Beispiel die von Hawaii. Der Hotspot von Hawaii hat ein spätkreidezeitliches Alter, so dass auch er schon in den Fokus der Forscher gewandert ist. Allerdings hat man ihn inzwischen auf ein Alter von 80 Millionen Jahre datiert, also in eine Epoche 14 bis 16 Millionen Jahre vor dem Aussterben der Dinosaurier. Damit fällt dieser Hotspot ebenso aus dem Kreis möglicher Kandidaten, wie der der den Dekkan-Trapp erzeugte, da auch dieser deutlich älter ist.

Gegner der Theorie eines Meteoritenimpaktes verweisen gerne darauf, dass es keine weltweiten Schichten gibt, die die postulierten Waldbrände belegen, sondern nur gelegentlich kleine Stückchen von Kohle in der KT-Linie. Tatsächlich darf man kaum Sedimentschichten erwarten, die Belege des Weltenbrandes am KT-Ereignis wären, denn Sedimentation erfolgt meist unter Wasser, kaum auf Land. Dort herrscht Erosion vor, und gewaltige Regenschauer nach einem Asteroideneinschlag wären geradezu zwingend. Diese dürften die meisten Brandspuren hinweg gewaschen haben, einen Großteil bauten in einem extrem feuchten Milieu Pilze und Bakterien schnell zu Humus ab, einiges dürfte in Kohle- und Erdöllagerstätten gelandet sein, ein eher winziger Rest eben auch in der KT-Linie.

Ein weiterer Beleg für die Verbindung Chicxulub und KT-Linie ist wohl darin zu sehen, dass die Hauptfundstätten von Iridium-Anomalien in der KT-Linie sich in einem größeren Umkreis um dem Chicxulubkrater gefunden wurden, der große Rest vor allem in einem breiten Band auf gleicher Breite, aber nach Osten hin in Häufigkeit abnehmend. Nur ein Bruchteil an Iridium-Anomalien fand sich südlich der Halbinsel oder in deutlich nördlichen oder äquatorialen Breiten. Ganz klar auch, da sich die Schwermetalle, anders als leichtere Aerosole, sich wieder sehr schnell aus der Atmosphäre abgeregnet hätten.

Verneshot

Eine eher selten genannte Theorie zum KT-Ereignis und gleichzeitige Alternative zum Chicxulub-Einschlag ist die sogenannte 'Verneshottheorie'. Ein Verneshot (dt. etwa Verne-Ausstoß, Verne-Schuss oder Verne-Eruption, benannt nach dem französischen Autor Jules Verne), ist nach der Hypothese einer Arbeitsgruppe um den amerikanischen Geologen Jason Phipps Morgan (damals am GEOMAR in Kiel, heute an der Cornell University in Ithaca, NY) eine vulkanische Eruption, die durch massiven Druckaufbau von Gas unterhalb der Erdkruste eines Kratons entsteht. Ein solches Ereignis könnte der Theorie zufolge genügend Energie freisetzen, um große Mengen von Material aus der Erdkruste und dem Erdmantel in eine suborbitale Flugbahn zu befördern. Man muss sich dies wie ein Geysir vorstellen, der einen Ball in die Höhe schießt, welcher aber nach Zusammenbruch der Wassersäule wieder zu Boden fällt. Dieser Ball könnte der vermeintliche Chicxulub-Asteroid gewesen sein, also im Grunde genommen der Verursacher des Chicxulubkraters.

Verneshots wurden von Morgan und seinen Kollegen als mögliche Ursache vorgeschlagen, um das statistisch unwahrscheinliche gemeinsame und erdgeschichtlich mehrfache Auftreten von Flutbasalt, Massenaussterben und Hinweisen auf Meteoriten-Einschläge (wie etwa Deformation der Kristallstruktur, Schockquarz und Anomalien in der Konzentration von Iridium, die traditionell als eindeutige Hinweise auf einen Impakt gelten) zu erklären. Diese Verneshots würden einerseits sämtliche Anomalien erklären, andererseits aber auch fast alle Widersprüche auflösen. Aber sie bringt seinen eigenen großen Widerspruch gleich mit, aber dazu muss das Thema erstmal genau erklärt werden.

Die Theorie der Verneshots geht davon aus, dass ein Mantelplume Hitzebildung und die Entstehung von Kohlendioxid im Erdmantel unterhalb der kontinentalen Lithosphäre verursacht. Tritt eine Schwächung der darüber liegenden Kruste auf, etwa durch ein kontinentales Rifting, könnte das Gas explosionsartig freigesetzt werden und dabei möglicherweise eine Säule von Material aus Erdkruste und -mantel bis in Höhen oberhalb der Stratosphäre schicken, also bis auf Höhen heutiger Satelliten. Es ist nicht geklärt, ob eine solche Säule dabei intakt bleiben kann oder ob sie in kleinere Teile zerfällt, bevor sie wieder auf der Erde aufschlägt. Die Röhre in der Erdkruste, durch die Magma und Gas entwichen ist, würde während des Vorgangs durch den Bergdruck kollabieren und dabei Schockwellen in Überschallgeschwindigkeit aussenden, die das sie umgebende Gestein massiv deformieren würde.

Das Ereignis eines Verneshot hätte dann vermutlich eine Verbindung zu einem in seiner Nähe auftretenden Flutbasalt-Ereignis, das vor, während oder nach dem Verneshot eintritt. Diese Verbindung wäre damit eine Hilfe, Belege für die Auswirkungen von Verneshots zu suchen. Da andererseits aber eine hohe Wahrscheinlichkeit gegeben ist, dass der Großteil der Belege unterhalb des Flutbasalts begraben ist, sind solche Untersuchungen schwierig. Morgan und sein Team haben vorgeschlagen, dass Schwereanomalien, die unterhalb des Dekkan-Trapp gefunden wurden, die Anwesenheit von Verneshot-Röhren andeuten könnten, die möglicherweise im Zusammenhang mit dem Massenaussterben an der KT-Grenze stehen.

Falls der Dekkan-Trapp der Ort eines Verneshot an der KT-Grenze wäre, könnte der plötzlich starke Anstieg an Iridium zum Zeitpunkt des KT-Ereignisses durch die iridiumreiche Natur des Réunion-Mantelplume erklärt werden, welcher sich zur Zeit unterhalb des Vulkans Piton de la Fournaise befindet, der sich aber zum Ende der Kreidezeit unterhalb Indiens, in der Gegend des Dekkan-Trapps befand. Der Verneshot hätte jedenfalls das Potenzial das Iridium weltweit verteilen zu können, aber auch Glaskügelchen und andere Impaktbelege. Morgan weist allerdings in seinem Artikel darauf hin, dass es unwahrscheinlich ist, dass ein Dekkan-Réunion-Verneshot die Strecke bis zum Chicxulubkrater überwunden haben könnte, ohne dabei in mehrere Stücke zu zerbrechen. Außerdem liegen Dekkan-Trapp und Chicxulubkrater zwar heute auf einem Breitengrad, sie lagen es aber damals nicht. Yucatán lag damals zwar nur wenig nördlicher als heute, aber Indien und damit der Dekkan-Trapp lagen damals dort, wo heute Reunion liegt, also erheblich weiter südlich. Außerdem lagen beide Orte damals gute 4.000km näher zu einander als heute. Nun ist ja die Erdachse nicht senkrecht, sondern leicht geneigt, aber auch hiernach wären gute acht Stunden Differenz zu überwinden, viel zu viel als dass der Verneshot diese aufrecht erhalten hätten können. Wenn aber der Verneshot in mehrere Stücke zerbricht, müssten noch weitere kleinere Krater im Mittelatlantik und Afrika existieren, solche wurden jedoch bisher nicht gefunden. Der Chicxulub-Impakt und das Dekkan-Flutbasalt Ereignis traten also wohl in der Tat zufällig zur gleichen Zeit auf, jedenfalls hat ein Verneshot wohl nicht die Dinosaurier ausgelöscht.

Auswirkungen des KT-Ereignis

Laut science.ORF gehen russische und österreichische Forscher (Heinz Kollmann und Andrei F. Grachev werden mit Namen genannt) sogar soweit, primär nicht den Einschlag, sondern Vergiftungen mit Arsen und anderen Schwermetallen für das Ende der kreidezeitlichen Flora und Fauna verantwortlich zu machen, denn neben Iridium sind auch diese in der KT-Linie überdurchschnittlich vertreten. Aber die Konzentrationen sind kaum mehr als homöopathisch, bestenfalls hätten sie lokal, bei einigen Sensibelchen, zu Allergieproblemen geführt, aber kaum zum Ableben oder gar Aussterben.

Das gewichtigste Argument gegen ein großes Massensterben am Ende der Kreidezeit besteht darin, dass man ja umfangreich Massengräber von Sauriern und Co. erwarten dürfte, welche bisher aber noch nicht gefunden wurden. Man möge meinen, wo ein Massensterben stattfindet, sammeln sich auch entsprechend viele Leichen an, die in dem postulierten frostigen Klima noch nicht mal verwesen oder gar von Aasfressern verspeist werden könnten. Es sollte also eine gute Chance geben, das Ereignis mit vielen, sehr vielen Fossilien dokumentieren zu können. Doch dem ist nicht so, wieso? Es ist ähnlich wie zuvor bei der Flora beschrieben. Viele Lebewesen verbrannten wohl, deren Reste und die Kadaver nicht verbrannter Tiere, wurden von den Regenfluten schnell weggetrieben, sie dürften sich in Becken gesammelt haben, zusammen mit vielem anderen organischen Resten und dort eher zu lokalen Kohle- oder Ölschichten geworden sein, als zu Fossilien. Dennoch, hier und da sollte man Ansammlungen von Knochen finden, denn Knochen verrotten nicht ganz so einfach wie Pflanzen und zahlreiche Tiere dürften in eher ariden Gegenden verstorben sein. Aber nirgendwo auf der Welt gibt es eine Ansammlung von fossilisierten Knochen unmittelbar an der KT-Linie.

Nun könnte man bei solch einem Ereignis globalen Ausmaßes erwarten, dass ebenso global auch alle Lebewesen gleicher Maßen betroffen sein dürften. Dem ist aber nicht so, denn der Fossilbericht lehrt uns, dass das Aussterben an Land nach einem ganz anderen Muster verlief, als das im Meer. Und auch hier gab es massive Unterschiede, während es im Süßwasser verhältnismäßig wenig Aussterbeverluste gab (so gibt es verwandte Barsche in Afrika und Indien, obwohl diese seit über 100 Millionen Jahren getrennt sind), sah dies im Salzwasser ganz anders aus. Im Wasser der Meere und Ozeane wirkte sich die Katastrophe vernichtend aus. So wurde die Gruppe der kalkschaligen Foraminiferen arg dezimiert, und ein Großteil davon starb schnell aus. J. Smit und J. Hertogen gehen hier von einem Zeitraum von gerade einmal 200 Jahren Dauer aus. Die Radiolarien mit ihrer Silikat-Hülle sind dagegen kaum betroffen gewesen. Die Ammoniten und Belemniten, beide bis dato extrem erfolgreich, verschwanden ohne Nachkommen, während die ihnen nah verwandten Tintenfische unbeeindruckt weiterlebten. Dabei ist bei den Ammoniten ein gleicher Rückgang der Arten bei konstanter Anzahl der Individuen zu beobachten, wie bei den Dinosauriern. Die Rudisten erwischte es gar vollständig, wie auch ganze Überfamilien von marinen Schnecken.

Während die Ichthyosaurier sich schon früher von der Weltbühne verabschiedeten, folgten nun auch die Plesio-, Plio- und Mosasaurier, aber auch die Amphichelydia. Aber ausgerechnet den Haien hat der Faunenschnitt so wenig geschadet, dass viele schon damals steinalte Gattungen bis auf den heutigen Tag überdauert haben. Anderseits kann an mehreren noch heute lebenden Süßwasserfischarten Indiens, Madagaskars und Afrikas noch heute nachgewiesen werden, dass diese Kontinente einstmals zusammengehangen haben müssen.

In den tropischen Regionen hatte die Vegetation weit stärker Schaden genommen, als in den gemäßigten oder gar polaren. Die Flug- und Dinosaurier hat es zur Gänze dahingerafft, selbst die kleinsten, die kaum größer als Vögel waren, während sich die Vögel, Krokodile, Echsen, Schlangen und Brückenechsen auch heute noch bester Gesundheit erfreuen. Ja, sogar eine inzwischen längst verschwundene Reptiliengruppe, die krokodilähnlichen Champsosaurier, haben sich hinüber ins Tertiär retten können! Spürbare Einschnitte gab es aber auch bei den Säugetieren, denn diese waren nämlich längst nicht so erfolgreich, wie manch einer heute glaubt. Daher starb auch hier ein Großteil der in der Kreidezeit lebenden Arten mit dem KT-Ereignis aus, nur wenige überlebten, darunter auch glücklicherweise unsere Vorfahren. Diese dürften wohl das KT-Ereignis in Europa überlebt haben.

Aussterben auf Raten?

Hochgradig umstritten bei Paläontologen ist, ob das Aussterben der Dinosaurier ein eher punktuelles Ereignis war oder ob es hier doch möglicherweise ein aussterben über einen längeren Zeitraum gab. So hatte der Paläontologe Edwin Colbert die Fauna zweier aufeinander folgender Epochen am Ende der Kreidezeit untersucht (auf Nordamerika bezogen, sind das die beiden kreidezeitlichen Belly River- und die Lance-Stufen) und festgestellt, dass 16 Arten der Ceratopsia danach nur noch sieben gegenüber standen, 19 Arten der Ankylosauria dagegen sechs, und 29 Arten der Hadrosaurier sieben. Lediglich bei den Raubsauriern war der Schwund nur schwach ausgeprägt (fünfzehn zu vierzehn). Der Untersuchung lässt sich nicht entnehmen, ob in der Aufstellung auch Sauropoden und kleinere Ornithopoden berücksichtigt worden sind, doch lässt der Kontext darauf schließen, dass bei ihnen dasselbe Phänomen zu beobachten war, wahrscheinlich aber in geringerem Ausmaß wie bei anderen Dinos. Ohnehin sind die großen Sauropoden in der ausgehenden Kreidezeit Nordamerikas nur noch durch die Gattung Alamosaurus vertreten. Was bis zum Schluss überdauerte – darunter so bekannte Vertreter wie Tyrannosaurus, Triceratops, Ankylosaurus und der Hadrosaurier Anatotitan – scheint in erstaunlich großer Zahl an Individuen aufgetreten zu sein.

Also nahm nur die Formenfülle ab, die bloße Menge aber nicht? Es scheint so. Gründe dazu könnte man in einem relativ gleichförmigen Klima und weltweit vergleichbare Umweltverhältnisse suchen, in welchen sich die Dinosauriervielfalt zwar einschränkte, die Zahl der Individuen pro Art sich aber vermehrte. Ein großer zusammenhängender Superkontinent hätte hier der Auslöser sein können. Aber dieser begann just dann auseinanderzubrechen, als die Formenvielfalt begann abzunehmen. Faktisch waren daher die Kontinente zu dieser Zeit schon deutlich fragmentiert. Dies ist nicht so einfach erklärbar, da es nun über ein Dutzend Kontinente und kontinentaler Fragmente gab, was eher zu einer Erhöhung der Formenvielfalt führen sollte. Und hier liegt auch die Lösung des Rätsels. Tatsächlich dürfte es eine Erhöhung der globalen Formenvielfalt gegeben haben. Arten die sich in den letzten Dutzend Jahrmillionen vor dem KT-Ereignis isolierten und weiterentwickelten, waren aber immer noch zu ähnlich, als dass sie sich wirklich unterschieden, vor allem wenn nur Fragmente von ihnen gefunden wurden, aber keine kompletten Skelette. Dazu kommt, dass sich für diese Tiere die Umweltbedingungen nicht derart änderten, als dass dies umgehend zu einer massiven Auseinanderentwicklung hätte führen müssen, welche im Knochenbild deutlich erkennbar wäre. Die Dinos waren an ihre jeweiligen Umwelten schon über die Jahrmillionen bestens angepasst, eine reine räumliche Trennung führte alleine zu nur geringer Änderung. Durch das auseinanderreißen der Kontinente und dem damit verbundenen Absinken des Meeresspiegels wurden die Chancen für ein Dinosaurierskelett auch immer schlechter, in erosionssicheren Sedimentschichten zu landen, damit auch die Wahrscheinlichkeit heute von diesen Arten Fossilien zu finden. Natürlich hat das Auseinanderreißen der Kontinente deutlich vor der späten Kreidezeit begonnen. Andere Kontinente waren bereits seit längeren getrennt, scheinen sich aber nun wieder an anderer Stelle verbunden zu haben. Zwischen den Kontinenten dürfte es noch auf lange Zeit immer wieder zahlreiche Verbindungen gegeben haben, ähnlich den heutigen von Panama oder dem Sinai.

Häufigkeiten von Fossilien sind daher immer mit gebotener Vorsicht zu genießen, denn meist spiegeln sie nicht die tatsächliche Häufigkeit von Tieren wieder, sondern gerade mal diejenige der den Menschen bekannten Fundstätten und solchen Arten, die eher Chancen haben zu versteinern. Daher wissen wir über ein Großteil aller Arten, die es wohl einst in der Erdgeschichte gab, rein gar nichts, und selbst bei den vermeintlich gut bekannten Dinosauriern klaffen gewaltige räumliche, wie auch zeitliche Lücken im Fundbericht. Bei Letzteren wurde zum Beispiel über den gesamten mittleren Jura hinweg nur sehr wenig gefunden, obwohl sie dort gewiss nicht selten gewesen sein dürften. Und von der Existenz des Stegosauriers in der späten Kreidezeit, wissen wir nur von einem einzigen Fund der Unterart 'Dravidosaurus' aus dem seiner Zeit isolierten Indien.

Damit aber nicht genug an Unstimmigkeiten. Das allgemeingültige und auch von der Wissenschaft propagierte Bild, das überwiegend die großen Tierarten ausstarben, trifft nur zum Teil zu. Schließlich zählen Krokodile und Haie heute wie damals nicht unbedingt zu den Zwergen im Tierreich. Daher fragt man sich, was Krokodile und Haie auszeichnete, aber Mosa-, Plio- und Plesiosauriern fehlte? Bei den Haien, die überlebten, handelt es sich um Hochseeformen, die mehrere tausend Kilometer zurücklegen und damit auch riesige Jagdzonen hatten. So war es ihnen möglich, zum überleben ausreichend Beute zu erwischen, um eine solche Krise zu überdauern. Mosa-, Plio- und Plesiosaurier mögen ähnlich aktiv dem Hai gewesen sein, doch im Gegensatz zu diesen waren sie Lungenatmer und mussten sich immer wieder von der nach dem KT-Ereignis nicht wirklich frischen Luft kräftige Züge holen. Kleinere Arten von maritimen Dinos dürften als ehemalige Landtiere wahrscheinlich gezwungen gewesen sein, zur Eiablage noch das Land aufzusuchen. Ob das ein echter Nachteil war, bleibt aber fraglich, denn es dürften nach dem KT-Ereignis auch die Freßfeinde für Eier und Jungtiere ausgefallen sein. Immerhin, die beiden letztgenannten Gruppen ernährten sich zum Teil bevorzugt von Ammoniten und Belemniten, die ebenfalls ausstarben. Auf der anderen Seite Haie und Mosasaurier, welche sich beide eher von Fischen und Kopffüßern ernährten und dennoch starben nur die Mosasaurier aus.

So manche Dinosaurierart war kaum kleiner, als damalige Säugetiere und Vögel, trotzdem starben auch diese kleinen Dinosaurierarten aus. Die Paläontologen sagen dazu, dass Säugetiere flexibler waren und sich oft Nahrungsdepots anlegten, außerdem lebten sie oftmals in relativ sicheren Erd- oder Baumhöhlen. Aber niemand weiß etwas darüber inwiefern die einen damals tatsächlich Nahrungsdepots anlegten, und die anderen nicht. Genauso wenig ist bekannt, wer wo seinen Unterschlupf anlegte, auch Reptilien oder Vögel nutzen Erd- und Baumhöhlen, warum also nicht auch die Dinos?!

Zudem kommt, das kaltblütige Geschöpfe zwar ein großes Problem mit plötzlichen Temperaturstürzen haben, aber auch leichter in eine längere Inaktivität fallen können, ohne zu sterben - warmblütige aber durch ihren großen Nahrungsbedarf eingeschränkt sind und nur eher selten ihre Aktivität runter regeln können. Auch wenn einige bis die meisten Dinosaurier sicherlich bereits warmblütig waren, war wohl ein nicht unerheblicher Teil noch kaltblütig.

Winterschlaf bzw. Winterruhe sind nun bei mehreren, eher weitläufig miteinander verwandten, Säugern bekannt. Kann man deshalb aber davon ausgehen, dass auch die damaligen Säugetiere so den „nuklearen Winter" überstanden haben? Welcher zufällig dann stattfand, als ohnehin eine Winterruhe geplant war und man sich einen ausreichenden Wintervorrat zusammen gehamstert hatte. Wohl eher nicht, es gab zum Ende der Kreidezeit für Säuger gar keine Notwendigkeit die Fähigkeit für eine Winterruhe auszubilden (mit Ausnahme der Polgegenden vielleicht), diese dürfte erst mit dem Beginn der Eiszeiten vor wenigen Millionen Jahren entstanden sein. Außerdem ist anzumerken, dass Dinosaurier damals in Antarktika lebten, welches damals zwar noch eisfrei war, aber sich bereits grob an der heutigen Stelle befand. Auch wenn das Klima dort eher gemäßigt war, im langen polaren Winter muss es doch recht frisch und nahrungsarm gewesen sein, auf alle Fälle war es dann dort genauso dunkel, wie heute.

Warum der, aber nicht der?

Nun ist es nicht so, dass nur eine Handvoll Vertreter einer Säugetiere-Gattung den Faunenschnitt des KT-Ereignisses überstanden hätte und sich erst danach alle Hauptlinien der Säugetiere von diesen entwickelt hätten. Das Gegenteil ist der Fall, die Beuteltiere haben schon vor 160 Millionen Jahren ihren eigenen Weg eingeschlagen, ebenfalls hatten die vier Überordnungen der Placentalia (Säugetiere mit einer Plazenta) bereits deutlich getrennte Pfade beschritten. Die afrikanische Gruppe (Afrotheria) ist vermutlich schon seit 105 Millionen Jahren eigenständig, die amerikanische (Xenartha) mindestens seit 90 Millionen Jahren – auch wenn es hier immer wieder einmal Verbindungen mit Europa gab. Und als sich die eurasische Nordgruppe der Laurasiatheria von den Nager- und Affenartigen, den Euarchontoglires, schieden, war dies doch noch immer 20 bis 30 Millionen Jahre, bevor die Dinosaurier für immer von der Weltbühne verschwanden. Wahrscheinlich ebenfalls bereits vor dem KT-Ereignis haben sich die Vorfahren der Spitzhörnchen und der Gleitflieger vom gemeinsamen Stammbaum getrennt. Mit Purgatorius, einem nahen Verwandten der Vorgenannten, gab es in der späten Kreidezeit auch schon die ersten Primaten. Auch wenn diese noch eher wie Spitzmäuse aussahen, sie waren tatsächlich unsere Vorfahren – und wohl ein Nachmittagssnack für kleinere und mittlere Raubsaurier.

Zu allem Überfluss haben noch zwei weitere Gruppen von Säugetieren das Ende der Kreidezeit überdauert und dies waren ausgerechnet die recht primitiven Kloakentiere, genauer gesagt die Familien der Monotremata, sowie die Schnabeltiere, alle aus der Frühzeit der Entwicklung der Säugetiere. Die nagetierähnlichen (ähnlich vom Aussehen, nicht von Verwandtschaft) Monotremata überlebten auch und starben erst vor 32 Millionen Jahren aus. Bis heute haben die kuriosen Schnabeltiere überlebt, diese sollen sich mit den Gattungen Steropodon und Teinolophos bereits in der Unterkreide von den Vorfahren der Ameisenigel abgespalten haben. Also was immer auch gegen Ende der Kreidezeit geschah, es hat nicht einfach nur eine kleine, isolierte Schar primitiver Pelzträger verschont, sondern gleich mehrere Entwicklungslinien. Dennoch darf dabei aber nicht vergessen werden, dass es damals noch zahlreiche weitere Säugetiergattungen gab, diese aber wie die Dinosaurier und einige andere Arten das KT-Ereignis nicht überlebten. Tatsächlich rottete das KT-Ereignis zahlreiche Entwicklungslinien in Flora und Fauna aus, und nur einige wenige überlebten mit relativ wenigen Arten, manche nur mit einer einzigen, manche gleich mit mehreren Vertretern. So geschehen nicht nur bei den Säugetieren, sondern auch bei den Vögeln, welche damals schon seit langen richtige Vögel wie heute waren, und keine reine Seitenlinie der Dinosaurier. Aber warum nur haben einige Arten überlebt, während andere ausstarben?

Der Vorteil der Vögel

Welchen Vorteil haben Vögel gegenüber den Flugsauriern gehabt? Die Größe? Nicht unbedingt, auch unter den Flugsauriern gab es kleinere Exemplare. Konnten sie vielleicht befähigt sein zu einem Winterschlaf? Eher kaum, solcherlei ist von Vögeln nicht bekannt. Freilich fliegen einige von ihnen vor Beginn der kalten Jahreszeit nach Süden. Doch selbst wenn man den Vögeln der Endkreidezeit unterstellt, Zugvögel gewesen zu sein (und es gab damals Byron Preiss zufolge immerhin schon Regenpfeifer, Seeschwalben, Möwen, Seetaucher, Reiher, Flamingos und Enten, laut L.B. Halstead auch Eulen und Rallen), so dürfte ihnen das kaum beim Überleben geholfen haben. Gut, die meisten dieser Vögel waren relativ klein, Flugsaurier im Vergleich dazu eher groß, dennoch, auch unter den Flugsauriern gab es recht kleine Arten, vergleichbar Fledermäusen (die damals übrigens noch nicht existierten). Außerdem ist nachgewiesen, dass die damaligen Flugsaurier wahrhafte globale Nomaden waren.

Unbestritten mögen unmittelbar nach dem KT-Ereignis die Temperaturen rund um den Äquator milder gewesen sein, als hin zu den Polen, das Nahrungsangebot war freilich recht knapp begrenzt, aber vorhanden. Es mag freilich noch hier und da Biotope gegeben haben, die durch den Impakt und seine Auswirkungen eher geringfügig betroffen waren, oder bei denen sich zumindest die Pflanzenwelt schnell wieder erholt hat, aber woher hätten die Vögel wissen sollen wo sich diese befanden? Nun es reicht ja aus, wenn ein paar Vögel diese zufällig gefunden hätten, könnte man einwenden, aber warum sollten dann die Flugsaurier dazu zu dumm gewesen sein? Da ist es dann auch zu vernachlässigen, dass manche Forscher auch von einigen Dinosauriern periodische Wanderungen über weite Strecken annehmen, darunter auch von so erfolgreichen Vertretern wie den Iguanodonten und den Hadrosauriern, sowie einigen Sauropoden, welche natürlich auf ihren Wanderungen auch noch bestehende Oasen hätten auffinden können.

Wie konnten also die Vögel, im Gegensatz zu ihren verwandten Dinokollegen, den quasi nuklearen Winter überleben? War es ihre geringe Größe, welche sie mit sehr wenig Nahrung auskommen ließ? War es ihr Kälteschutz, den ihr Gefieder bot? Nein, klein waren auch einige Dinosaurier und über ein wärmendes Gefieder haben diese wohl oftmals auch verfügt. Man sollte nicht vergessen, dass nicht alle kreidezeitlichen Dinosaurier riesige Monster waren. Manche Dromaeosaurier, Troodontiden und verwandte Formen waren gar nicht so groß, sondern einige wenige gerade mal Hühner- oder gar taubengroß (Microraptor, Rahonavis). Minimale Dimensionen, die man vor wenigen Jahrzehnten nur von Compsognathus aus dem Oberjura gewohnt war, waren wohl auch in der Kreidezeit keine Seltenheit.

Ergänzend sei noch erwähnt, dass es in den ersten Jahrmillionen nach dem KT-Ereignis so aussah, dass die Vögel, dass evolutionäre Rennen gemacht hätten. Ihre Formenvielfalt explodierte förmlich und sie übernahmen die einstigen biologischen Nischen vieler Dinosaurier. So gab es weltweit nie so viele Laufvögel, auch wahre Riesenformen, als in den Jahrmillionen nach dem KT-Ereignis. Erst einige Jahrmillionen später, gelang es den Säuge-tieren, den Spieß umzudrehen. Dies nicht nur überall auf der Welt, sondern auch relativ zeitgleich. Gleich wie dürften die Vögel an vielen Stellen der Welt das KT-Ereignis überstanden haben, oder sich zumindest schnell wieder nach überall hin verbreitet haben. Kein Wunder, sie hatten es leicht, sie konnten auch Meeresarme und gar riesige Meere überfliegen. Die Flugsaurier hätten dies freilich auch gekonnt, denn sie und die Vögel waren dazu die einzig Befähigten. Warum nur gelang es ihnen nicht?

Hier interessant sind die Beuteltiere: Die ältesten Funde dieser in Australien sind gute 55 Millionen Jahre alt, also deutlich jünger als das KT-Ereignis. Die ältesten Funde von Beuteltierfossilien stammen aber vom großen eurasisch-nordamerikanischen Kontinent und es scheint, als ob die Beuteltiere in Nordamerika bis zum Ende der Kreidezeit relativ isoliert überlebt haben. Aber wie kamen sie von da nach Australien? Dies kann aber nur über den Umweg Antarktika von Südamerika aus geschehen sein. Zwar gibt es von Südamerika keinerlei Beuteltierfossilien von vor dem KT-Ereignis, übrigens auch nicht von Antarktika, aber es tauchen dort unmittelbar nach dem KT-Ereignis solche auf. Aber wie kamen dann die Beuteltiere von Nordamerika nach Südamerika? Dies kann nur in dem Zeitraum zwischen 90 und 80 Millionen Jahre geschehen sein, als sich Kuba und andere Antilleninseln zwischen beiden Kontinenten hindurch schoben und so vielleicht einen Vorläufer Zentralamerikas bildeten. In einem eher relativ kleinen Biotop im Nordwesten des heutigen Kolumbiens dürften diese dann über mehr als ein Dutzend Jahrmillionen überdauert haben, bis ein Schelfmeer südöstlich dieses verlandet. Die Verbindung zu Südamerika dürfte aber erst nach dem KT-Ereignis erfolgt sein. Der Übergang via Südamerika und Antarktika nach Australien kann damit ebenfalls nur in den Jahren nach dem KT-Ereignis geschehen sein. Wenn aber hier oben, bestenfalls 2000km vom Chicxulubkrater entfernt, die Beuteltiere das KT-Ereignis überlebten, warum sollten andere Tiere viele tausende Kilometer weiter weg, das Ereignis nicht ebenfalls überstanden haben? Australien, faktisch auf der anderen Seite des Impaktes, dennoch haben auch hier, nicht einmal die kleinsten Dinos überlebt.

Also eine ganze Reihe von Unstimmigkeiten was die Theorien zum KT-Ereignis und dem ihm zur Last gelegten Massenaussterben anbelangt. Viel zu viele zumindest um sich hier vollständig sicher sein zu können. Es scheint aber, dass das KT-Ereignis kein Einzelereignis war, sondern eine Kette von unglücklich hinter einander folgenden Ereignissen, bei welchem der Chicxulub nur der finale Todesschuss war. Als Fakten kann man aber letztlich einzig ausmachen, dass vor dem KT-Ereignis das Dinoleben relativ vielfältig war und (einige Zeit) nach diesem, die Säugetiere ihren – nicht unvermeidlichen - Siegeszug antraten.

„Zuviel Panzer, Zuwenig Hirn"

So lautete ein Spruch der Friedensbewegung der frühen Achtziger, in dem das damalige Wettrüsten mit dem Aussterben der Dinosaurier verglichen wurde – wie wir heute wissen ging die Sache im vorherigen Jahrhundert auch nur ganz knapp gut aus, beinahe hätte der Dinosaurier Reagan den Anlass zu einem neuen KT-Ereignis geliefert. Ein Dinosaurier galt schon damals als dumm, aggressiv und 'konservativ', gleiches galt für unsere Politiker und Militärs. … und es scheint nicht wirklich so, dass sich da etwas geändert haben könnte.

Das Dinosaurier eher dumm und primitiv sind, ist aber auch ein altbackenes Allgemeinbild, nach dessen sie schon alleine deswegen gegen die schlauen, friedfertigen und 'fortschrittlichen' Säugetiere den Kürzeren gezogen hätten. Das Letztere freilich fast 150 Millionen Jahre im Schatten der gewaltigen Dinosaurier gelebt haben, ohne ihnen jemals gefährlich zu werden. Dabei hatten sie mehrfach die Chancen dazu, waren sogar im Perm den Dinosauriern überlegen. Dies war aber kaum von Interesse für die Meinungsbildung. Genauso wenig, dass die wenigen Gehirnabgüsse, die man von frühen Säugern machen konnte (es gibt wirklich nicht sehr viele, immerhin gibt es etwas mehr von ihren unmittelbaren Vorläufern), nicht erkennen lassen, dass diese pelzigen, rattigen Winzlinge über bemerkenswert mehr Grips verfügt hätten, als die zeitgleich lebenden Dinosaurier, zumindest die schlaueren unter ihnen.

Der schlechte Ruf der Dinosaurier betreffs ihrer Intelligenz ist nicht neu. Bereits im 19. Jahrhundert hatten sie den Ruf, geistig eher minderbemittelt zu sein, und das war auch nicht ganz unbegründet. So hatte der immerhin LKW-formatige Stegosaurus ungulatus ein Gehirn von gerade mal Walnussgröße. Da mag es einen schon geradezu erstaunen, dass diese tumben, primitiven, reaktionären, militaristischen und wenn sie wohl könnten CDU/CSU (oder gar AfD) wählenden Dinos, in der Unterhaltungsindustrie immer wieder gern als Vorlage für intelligente, ja, vernunftbegabte Kreaturen herangezogen werden. Neben der Literatur hat sich besonders gerne die Filmindustrie dem Thema angenommen. Selbst der japanische 'Nationalheilige Godzilla', wies bisweilen erstaunlich menschliche Züge in seinem Handeln auf, auch wenn er sonst mehr Gummi-Dino bzw. Drache war, als Mensch. Es sei aber auch an die zahlreichen 'sauroiden Haushaltsgegenstände' der Familie Feuerstein erinnert, die ihren Hausherren gerne den 'menschlichen' Spiegel vorhielten.

'Jurassic Park' vereinte Ungeheuer, die genauso aggressiv, wie intelligent waren. T-Rex war beim Publikum genauso beliebt, wie die Maniraptoren, die Klingonen des Erdmittelalters! Hochintelligente Jäger voller Mordlust, aber nicht ohne Ehrgefühl! Die gerissenen kleinen Monster sind aber keine Erfindung Steven Spielbergs; Sie spielen bereits in der Romanvorlage des Michael Crichton eine gewichtige Rolle. Was aber mag den Autor dazu bewogen haben? Wieso sind seine Raptoren nicht irgendwelche nur einfach fürchterlichen Saurier, die mit einer Schwellung im Rückenmark, mehr schlecht als recht denken? Weil dies eben nicht so dramatisch wäre!? In Wirklichkeit jedenfalls, waren die Raptoren kaum halb so groß wie im Film und wohl auch deutlich weniger gerissen. Ob sie eine echte Gefahr für den Menschen sein würden, das bleibt dahin gestellt.

Es steht zu befürchten, dass in einer der zukünftigen Fortsetzungen von 'Jurassic Park', einer der Dinosaurier den Helikopter steuern wird, der auf einer benachbarten Insel ein verschollenes Dinojunges sucht, bevor die barbarischen Primaten-Ungeheuer es noch erwischen. In Sauro sapiens-Kreisen erzählt man sich schon länger, das Homo sapiens gerne in Dinosaurierblut baden würde, ein gewisser Siegfried jedenfalls soll dafür eine Vorliebe gehabt haben.

Zurück aber zu Jurassic Park und seinem Raptoren! Mit vollem Namen heißt er: Velociraptor mongoliensis. Seit 2008 kennt man allerdings auch noch einen Velociraptor osmolskae; weitere Arten bei Gregory S. Paul sind wohl in Wirklichkeit die Gattungen Deinonynchus und Saurornitholestes. Durch viel Glück ist uns ein Fossilienfund überkommen, der einen Kampf zwischen ihm und einen Protoceratops dokumentiert, bei dem nachweislich beide während des Kampfes verstarben. Das Szenario ist bei Dokumentarfilmern, wie auch den Paläontologen (bzw. deren Illustratoren) recht beliebt. Bei Shouten und Long schlitzt der erfolgreiche Räuber gerade seinem ach so chancenlosen Opfer den Bauch auf – wie er in der Realität da bei einem schwer gebauten und durchaus agilen Vierfüßer herankommen will, scheint nicht interessiert zu haben. Bei Dougal Dixon zeichnet zwar ein anderes Bild, aber dennoch kein realeres, in welchem der Vegetarier wie ein Maikäfer hilflos auf dem Rücken liegt, und der Angreifer auf seinem Bauch steht, als wäre er ein kreidezeitlicher Wrestler. Geradezu gegensätzlich dazu Preiss, bei ihm beißt eine wütende Protoceratops-Mutti, dem bösen Angreifer auf ihr Balg, mal so einfach die Kehle durch. Die Wahrheit sah aber wohl anders aus: Velociraptor hatte sich mit allen Krallen am Nackenschild des Pflanzenfressers verkrallt, diesem wiederum war es gelungen, mit seinem scharfen, vogelähnlichen Schnabel den Brustkorb des Angreifers zu attackieren. Es schien eine Situation zu sein, die keiner gewinnen hätte können, sie aber auch keiner hätte auflösen können – das Gegenteil von 'Win-Win'. Ihre genaue Todesursache lässt sich heute nicht mehr festmachen, es ist aber nicht unwahrscheinlich, dass der Raptor nicht von sein Opfer locker ließ und beide in dieser Situation verbluteten. Ein Sandsturm hat dann beide Opfer mit Sand bedeckt, ob zu diesem Zeitpunkt einer oder beide schon verstorben waren, oder nur zu schwach zu flüchten, ist nicht mehr zu bestimmen. Klar ist nur, keiner von beiden hatte genug Hirn den Kampf rechtzeitig zu beenden! Fast schon ein wenig menschlich!

Was also bewog Herrn Crichton dazu, diesen kleinen Räuber als hochintelligenten Menschenfresser darzustellen? War es allein ein zu viel an dichterischer Freiheit und ein Mangel seriösen, wissenschaftlichen Wissen? Nein, denn ausgerechnet Dale Russel mit seinen Stenonynchosaurus war es gewesen, der Crichton auf den Velociraptor, den nahen Vewandten des Troodon, aufmerksam machte.

Dinosaurier = oder ./. Vögel

Ganz nebenbei entstand hier eine kleine Frage, auf die ich noch eingehen möchte. Waren denn Dinosaurier, alle oder nur wenige Arten, eigentlich und im Grunde genommen nur Vögel? Oder andersherum, sind Vögel nur verkappte Dinosaurier?

Bei einigen Paläontologen gehören auch die Vögel in die Gruppe der „Maniraptora", und ihre Linie ist für sie nicht am Ende der Kreidezeit erloschen. Sie sind damit auch heute noch so zahlreich, dass es kaum Mühe bereitet, ihr Verhalten zu beobachten, dazu braucht man keine weiten Expeditionen oder wissenschaftliche Versuchsreihen zu machen, man kann es vom Balkon oder Fenster aus. Darf man daher aus den geistigen Leistungen heutiger Piepmätze auch brauchbare Rückschlüsse ziehen auf die seit 65 Millionen Jahren ausgestorbener Raptoren?

Also bereits auf dem Balkon sitzend lässt sich allein aus dem Alltag unserer gefiederten Nachbarn schnell erkennen, dass sie zumindest jede Menge Krach machen können, um damit unseren vormittäglichen Sonntagsschlaf schon am frühen Morgen zu sabotieren. Darüber hinaus aber sind sie nicht unbedingt minderbemittelte Wesen, deren Verhalten allein aus tierischem Instinkt her gesteuert wird. Ihr Handeln ist eindeutig ein Beleg vorhandener Intelligenz, wenn auch einfacher. Auch sind für den aufmerksamen Beobachter klar Anzeichen von Lernfähigkeit auszumachen. Lernfähigkeit ist ein deutliches Anzeichen dafür, sich über das Diktat reiner Instinkte erheben zu können. Freilich ist ein nicht unbeträchtlicher Teil der Tierwelt in dieser Hinsicht schon zu beeindruckenden Leistungen befähigt. In der Qualität dieser aber zeigen sich erhebliche Unterschiede, denn hier, wo die Pyramide vom Menschen gekrönt wird, kommt unter ihm erst einmal eine ganze Weile nichts, nach dem dann die Affen kommen, kommen nach und nach auch viele andere Tiere. Ein weiteres wichtiges Merkmal ist der Gebrauch und die Bearbeitung von Werkzeug. Letzteres ist auch ein Hinweis auf die Möglichkeit abstrakten Denkens, denn wer einen Zweig entastet, um mit diesen in einen Insektenbau zu stochern, muss wissen, wie man vom Rohprodukt des Zweiges, zum gewünschten Werkzeug kommt, also wie dieses am Ende aussehen soll. Neben einigen Säuge-tierarten, sind es einzig noch einige wenige Vögel (im Wasser allerdings auch Tintenfische), die gezielt Werkzeuge nutzen und nachweislich abstrakt denken können, um dadurch ihren Nahrungserwerb zu optimieren.

Aber sind denn nun Dinosaurier und Vögel identisch oder zumindest relativ vergleichbar, weil extrem nahe miteinander verwandt? Unbestreitbar ist, zahlreiche Funde der letzten 2,3 Jahrzehnte, brachte die Äste von Vögel und Dinosaurier näher zusammen. Manch Paläontologe sieht eine endgültige Trennung dieser erst zum KT-Ereignis hin, andere um viele Dutzend Jahrmillionen zuvor. Ein Großteil aber der Paläontologen und die Masse der Vogel-kundler sind da deutlich konservativer und sehen den letzten gemeinsamen Urahnen recht weit im gemeinsamen Stammbaum. Sie suchen ihn wohl schon noch im Stammbaum der Dinosaurier, aber im Jura oder gar davor in der Trias, gleich wie, weit weg vom KT-Ereignis. Funde eindeutiger Vogelfossilien sind vor dem KT-Ereignis verdammt selten, aber es gibt sie, auch schon aus dem Jura. Es gab wohl eine Reihe von Arten eindeutiger Vögel, u. a. erkennbar am zahnlosen Schnabel und knochenlosen Schwanz, die meisten eher klein, so zwischen Spatz und Krähe, einige wenige auch so groß wie eine Möwe, ja und dies eben bereits schon in der Trias.

Abbildung 19: *Anchiornis huxleyi*

Als man ein Archäopterixfossil im 19. Jahrhundert fand, galt es als Missing Link hin zu den Vögeln, bald aber schon entdeckte man, dass er wohl eine von den Vögeln verschiedene Art ist, eher konvergente Entwicklung, als sehr nahe Verwandtschaft. Als man bald danach auch Fossilien deutlich eindeutigerer Vögel aus dem gleichen Zeithorizont fand, war klar, dass Archäopterix eher Neffe war, als Opa. Funde weiterer Missing Links, wie dem des Anchiornis huxleyi in China des Jahres 2009, schieben das Trennungsdatum von Vögel und Dinosauriern weit in die Trias hinein. Damit wird auch klar, dass wenn wir von Dinosauriern reden, auch solche meinen, denn Vögel sind eben im Jura, vor allem aber in der Kreide eben schon Vögel, und eben keine Dinosaurier mehr. Daran ändert auch nichts, dass die Dinosaurier immer noch den Vögeln näher standen, als den Säugetieren. So wird klar, dass die heute gelegentlich kolportierte Aussage, die Dinosaurier hätten das KT-Ereignis in Gestalt der Vögel überlebt, vielleicht nicht grundlegend falsch ist, aber dennoch keine korrekte Aussage.

Es bleibt, zum KT-Ereignis hin, gab es schon die eigene Gattung der Vögel und sie waren von den Dinosaurier bereits deutlich getrennt. Auch bei den Dinosauriern gab es mehrere Linien, immerhin werden diese heute in mindestens zwei Hauptlinien unterschieden, eine die den Vögeln näher standen, eine die denen nicht so nahe standen. Alle dürften sich in der Trias voneinander getrennt haben. Man muss dann nur noch ein paar weitere Dutzend Jahrmillionen zurückgehen, bis ins Perm, und ist an den Punkt wo sich Dinosaurier und zukünftige Mammale trennten, aber auch Krokodile, Schildkröten, Lurche und all der gleichen, was sonst noch an Wirbeltieren auf Erden keucht und fleucht.

Vögeleien

Als ein anderes Indiz für eine fortschrittlichere Form der Intelligenz gilt vor allem das Spielen. Wer spielt, agiert in einer Welt, die nicht real ist, sondern der Vorstellung entstammt. Ein Wohlknäuel ist nur ein Wohlknäuel, aber wenn eine Katze darauf losgeht, als wäre es eine Maus auf der Flucht, sieht sie darin eher ein Beutetier. Und wenn zwei junge Hunde miteinander balgen, so mimt mal der eine, und mal der andere den Unterlegenen – ein wirklicher Kampf um die Rangordnung ist das nicht. Dabei zeigt sich, dass das Spiel für höher entwickelte Tiere überaus wichtig ist, denn im Spiel werden Verhaltensweisen trainiert, die nicht genetisch vorprogrammiert sind, aber fürs Überleben elementar sind. Tatsächlich spielen aber nur die höheren Säugetiere (und hier zumeist auch nur die jüngeren) und manche Vögel (hier aber eher die nicht aller jüngsten unter ihnen), aber eben nicht alle. Die Frage sei erlaubt, ob dies einst auch die eine oder andere Dinosaurierart tat? Wir wissen es nicht und werden es wohl auch nie erfahren, durchaus möglich wäre es aber.

Aber wenn es schon Vögel gibt, die uns mit ihren intelligenten Leistungen zum Staunen bringen, ist das nicht ein Indiz dafür, dass diese Veranlagung auch schon bei ihren nächsten sauroiden Verwandten vorhanden gewesen sein muss? Mitnichten! Denn an dieser Stelle muss betont werden, dass Vögel im Vergleich zu den Dinosauriern, bis heute auch 65 Millionen zusätzliche Jahre an Evolution durch gemacht haben und sich dabei ihr Intellekt sicherlich eher vergrößert hat.

Wie hier schon mehrfach erwähnt, rangieren die intelligentesten Dinosaurier bei dem Verhältnis von Hirn- zu Körpermasse im Bereich großer Laufvögel. Diese gehören aber nun nicht zu den intelligenteren Angehörigen ihrer Gattung, die weitaus intelligenteren Papageien, Meisen und Rabenvögel haben eine deutlich höhere Hirn-/Körpermasserelation, weit weg von der irgendeines Dinosauriers. Nun dürften sich die Vögel bereits sehr viele Millionen Jahre vor dem KT-Ereignis von den Dinosauriern abgespalten haben und sind für manche Vergleiche heute eben kaum noch zu gebrauchen. Wir wissen heute einfach nicht, zu welchen Intelligenzleistungen Velociraptor oder Troodon tatsächlich fähig gewesen wäre, genauso wenig wie es darum bei den damaligen Vögeln bestellt war.

Viele der Saurier werden wegen der ökologischen Nischen, die sie besetzten, immer wieder mit heutigen Warmblütern verglichen, denn die schon besprochene konvergente Entwicklung führte hier zu interessanten Ähnlichkeiten zwischen verschiedenen Arten. Da wären Ceratopsier ./. Nashörnern bzw. Rinder, die kleinen Ornithopoden ./. Gazellen, die dickschädeligen Pachycephalosaurier ./. Gemsen und Mufflons, die Therizinosauridae ./. Bodenfaultieren und Sauropoden ./. Elefanten und Giraffen. Auch auf die Wasserwelt wird das Spiel ausgedehnt, so bei Plesiosaurier ./. Robben, Pliosaurier, Wale und Delphine ./. Ichthyosaurier und Flugechsen ./. Vögel und Fledermäuse. Die Wahrscheinlichkeit dass es Dinosaurier gab, die die Nischen späterer Primaten innehatten, sogenannter Primosaurier, mag durch aus als hoch angesehen werden, gibt es aber auch eine Wahrscheinlichkeit, dass diese, oder irgend eine andere Dinosaurierart fähig gewesen wäre, auch einmal die Nische des heutigen Menschen zu besetzen?

Wahrscheinlichkeit humanoiden Aussehens

Die Gegner von Dale Russels Sauro sapiens-Modell bestreiten interessanterweise eher selten den Sachverhalt eines möglichen Sauro sapiens an sich, sondern vor allem dessen humanoides Aussehen. Sie sagen, das es arrogant wäre zu denken anderes intelligentes Leben, würde dem Menschen gleichen. Exemplarisch die Aussage von Frau Dr. Currie-Rogers: „Es ist ziemlich arrogant zu glauben, dass der einzige und letzte Schluss der Evolution die menschliche Form ist.". Eine Aussage, die korrekt erscheint, aber auch ein Totschlagargument? Eher nein!

Denn es gibt hier auch andere Ansichten, Dr. Simon Morris vertritt die Hypothese, dass das menschliche Erscheinungsbild die perfekte Anpassung an die ökologische Nische eines vernunftbegabten und kulturfähigen Wesens darstellt. Mit anderen Worten, dass intelligentes Leben wohl zwangsläufig humanoid aussehen würde. Eine Aussage, welche vielleicht arg übertrieben ist, aber möglicherweise in die richtige Richtung weist.

Allseits bekannte Science-Fiction-Serien wie Star Trek oder Star Wars, beziehen einen großen Teil ihrer Spannung schon immer aus dem Umgang von Menschen mit anderen Außerirdischen, welche aber zumeist mehr oder weniger humanoide Rassen sind (natürlich hat dies seine Hauptursache darin, dass wir keine nichtterristischen Schauspieler haben). Die Wissenschaftler sind sich da zwar nicht ganz einig, aber es überwiegt eine Mehrheit, die der Ansicht sind, dass in der Realität mögliche Außerirdische auf keinen Fall sehr humanoid aussehen würden.

Carl Sagan schrieb in 'The Haunted World Dämon': 'Die typischen modernen Außerirdischen im Amerika der 80er und frühen 90er Jahren werden bezeichnet als klein, mit überproportional großem Kopf und Augen, statischen Gesichtszügen, ohne sichtbare Augenbrauen oder Genitalien und glatte graue Haut. Sie erscheinen ähnlich zu sein mit einem Fötus in etwa der zwölften Schwangerschaftswoche oder eines hungernden Kindes.' In jedem Fall werden sie als humanoid beschrieben. Interessanterweise gibt es in der westlichen Welt faktisch keine Berichte von nicht-humanoiden Außerirdischen. Das alle 'Begegnungsberichte' von Außerirdi-

Abbildung 20: Carl Sagen 'Die Drachen von Eden'

schen von humanoiden Aussehens erzählen, dürfte nichts zu sagen haben, da wohl keines von diesen auf tatsächlichen Begegnungen mit Außerirdischen fußt. Als Beleg für Konvergenz humanoider Lebensformen im Universum taugen sie jedenfalls nicht wirklich. Übrigens, aus Japan, wo man über Manga schon lange Kontakt zu tentakeltragenden Aliens hat, sehen diese in den Begegnungsberichten auch entsprechend aus. Die Begegnungsberichte zu Aliens sagen also nichts aus, denn wohl zu gut 100 % haben sie eher wenig mit echten Außerirdischen zu tun, sondern eher mit menschlicher Fantasie.

Die Regeln konvergenter Entwicklung werden zwar auch auf anderen Planeten gelten, aber dazu müssen dort die Umweltbedingungen während großer Teile der Evolutionsgeschichte vergleichbar zu der der Erde abgelaufen sein. Andere Relationen bei Gravitation, Atmosphäre, Druck, Sonnenlichtspektrum usw. würden eine Evolution in deutlich andere Richtungen treiben, mit Ergebnissen die weit weg von dem der Erde sein können. Aber selbst wenn diese Verhältnisse absolut gleich zur Erde wären, äußere Einflüsse, die die Evolution in Richtungen lenkt, wie große Naturkatastrophen, dürften anders abgelaufen und andere Sieger gehabt haben. Selbst für den eher unwahrscheinlichen Fall, dass auf einen anderen Planeten das frühe mehrzellige Leben sehr dem der Erde ausgesehen hätte, nach einigen Dutzend Jahrmillionen hätte es einen vollkommen anderen Weg eingeschritten. Gut, es würde sicherlich auch so was wie Insekten, so was wie Vögel, Elefanten, Haie und der gleichen geben, dies eben als konvergente Entwicklungen in einer vergleichbaren Umwelt, aber biologisch wären all diese Tiere deutlich anders aufgebaut.

Aber wenn die planetaren Lebensbedingungen nun äußerlich den irdischen gleichen würden, müssten oder wenigstens könnten intelligente Außerirdische nicht auch humanoid aussehen? Ja, könnten sie. Die Wahrscheinlichkeit aber, dass die Umweltbedingungen über die gesamte planetare Geschichte ähnlich waren, dass von einer annähernden konvergenten Entwicklung zu reden sei, ist zwar wenig wahrscheinlich, aber nicht vollkommen unwahrscheinlich.

Auf kleineren Planeten mit geringer Schwerkraft etwa würden Bäume, von der hinderlichen Anziehungskraft befreit, bis zu 150 Meter und noch höher wachsen. Auch die Tiere wären wohl sehr groß, sie würden oftmals mit ihren großen und schlanken Formen aussehen wie eine Mischung aus Windhund und Giraffe.

Ganz anders auf größeren Welten mit zwangsläufig höherer Schwerkraft, hier ähnelten die Tiere eher zusammengeschrumpften Elefanten - vergleichsweise kleine Geschöpfe mit gedrungenem Körperbau auf säulenartigem Beinen und massiven Schädeln. Auf einem Planeten mit der fünffachen Schwerkraft der Erde beispielsweise würde ein 50-Kilo Model wie Heidi Klum eine halbe Tonne auf die Waage bringen. Heidi müsste dann auch mit entsprechend größerem Herzen und einem elefantenähnlichen Knochenbau ausgestattet sein und würde somit eher wie ein aufgedunsener Hulk aussehen, die Chancen so Aufnahme in den aktuellen Victoria Secrets-Katalog zu erhalten, wären wohl eher dürftig.

Auf noch größeren Planeten könnte sich Leben in den dann auch überaus dichten Atmosphären entwickelt haben, dann könnten sich ballonähnliche Schwebewesen entwickeln, die mit langen Nabelschnüren am Boden vertäut sind oder wie Wale im Ozean sich durch die Atmosphäre treiben lassen würden.

Aber auch auf Planeten mit ähnlicher Größe der Erde kann die Umwelt völlig anders aussehen, z.B. wenn die Atmosphäre eine andere Zusammensetzung hätte. Man denke an die riesenwüchsigen Insekten der biologischen Frühzeit der Erde. Auch intelligente Insektenwesen wären möglich, aber nicht auf der Erde, da hier die Schwerkraft zu stark und die Atmosphäre in jedem Fall zu dünn wäre, für deren zumeist recht passives Atmungssystem und ihren fehlenden Blutkreislauf. Andererseits, wer weiß was die Evolution nicht auch aus den Gliedertieren machen könnte, wären sie anders als auf der Erde nicht durch so viele evolutionäre Sackgassen behindert.

Es gibt noch viele weitere mögliche Welten, dass die Natur auf fremden Welten ein genaues Duplikat des Menschen hervorgebracht haben könnte, halten Wissenschaftler eben daher für äußerst unwahrscheinlich, denn die Evolution ist, wie der Harvard-Professor George Simpson postulierte, 'weder umkehrbar noch wiederholbar'. Auch auf der Erde, wäre nur eine der großen Erdkatastrophen, zum Beispiel das Perm-Trias-Ereignis oder sie Schneeballerde, anders verlaufen, das heutige Leben hier würde so viel anders aussehen, das wir beim Anblick glauben würden, es wäre ein anderer Planet.

Egal, der Hacken an der Sache ist und bleibt: Bisher kennen wir Leben, insbesondere fortgeschrittenes Leben, nur von der Erde. Wahrscheinlich, und davon darf man fast ausgehen, gibt es alleine in unserer Galaxien Millionen erdähnliche Planeten, einige von diesen könnten sicher als Kopien der Erde durchgehen. Wenn nun aber diese Planeten der Erde so ähnlich sind, dann aber gilt zwar wieder das Prinzip konvergenter Entwicklung, andererseits aber die nicht so große Wahrscheinlichkeit, dass die Entwicklung, inklusive aller Störungen, auch nur annähernd vergleichbar mit der Erde ablief. Mit anderen Worten, der Hund versucht sich in den Schwanz zu beißen. Daher bleibt es, warum also sollten Aliens nicht auch humanoide Erscheinungsformen haben, wenigstens gelegentlich. Aber wie oft wäre dies?

Die Drakeformel

Interessanterweise kann man tatsächlich wissenschaftlich an die Frage herangehen, ob es nach schulwissenschaftlichem Wissensstandard andere humanoide Lebensformen im All, außer der unsrigen geben kann. Diese Frage stellen sich Astrophysiker, Astronomen und Exobiologen seit Jahrzehnten. Der Astronom Frank Drake stellte dazu 1961 die sogenannte Drakegleichung auf. Die Formel sei an dieser Stelle zur Erinnerung noch einmal wiederholt: $N = R^* \times fp \times ne \times fl \times fi \times fc \times L$.

Die Formel in Worten ausgedrückt: Es handelt sich um die Anzahl intelligenter Zivilisationen, die derzeit sicher existieren multipliziert mit der mittleren Sternentstehungsrate einer Galaxie, dem Anteil der Sterne mit einer Ökosphäre, den Planeten eines Sonnensystems, die sich in dieser Ökosphäre befinden, sowie den Planeten davon, die tatsächlich Leben entwickeln können. Die weiteren Faktoren sind die Anzahl der Welten, auf denen dies tatsächlich geschehen ist, die Zivilisationen, die mittels Radioübertragungen kommunizieren können und die Lebensdauer dieser Kulturen.

Der findige Leser wird schnell erkannt haben, dass die meisten der Faktoren uns heute gar nicht bekannt sind, der Rest bestenfalls grob geschätzt werden kann, man also so ziemlich jeden Zahlwert von 0.00...1 bis 10...0 einsetzen kann und dementsprechend auch auf jedes mögliche Ergebnis kommen kann. So unterscheiden sich dann auch die Ergebnisse, auf die man bei dieser Rechnung kommt. 'Realisten' kommen auf Werten zwischen 10.000 und 100.000 Planeten allein für unsere Galaxie, Pessimisten kommen auf bestenfalls einen (die Erde) und Optimisten auf Millionen. Die Fachleute nehmen an, dass sich im derzeit sichtbaren

Universum etwa 100 Milliarden Galaxien befinden, mit jeweils zwischen 100 und 200 Milliarden Sonnen. Für das gesamte Weltall erhört sich damit die Rate quasi erheblich bis unendlich, ganz wer hier gerade rechnet.

Nun ist in dieser Kalkulation die Ökosphäre eines Sternes spezifiziert mit der unseren, womit schon einmal eine Grundbedingung für Konvergenz gegeben ist. Dabei kann für anders aufgebautes Leben, auch eine andere Sphäre um einen Planeten als Ökosphäre gelten. Jedenfalls heißt dies noch lange nicht, dass es sich bei Aliens auch um humanoide Lebensformen handeln muss, es bleibt noch sehr viel Spielraum für andere Richtungen der Evolution.

Nach Ansicht einiger Wissenschaftler ist die Wahrscheinlichkeit zur Entstehung von Leben an sich schon derart unwahrscheinlich, dass erst recht nicht von humanoiden Lebensformen auszugehen sei und schon gar nicht in unserer Galaxie der Milchstraße. Wieder andere Wissenschaftler sind der Ansicht, dass Leben geradezu gesetzmäßig sich entwickelt. Gleich wie, der Forschungsstand wächst. In den letzten Jahren wurden viele extrasolare Planeten entdeckt, dabei auch solche in Ökosphäre und auch erdähnlich. Dabei kratzt man erst an der Oberfläche. Letztlich sieht es aber so aus, dass anscheinend fast jeder Stern auch ein Planetensystem besitzt und damit auch immer wieder Planeten in seinen möglichen Ökosphären. Was fehlt, ist noch die gesicherte Existenz von Leben im All – aber es bleibt zu hoffen, dass es in den nächsten Jahrzehnten entdeckt wird. Dies vielleicht auf dem Mars, der Venus, einem Jupitermond oder wo auch immer.

Somit darf man feststellen, dass aktuell die Beantwortung der Frage nach der Wahrscheinlichkeit außerirdischen Lebens eher Glaubenssache, als eine Frage der Beweiskraft ist.

Ursuppe oder Panspermien?

Einen wichtigen Teilaspekt bei diesem Thema könnten wir in wenigen Jahrzehnten geklärt haben, wenn wir erst die anderen Planeten und Monde unseres Sonnensystems gründlich untersucht haben – wie entstand das Leben. Im Grunde gibt es dazu zwei Grundideen – die der 'terranischen Ursuppe' und die der 'Panspermien'.

Die Ursuppen-Theorie geht von den Fakten aus, dass schon sehr früh flüssiges Wasser und eine gasförmige Atmosphäre vorhanden waren. Die Atmosphäre bestand aus Stickstoff, Sauerstoff, Wasserstoff und einfachen Verbindungen dieser Gase untereinander und mit Kohlenstoff. Durch energiereiches Sonnenlicht erfolgte eine Synthetisierung zahlreicher kleiner organischer Verbindungen, die sich im Wassermeer lösten und diese in eine dünne, warme Suppe verwandelten. Diese Chemikalien reagierten miteinander in komplizierter Weise, um letztlich ein selbstreproduzierendes System, eine primitive Form von Leben, hervorzubringen. Das Leben, wie wir es kennen, entwickelte sich durch die Evolution aus diesen primitiven Formen, in vielen, vielen Schritten.

In der Panspermientheorie wird davon ausgegangen, dass Leben nur an wenigen Stellen im Universum entstanden ist, aber durch vagabundierende Kometen, Asteroiden und Ähnliches durch das Universum verbreitet wird. Tatsächlich hat man festgestellt, dass diese Himmelskörper überaus stark mit organischen Verbindungen verunreinigt sind, Leben hat man auf diesen aber noch nicht gefunden. Angenommen, Leben wäre in den frühen Stunden des Universums entstanden und würde dann schon in einer weiterentwickelten Form (z.B. als Prokaryoten) seit dem über dass ganze Universum verbreitet, würden alles davon ausgehende

Leben auch gewissen Grundgesetzen folgen, welche eben schon in diesen frühen Leben festgelegt sind. Wie allerdings dieses Leben den Eintritt in die damals recht dicke Erdatmosphäre hätte überleben sollen, ist völlig unklar, wenn auch wohl nicht ganz unmöglich.

Einer der Experten, die sich aktuell intensiv mit der Erforschung der Lebensentstehung im All befassen, ist der Physiker Mayo Greenberg von der Universität Leiden. Er entdeckte im All auf Kometen komplexe Moleküle (Aminosäuren), aus denen sich Leben entwickeln könnte. Aber diese entwickeln sich auch relativ leicht auf der Erde. Viel interessanter ist der Punkt als aus Aminosäuren und einer Reihe von weiteren Elementen, etwas entstand was stoffwechselte und sich selbst kopieren bzw. vermehren konnte. Theorien wie es dazu kam, gibt es zahlreiche, Belege aber dazu eher wenige bis gar keine. Als unumstritten gilt aber, dass die Wahrscheinlichkeit dafür nicht sehr hoch ist. Als unumstritten muss aber auch gelten, dass es trotzdem dazu kam.

Evolution im Spiegel der Wahrscheinlichkeit

Geradezu in die Kerbe aller Kreationisten schlagen einige Forscher, für die es nach den Regeln der Wahrscheinlichkeit auf der Erde tatsächlich kein Leben geben dürfte. Wir sind aber nun einmal da, entweder war dies dann ein höchst unwahrscheinlicher Zufall oder Leben entwickelt sich relativ leicht oder es wird relativ leicht im Universum verbreitet. Gleich wie, am Endergebnis, dass das Universum voll Leben sein könnte (oder auch nicht), daran ändert dies recht wenig. Aber es wäre voll gehörig arrogant, ernsthaft anzunehmen, dass wir das einzige Leben im Universum oder zumindest unserer Galaxie wären.

Wir wissen heute von Leben unter Bedingungen, die uns noch vor zwanzig Jahren undenkbar erschienen wären. Hierzu einige Beispiele: Zahlreiche Arten von Flechten und Moosen können fast zu Staub zerfallen und überleben trotz alledem bis zu mehreren Jahren! In 7.000 Meter Höhe leben am Hang des Mount Everest kleine Spinnen unter Steinen. Weder die Kälte noch der niedrige atmosphärische Druck können ihnen etwas anhaben. Der sibirische Winkelzahnmolch lebt in einer Umgebung mit über -60° C. Sein Blut gefriert vollständig, dennoch überlebt er. In antarktischen Gewässern gibt es Fische, die ein Frostschutzmittel im Blut haben. Doch nicht nur extreme Kälte, auch Hitze hindert das Leben nicht, einen Weg zu finden. Es gibt Bakterien, die eine Dauertemperatur von ca. 100° C aushalten, oder extreme Kälte, starke Säuren bzw. sogar hohe Radioaktivität.

Es gibt sogar Lebewesen, die gänzlich ohne Sauerstoff existieren können – für Pflanzen und viele Algen ist Sauerstoff Endprodukt ihres Stoffwechsels, zum Leben brauchen sie es kaum. Für einige Mikroorganismen ist Sauerstoff sogar pures Gift, darunter dem gesamten frühen Leben auf der Erde. In den letzten Jahren stellte man fest, dass es Leben auf der Erde bis in große Tiefen gibt, nicht nur Bakterien, auch Mehrzeller wie Flechten und gar Pilze, sogar einige Insekten. Neuesten Theorien zufolge, könnte es im Erdreich und Gestein der Erde mehr Biomasse geben, als in dessen 'offizieller' Biosphäre. All diese Beispiele knüpfen durchaus an die im All vorzufindenden Bedingungen an und könnten Hinweis darauf sein, dass Leben universell ist – und zwar im gesamten Universum!

Was besagt überhaupt 'Wahrscheinlichkeit'? Wie wahrscheinlich etwas ist, ist recht relativ. Wie hoch ist die Wahrscheinlichkeit für einen 6er mit Zusatzzahl im Lotto? Fast gegen Null! Jeder Wahrscheinlichkeitsstatistiker würde vom Lotto spielen abraten und empfehlen das Geld doch lieber zu verbrennen, da man dann mehr davon hätte … und trotzdem wird diese Nuss fast wöchentlich geknackt. Und so resümiert der Physiker Lawrence M. Krauss auch vollkommen zu Recht: „Ereignisse mit geringer Wahrscheinlichkeit geschehen stets und ständig. Denn wenn man es so betrachtet, haben alle Ereignisse nur eine geringe Wahrscheinlichkeit.". Mit anderen Worten: Die Wahrscheinlichkeitsrechnung sagt rein gar nichts aus, da auch die größte Unwahrscheinlichkeit einen Faktor des Auftretens hat, so klein dieser auch sei. Selbst dass so unwahrscheinliche, dass spontan aus dem Nichts ein Airbus entsteht. Zugegeben, ein verdammt unmöglicher Akt, statistisch gesehen aber nicht 100 % unmöglich, sondern nur 99,9...9 % unwahrscheinlich !

Um zum Abschluss wieder zum Ausgangspunkt unserer Frage zurückzukehren: Gibt es also intelligente humanoide Spezies im Universum außer uns Menschen (wobei das Wort „intelligent" in Bezug auf manche Zeitgenossen wohl eher relativ erscheint)? Wir wissen es nicht, aber es ist wohl mehr als wahrscheinlich, dass wir nicht die Einzigen unserer Art sind. Genauso wenig auch können wir wissen, ob eine humanoide Erscheinungsform für ursprünglich vierbeinige Wirbeltiere die geradezu Zwangsläufige ist, oder auch nur eine Möglichkeit von vielen. Entsprechend unseren bisherigen eigenen Erfahrungen aber müssen wir gerade zu davon ausgehen. Wenn diese Konvergenz aber auch im Universum gilt, dann noch umso mehr auf der Erde. Daher ist es auch durchaus möglich, dass ein Sauro sapiens mehr ein humanoides Aussehen hat, als z.B. dass eines hyperintellektuellen Truthahns, zumindest wenn seine Entwicklung in vergleichbarer Umgebung stattfand.

Resümee

Für und Wider betreffs eines Sauro sapiens aufwiegend, muss man einfach zu dem Schluss kommen, dass es keinen Grund gibt, warum sich kein Sauro sapiens hätte entwickeln können, darüber, hinaus gibt es auch keinen Grund, warum er nicht auch weitgehend humanoides Aussehen gehabt hätte haben können. Letztlich wäre ein Sauro sapiens mit eher 'Truthahnigen' Aussehen genauso ein 'Sapiens', als wäre er eher humanoid. Auch wenn er für uns etwas lustig aussieht, dass Aussehen wäre egal, wenn Intelligenz und die Fähigkeit mit den Händen (oder ähnlichem) die Umwelt zu gestalten, den notwendigen Bedingungen entspricht.

Troodon bzw. Stenonychosaurus war wohl eine Krönung der Evolution in seiner Zeit, seine Intelligenz dürfte die der damaligen vielleicht gar Säugetiere überschritten haben. Er lebte gute 5 Millionen Jahre vor dem KT-Ereignis, unter dem rechten Evolutionsdruck hätte auch diese Zeit schon für eine Entwicklung hin zu einem Sauro sapiens reichen können.

Als sowjetische Wissenschaftler in den späten 1980er-Jahren per Computer die Evolution der Landtiere simulierten, trat als dominantes, intelligentes Lebewesen sich nicht ein Säugetier hervor, sondern ein schwanzloses Reptil, das auf den Hinterbeinen ging und geschickte Hände besaß. Auch in späteren Berechnungen westlicher Wissenschaftlern, waren eher sauroide Kreaturen die Sieger der Evolution.

Der Homo sapiens verdankt sein Äußeres zu einem großen Teil seinen baumbewohnenden Vorfahren. Dale Russels Sauro sapiens wird aber eher von schnell laufenden Bodenbewohnern hergeleitet, deren Habitus mehr an Federvieh, denn an Primaten erinnert. Folglich müsste auch er weniger wie ein aufrechter Affe, sondern mehr wie ein aufrechter Vogel aussehen … oder ein aufgehängter. Vielleicht in etwa so, wie eine frisch gerupfte Ente die mit dem Kopf an eine Stange gebunden wurde. Vielleicht aber auch so wie ein Pinguin?!

In der Realität sind auf diesem Planeten menschenähnliche Lebensformen, noch nicht sehr lange bekannt - allesamt sind es Primaten. Die entscheidenden Entwicklungsschritte zum echten Menschen vollzogen sich binnen weniger Millionen Jahre. Hätten sich zuvor tatsächlich menschenähnliche Sauroide gebildet, dann wäre das allgemeine geistige Leben einer hochintelligenten Art auf der Erde nicht erst wenige tausend, sondern bereits viele Millionen Jahre alt und könnte unter Umständen vielleicht schon die Galaxie, ja gar große Teile des Universums besiedelt haben.

Was Wäre Wenn

Einmal angenommen

… nach den vorangegangen Spekulationen, wäre es den Sauriern schon in der Kreidezeit möglich gewesen sich evolutionär zu einem Sauro sapiens zu entwickeln?

Im Bereich der unterhaltsamen Fiktion gibt es seit längeren Visionen davon, das zumindest einige der Dinosaurier das KT-Ereignis vor 65 Millionen Jahren überlebten. Die meisten solcher imaginären Visionen finden auf isolierten entlegenen Inseln oder Plateaus statt, wie z.B. in 'Die verlorene Welt'. Doch die dortigen Dinosaurier scheinen sich seit der Kreidezeit nicht wirklich weiterentwickelt zu haben, was eher unwahrscheinlich ist. In der Geschichte der Evolution betrug die 'Halbwertzeit' hochentwickelter - damit ist nicht gemeint intelligenter - Spezies, kaum ein paar Millionen Jahre. Im Gegenteil, die meisten schafften es kaum auf wenige zehntausend Jahre. Denken wir daran welch Aussehen Elefanten noch vor wenigen Millionen Jahre hatten, oder Pferde – oder auch wir selbst. Nur wenige höhere Arten konnten sich über viele Jahrmillionen mehr oder weniger unverändert halten, und dies sind dann vor allem marine Arten, da in Gewässern, insbesondere dem Ozean, Umweltveränderungen viel gemächlicher ablaufen, als an Land. Dabei soll hier aber korrekterweise daran erinnert werden, dass im Grunde genommen sich die Arten nicht verändern, sondern dass aus einer Art eine neue entsteht und diese dann, weil erfolgreicher, die andere unter Umständen verdrängt.

Nichtsdestotrotz stellen sich auch nach dem ersten Kapitel weiterhin drei Fragen, zu welchen ich versuchen möchte, Schlussfolgerungen zu formulieren.

- 1.) Ist es möglich, dass die Evolution einzelner Dinosaurierarten zu einem Sauro sapiens hätte führen können? Ja, eindeutig Ja! Natürlich gibt es keinerlei Beweise für diese Theorie, da die Geschichte und damit die Evolution nun einmal einen anderen Weg ging. Aber sieht man sich die Faktenlage genau an – und dass hatten wir ja im Vorfeld hinreichend - wird man feststellen, dass es in ihr keinen Anhaltspunkt gibt, der dies ausschließt. Wenn etwas nicht unmöglich ist, ist es also möglich – dies bringt uns zur zweiten Frage.

- 2.) Ist es möglich, dass es einen Sauro sapiens gegeben hat?
  Eine eindeutige Antwort zu geben fällt in diesem Punkt schon deutlich schwerer. Eigentlich gibt es außer Russels „Dinosauroid" oder Magees mutmaßliche „Primosaurier", noch ein paar weitere mutmaßliche Kandidaten für den intellektuellen Hochsprung der Dinosaurier. Insbesondere die Maniraptoren, wie zum Beispiel die Deinonynchosaurier, liefern uns gleich einige mögliche Kandidaten. Unter diesen Kandidaten wohl am aussichtsreichsten dürfte die Gattung Troodon sein, denn sie erfüllen viele anatomische 'Must-haves', die auch als ausschlaggebend für die Entwicklung des Menschen angesehen werden.
  Gleich wie, de facto alle möglichen Kandidaten für einen möglichen Sauro sapiens werden in die nähere Verwandtschaft der Vögel gestellt. Beispiele erstaunlicher Intelligenzleistungen kennt man bei zahlreichen heute lebenden Arten der Vögel, so sind Beispiele zu Papageien und Raben nicht nur der Fachwelt bekannt. Ein mögliches Postulat daraus wäre, dass das Federvieh als Ganzes, durchaus das Potential habe auch kulturfähige Arten hervorzubringen.

Weiter! Die meisten Kandidaten die als mögliche Vorfahren eines Sauro sapiens in Betracht kommen könnten, insbesondere die Maniraptoren, lebten allesamt in den Jahrmillionen vor dem KT-Ereignis und dies hauptsächlich auf der Nordhalbkugel. Das Zeitfenster, in welchen sich aus ihren Reihen ein Sauro sapiens hätte entwickeln können, war mehr aus ausreichend.

Die menschliche Spezies hat gerade einmal bis heute gute zweihunderttausend Jahre von der Herstellung von Steinwaffen und -werkzeugen, fünfunddreißigtausend Jahre von der Erfindung von Kultobjekten, zwölftausend Jahre von den ersten festen Siedlungen, gebraucht. Eine Zeit in welcher die Weichen gestellt werden, ob wir es schaffen weiter zu existieren oder uns auslöschen. Zwölftausend Jahre sind ein Nichts auf der geologischen Skala. Was würde in ferner Zukunft von uns bleiben, wenn alles Metall verrostet, alle Knochen aufgelöst und selbst das Plastik verrottet ist? Nicht viel! Wenn schon nicht durch Artefakte, vielleicht Spuren innerhalb der Sedimente?

Die Antwort: Eine leichte globale Temperaturerhöhung, ein merklicher Anstieg des Meeresspiegels, ein kurzfristiger Schadstoffanstieg im Sediment und noch recht lange strahlender Atommüll. Diese Antwort macht es sich aber zu leicht. Die Klimaerwärmung ließe sich als Begleiterscheinung des wechselhaften Eiszeitalters, in dem wir heute leben, interpretieren. Beim Meeresspiegelanstieg, zumindest bis in jüngste Zeit, lag die Ursache im abschmelzen der glazialen Gletscher, niemand dürfte Jahrmillionen später, den an sich deutlich geringeren aktuellen, mehr oder weniger menschgemachten, Meeresspiegelanstieg als tatsächlich 'nicht natürlich' interpretieren. Schadstoffe können auch von Vulkanen oder Meteoriten in die Atmosphäre freigesetzt und dadurch in die Sedimente eingelagert worden sein. Und ja, dass was in den längst vergammelten Castor-Behältern lagerte, interpretiert man dann, wenn es überhaupt noch auffindbar ist, als eine natürliche, aber absolut erklärbare, Kuriosität.

Zurück vom Homo sapiens zum Sauro sapiens und den möglichen bzw. vermeintlichen Hinweisen auf seine Kultur. Nun, wir wissen rein gar nichts über den Charakter von nicht-hominiden Wirtschafts- und Gesellschaftsformen, geschweige denn denen von mehr oder weniger gefiederten Raubechsen. Die Evolution eines Sauro sapiens wäre aber wohl in jedem Fall nicht wirklich mit dem des Menschen zu vergleichen, deren Vorfahren ein glazialer Rückgang der Urwälder zu einer Lebensweise in der Savanne gezwungen hat! Dennoch könnte es zahlreiche Analogien geben. Konvergente Entwicklungen bedeuten nicht unbedingt absolut gleiche Habitate und Wege zum Ziel. Daher können wir nur die menschliche Zivilisation zu Vergleichen heranziehen, es bleiben aber auch hier immer Zweifel, ob der Mensch hier überhaupt relevant genug ist. Anderseits gilt hier auch, bis es wir nicht besser wissen, kennen wir eben nur den Menschen und müssen uns bei Vergleichen auf diesen stützen.

Dass die Existenz eines vernunftbegabten Dinos in der ausgehenden Kreidezeit nicht gänzlich auszuschließen ist, hat dabei relativ wenig zu sagen, da 'Ausschlussbelege' viel schwerer, oft gar auch nicht, zu beschaffen sind, als solche Beweise die etwas belegen.

- 3.) Ist es wahrscheinlich, dass es einen Sauro sapiens gegeben hat?
  Wohl eher nicht! Könnte es etwa dennoch mögliche Artefakte oder andere Hinweise auf eine Existenz eines Sauro sapiens geben? Möglicherweise gar sogar solche, die auf eine technologische Intelligenz hinweisen könnten? Dieser, aber auch der vorletzten Frage, soll dass nachfolgende Kapitel gewidmet sein.

Die versteckte Evolution des Sauro sapiens

Also noch mal „Budda bei de Fische", wie sieht es mit der Möglichkeit aus, dass sich der Sauro sapiens vor dem KT-Ereignis entwickelt hatte, aber dessen Existenz uns bisher doch glatt entgangen ist!? Wäre so was möglich? Erstaunlicherweise muss die ehrliche Antwort darauf ein klares 'Ja!' sein!

Von den Chancen, ein Fossil zu werden

Ein Fossil zu sein ist leicht, ein Fossil zu werden hingegen absolut nicht. Für den Laien mögen Museen und private Sammlungen voll sein von Fossilien, es scheint also wahre Unmengen davon zu geben. Aber dies trügt, denn diese Fossilien spiegeln nur einen winzigen Bruchteil der einstigen Formenvielfalt in Fauna und Flora wieder. Vor allem aber, gibt es Bereiche, aus denen es mehr Fossilien gibt (die marinen Flachwasserbereiche) und andere aus denen es fast keine gibt (arboreale Bereiche).

Betrachten wir die folgenden Fragen. Von rund 12 Milliarden humanoiden Menschen, die je auf der Erde gelebt haben, wie viele von diesen haben Spuren in Form von Fossilien hinterlassen? Oder durch ihre baulichen Werke? Was bleibt in Jahrmillionen von ihren gesammelten Erfahrungen? Von den aktuell schätzungsweise 80 Millionen Arten von Lebewesen, von denen die heutigen Forscher noch nicht einmal alle klassifizieren konnten bzw. werden, bevor sie aussterben? Wie viele der aktuellen Arten werden Fossilien hinterlassen? Wie viele von den Millionen Insektenarten? Wie viele der schätzungsweise 8.600 Arten von Vögeln? Wie viele der 4.000 Säugetierarten? Lauter Fragen, die man kurz und knapp mit einer Antwort beantworten kann: Kaum welche!

Dabei dürfen wir aber nicht nur so prominente Fälle wie den Riesenalk, die Stellersche Seekuh, den Berberlöwen, den Beutelwolf oder den Dodo betrachten. Es geht auch um diejenigen Arten, die durch unseren Einfluss so selten geworden sind, dass sie bald verschwinden, oder zumindest im Fossilbericht keine Spur mehr hinterlassen können. Gerade Landtiere sind davon besonders stark betroffen, und die in 'waldiger' Umgebung besonders. Letztlich aber auch unser Wesen, welches ein Großteil der Landfläche immer wieder aufräumt, gibt zukünftigen Fossilberichten kaum Chancen.

Die meisten Lebewesen, ob intelligent oder nicht, werden kaum eine Spur hinterlassen. Arten, die hauptsächlich aus schnell zerfallenden Weichteilen bestehen, hinterlassen besonders selten Fossilien. Arten, die in für Fossilisierungen ungeeignete Umgebungen leben, also vor allem Wälder, werden ebenfalls nur sehr selten Fossilien hinterlassen. Arten, die sich weiterentwickeln und selbst schnell aussterben hinterlassen ebenfalls eher selten fossile Überreste ihres Seins. Und selbst die Arten die in für Fossilien geeigneten Räumen leben (z.B. einem Flussdelta) und daher bessere Chancen haben ein Fossil zu werden, auch bei denen ist die Chance ein Fossil zu werden, was auch viele dutzend Millionen Jahre überlebt, immer noch verschwindend gering. Unsere technische Zivilisation existiert bisher gute zweihundert Jahre und wird wohl noch etwas weiter 'rumstinkern', dennoch würde sie, trotz aller beeindruckenden aktuellen Resultate im Hinterlassenschaften produzieren, in 65 Millionen Jahren eben nur eine sehr dünne schmutzige Schicht in den geologischen Ablagerungen hinterlassen haben. Hätte es bei den Dinosauriern eine Art gegeben, die eine vergleichbare Entwickelung wie der Mensch durchgemacht hätte, was könnte man heute von dieser entdecken?

Die Chancen, Fossilien einer evolutionären Variation zu finden, die nur ein paar Zehntausende von Jahren ihr Dasein fristete, sind äußerst gering. Wenn diese dann noch in einem Gebiet lebte, wo heute kaum oder gar keine Fossilien frei liegen, zum Beispiel weil diese hoch übersedimentiert wurden oder durch Subduktion längst aufgeschmolzen, dann werden zukünftige Forscher auch nichts von ihr wissen können. Wer sich die üblichen Fundstätten von Fossilien, speziell auch die von Dinosauriern ansieht, wird feststellen, dass die meisten in heutigen Wüsten bzw. wüstenähnlichen Gebieten gemacht werden. So wurden unzählige Dinosaurierfossilien in der Wüste Gobi, der Sahara oder der Pampa gefunden, es werden aber eher sehr selten solche im Pantanal, in der Poebene oder der Altmark gemacht. Klar auch, im Grunde genommen könnte man aber zum Beispiel auch in der Altmark Dinosaurier finden, wenn man erst einmal sich so durch 100 bis 300 m Sedimente durchgebuddelt hat, kommt man durchaus auf Formationen aus dem Mesozoikum, welche recht sicher auch Fossilien führen. In der ansonsten glazial geprägten Streusandbüchse quartären Ursprungs wird man bestenfalls Reste eines Mammuts finden können. Das bringt uns zu der Frage, wie sich die globalen landschaftlichen Verhältnisse von der ausgehenden Kreidezeit zu Heute geändert haben, dazu aber später mehr.

Was würde vom Menschen in 65 Millionen Jahren bleiben

Es wird einmal Zeit zu erörtern, was denn vom Menschen in 65 Millionen Jahren bleibt, wenn er in Bälde aussterben würde. Wir haben doch riesige Städte, mit großen Häusern, Autobahnen und U-Bahn-Tunneln – soll dass alles keine 65 Millionen Jahre überdauern? Ist doch alles aus Beton und der ist doch so hart und unverwüstlich! Bedauerlicherweise hat auch Beton kaum eine Chance. Das liegt allerdings weniger am Beton selbst, sondern daran dass man Stahl benützt, um dem Beton eine bessere Elastizität zu geben. Durch feine Risse im Beton dringt Wasser, der greift den Stahl an, dieser beginnt zu rosten und treibt so den Beton auseinander. Unsere Weltkriegsbunker mit ihren meterdicken Mauern scheinen auch nach über 70 Jahren nur äußerlich ein wenig angekratzt zu sein, aber diese Zeichen 'deutscher Qualitätsarbeit' werden dennoch keine Million Jahre überdauern. Ja, sie werden nicht mal das Alter einer altägyptischen Pyramide erreichen. Bestenfalls einige recht trockenstehende Hochbunker könnten einige Dutzend Jahrtausende aushalten, aber auch sie sind in geologischen Maßstäben recht schnell Staub. Auch eine Übersedimentierung würde da nur wenig ändern. Wenn aber schon so ein Bunker es nicht schafft, dann noch weniger unsere Häuser, es bleiben von unseren Metropolen nur riesige Kieshalden mit einen höheren Eisenanteil, als man erwarten würde. Zukünftig könnten aber vielleicht Karbonfasern den Stahl im Stahlbeton ersetzen, ein solcher Beton könnte deutlich älter werden, um ein vielfaches sogar. Wenn dieser dann nicht dem Wetter all zu sehr ausgesetzt ist und in Sedimente eingebettet wird, könnte er dann auch Jahrmillionen überstehen. Ob er dann aber als Solches erkannt wird, oder für natürliches Gestein gehalten wird, das bleibt allerdings fraglich.

Was ist aber mit unseren Straßen, vor allen denen aus Asphalt? Da sieht es schon besser aus, insbesondere bei Übersedimentation. Gleiches gilt für unsere Tunnelbauten. Diese können bei idealer Lage durch Überflutung von innen mit Sedimenten so stark angereichert werden, dass der Bergdruck ihnen im Prinzip nur wenig anhaben kann. Die Tübbinge bzw. Stahlbetonausspritzungen würden zwar auch recht fix zerfallen, aber in der eher kreisrunden Form, die sie haben überbleiben. Ähnlich einem Tierfossil würde es eine Art Fossil des Tunnels geben, einen Abdruck im Berg, wenn auch einen wohl recht verformten. Wer ihn richtig anschneidet, z.B.

von der Front, kann oder muss geradezu darauf kommen, dass dies etwas Künstliches ist. Gleiches gilt auch für eine moderne Straße, die von der Seite ausgräberisch angeschnitten wird.

Was ist mit unseren Gebrauchsgegenständen? Ist doch viel aus Metall oder Kunststoff? Dinge aus Eisen dürften schneller hinweg gerostet sein als solche aus Aluminium oder Bronze, nach 65 Millionen Jahren wäre von Ihnen wohl auch nicht viel übrig. Im besten Fall hätte sich das Metall an sich umgewandelt und eine metallhaltige Mineralstruktur im Stein gebildet. Nicht viel besser unserer Kunststoff, Wind und Wetter ist meist der schnelle Tod von Kunststoff, aber auch im Erdreich ist ihm zwar zum Teil ein langes Leben beschieden, aber keines, welches in die Jahrmillionen geht, wahrscheinlich nicht mal Jahrtausende. Gleich wie, ähnlich den Tunnelbauten, haben auch unsere Gebrauchsgegenstände die beste Chance zu überdauern, wenn sie in den richtigen Schichten einsedimentiert werden und sie somit eine ähnliche Fossilierung erfahren, wie einst die Trilobiten oder 'Donnerkeile'. Um dieses Qualitätsmerkmal zu erreichen muss ein Gebiet nicht nur übersedimentiert werden (aber bitte nicht zu tief), sondern es so lange auch bleiben, bis just ein Ausgräber vorbeikommt um den Fund seines Lebens zu machen. Kommt er nur 1.000 Jahre zu spät, war alles vorbei, 1.000 Jahre zu früh, und er lief an den Fossilien vorbei, die nur ein paar Meter weiter im anscheinend taubem Gestein steckten.

Angenommen, heute würde die Menschheit aussterben, welche deutsche Großstadt, hätte die besten und welche die schlechtesten Aussichten 65 Millionen Jahre als Fossilbericht zu überdauern? Stuttgart dürfte die schlechtesten haben, gefolgt von München. Beide Städte befinden sich in Regionen, die sich eher anheben, hier greift die Erosion, welche sämtliche Ablagerungen schnell abträgt und damit dauerhaft vernichtet. Berlin oder Köln haben da schon bessere Chancen, die besten dürfte aber Hamburg und Bremen haben. Denn hier werden die durch Wind und Flüsse herbeigebrachten Sedimente immer dicker, und drücken die darunter liegende Erdkruste mit ihrem Gewicht ein. Unter Berlin liegen, bis der gewachsene Fels erreicht wird, so bereits 200-300m Sediment, unter Hamburg gut das doppelte. Also könnte Hamburg in 65 Millionen Jahren ausgegraben werden? Eher nicht. Afrika drückt aktuell auf Europa ein, die Alpen sind schon entstanden, der Druck nimmt aber weiterhin zu, wird sich in Zukunft sogar steigern. Es ist zu erwarten dass in nur 20, 30 Millionen Jahren Afrika das Mittelmeer aufgeschoben hat, zu einem gewaltigen Gebirge, aber auch das europäische Vorland bis weit in den Norden. Man schaue sich nur an was das kleine Indien mit Zentral- und Ostasien macht, Afrika ist aber ein Vielfaches so groß. In 30 Millionen Jahre hätte daher ein Ausgräber in Hamburg vielleicht gute Chancen was zu finden, in 65 Millionen Jahren könnte schon wieder alles hinweg erodiert sein und es liegen Gesteine offen, dann in Höhen von mehreren tausend Metern Höhe, die aktuell mehrere tausend Meter in der Tiefe liegen. Gut dass Gebirge gefaltet entstehen, dies bietet einzelnen Fossilien die Chance früher oder später als andere gefunden zu werden. Aber irgendwann ist alles weg. Wo heute die deutschen Mittelgebirge sind, befanden sich vor einigen hundert Millionen Jahren Gebirge, die sich mit dem heutigen Himalaja hätten messen lassen können, die riesigen Sandsteinflächen im nördlichen Mitteleuropa (zumeist hoch über sedimentiert) sind der letzte Rest davon und so manches Sandkorn ist der unerkannte Rest eines einstigen Fossils.

Welche Orte aber könnten hier eine bessere Chance haben? In Europa vielleicht St. Petersburg oder London, in Amerika wären New Orleans oder Buenos Aires gut gelegen, in Asien Dhakka, Kalkutta oder Peking. Eigentlich jeder Ort, der z.B. in einem Flussdelta liegt, denn dieses ermöglicht erst eine schnelle Übersedimentation. Dann sollte der Ort auch noch da liegen, wo in den nächsten 65 Millionen Jahren keine Kontinentaldrift diesen Ort so hoch angehoben hat, dass er bis dahin weg erodiert ist, sondern nur so weit erodiert ist, dass er eben mehr oder weniger offen daliegt. Man kann sich an nur wenigen Fingern abzählen, dass dies global gesehen nicht viele Orte sind. Dazu kommt, selbst eine Zeitkapsel zu hinterlassen wäre schwierig, da wir zu wenig wissen wie die Kontinente fort driften. Ein gutes Beispiel ist Australien, während die einen Wissenschaftler meinen, es setzt seinen Bogenkurs fort und wird in Jahrmillionen Japan überwalzen, gehen andere davon aus, dass es nun einen scharfen Knick machen wird und über die Philippinen Südostasien aufrollt. Ähnliches gilt für Südamerika, wird es seine Westdrift fortsetzen, oder sich wieder Afrika annähern? Antarktika wird wohl Australien in gehörigem Abstand folgen, Nordamerika wird mit Nordostasien verschmelzen, Europa von Afrika zusammengeschoben, um dann über den Nordpol hinweg in Jakutien hineingedrückt zu werden. Nun ja, in einigen dutzend Millionen Jahren gibt es also einen neuen Superkontinent.

Die Chance also, in 65 Millionen Jahre Hinterlassenschaften von uns Menschen zu finden, ist nicht sehr hoch. Dies einmal weil es nur einen Bruchteil an Orten gibt, die dann offen zu Tage liegen, andermal auch weil unser Zeithorizont in dem wir etwas hinterlassen haben, nur ein verdammt Kurzer ist. Aber auch wenn diese Chance gering ist, sie ist tatsächlich nicht geringer, als heute von einen spätkreidezeitlichen Saurier ein Fossil zu finden. Zumindest eine Handvoll Fossilien als Beleg für die Existenz eines Sauro sapiens hätte man bisher wohl finden dürfen.

Was ist eigentlich mit den Spuren unserer Umweltverschmutzung? Diese ist zwar prinzipiell bereits seit der Bronzezeit messbar, aber wirklich als solches erkennbar erst seit gut 170 Jahren, dabei aber eher regional, teilweise gar nur lokal, weltweit faktisch kaum erst seit einem halben Jahrhundert. Durchaus möglich dass diese in 65 Millionen Jahren in Form einer der KT-Linie vergleichbaren sehr schmalen Anomalie wahrgenommen werden könnte, aber ob diese dann auch von den zukünftigen Wissenschaftlern korrekt interpretiert werden könnte, ist nicht sehr wahrscheinlich. Und unsere Müllberge und Atomlager, Bergdruck und Hitze hätten sie sicher umgeformt, vielleicht zu einem speziellen Gestein, aus den man gerne Schmuck macht für die … was heute Frauen sind.

Zu all diesen Überlegungen fügt sich noch das Faktum, dass unsere eigene Entwicklung recht charakteristische Spuren hinterlassen hat. Zumindest gelegentlich müssten sich die Müllhalden, insbesondere auch der Atommüll, unserer jetzigen Gesellschaft sich nicht auch in zukünftigen Erdschichten wiederfinden? Vom Ende der Kreidezeit kennen wir nichts dergleichen. Allerdings sind seit damals auch gute 65 Millionen Jahre ins Land gezogen, und es stellt sich die Frage, was über einen derart langen Zeitraum erhalten bleibt. Metall korrodiert, Stein und Beton verwittern, Glas zerfließt bzw. kristallisiert aus – kaum etwas bleibt in der Form erhalten, wie es einmal gewesen ist. Selbst ein geschliffener Diamant wäre, würde er an der Oberfläche liegen, nach einigen Jahrmillionen erodiert. Auch Versteinerungen sind schließlich kein organisches Material, sondern von Mineralien ausgefüllte Hohlräume, welche die Form längst vergangener Knochen und dergleichen nachgebildet haben.

Im Fall von uns Menschen gibt es aber dennoch Hoffnung auf Fundmaterial, welches man auch in Jahrmillionen relativ leicht auffinden, aber auch sicher und eindeutig intelligenten Wesen zuordnen kann. Aber nicht wirklich auf der Erde, sondern im Weltall. Einige unserer Satelliten, vor allem die die etwas weiter weg sind, könnten sich noch im Orbit befinden – zwar recht demoliert, aber doch erkennbar als nicht natürlich. Ebenso unsere Lander auf Mond und Mars. Unter Umständen könnte man gar noch die Fußabdrücke der auf dem Mond gelandeten US-Astronauten erkennen. Vielleicht sollten wir mal dort nach Hinterlassenschaften eines Sauro sapiens (oder Außerirdischen) suchen?! Ohnehin hätte die Suche nach möglichen Paläo-Astronauten, wie auch Außerirdischen, auf Mond und Mars höhere Erfolgschancen, als auf der Erde.

Was sagt die Wissenschaft dazu?

Eine Forschergruppe um Gavin Schmidt vom NASA Goddard Institute of Space Studies in New York und Adam Frank von der Universität Rochester hat 2018 untersucht, welche Möglichkeiten es überhaupt geben würde für eine vermeintliche vorzeitliche irdische Hochkultur. Sie nutzen dafür die sogenannte Silurianer-Hypothese – benannt nach dem echsenartigen Volk aus der britischen Kultserie 'Dr. Who', das bereits vor 450 Millionen Jahren hochzivilisiert gewesen sein soll – jedenfalls laut Drehbuch. Die Silurianer sind zwar eine Erfindung. Doch die Frage, ob es fortschrittliche prähistorische Gesellschaften auf der Erde gab, bleibt eine durchaus interessante Frage. Vielmehr noch: Es ist unklar, ob Spuren einer solchen industriellen Gesellschaft, so es sie den gegeben hätte, überhaupt bis heute erhalten geblieben wären. Wie könnte man eine solche Zivilisation also gegebenenfalls nachweisen?

Schmidt und Frank ihr Denken geht zwar über einen erheblich längeren Zeithorizont hinaus, als es hier der Fall wäre, aber auch sie stellten bei ihrer Arbeit fest, dass etwa Bauwerke und Infrastrukturen nur einen geologisch eher kurzen Zeitraum erhalten bleiben. Fossilien könnten für eine nur Jahrzehntausende umfassende mögliche Entstehungszeit zu selten sein.

Nur an überaus wenigen Stellen auf der Erde hat man Zugriff auf Gestein, welches mehr als eine Milliarde alt ist. Ja man hat schon Schwierigkeiten Gestein zu finden, welches älter als 500 Millionen Jahre ist. Der Grund sind die Kontinente, die wandern und sich dabei gegenseitig zerstören – ob durch Subduktion oder durch Auffaltung. Letztlich auch durch Übersedimentation und entsprechenden absinken in tiefe und heiße Lagen. Auch der Meeresboden ist relativ jung, weil die ozeanische Kruste sich ständig erneuert. Dadurch ist das Bodensediment der Ozeane faktisch nirgends älter als das Jura-Zeitalter und damit weniger als 170 Millionen Jahre alt. Hinzu kommt, dass nur ein Bruchteil des vorzeitlichen Lebens auf dem Planeten in Fossilienform vorliegt. Dinosaurier haben gut 180 Millionen Jahre gelebt und es existieren nur einige Tausend nahezu vollständige Exemplare aller Dino-Arten. Von den meisten Dino-Arten aber nur Skelettteile, von einer unbekannten Überzahl aber nichts. Der moderne Mensch in Form des Homo sapiens soll sich hingegen frühestens vor 300.000 Jahren herausgebildet haben, umweltverändernd tritt er seit etwa 50.000 Jahren auf. 'Derart kurzlebige Spezies wären in der existierenden Fossiliengeschichte womöglich gar nicht repräsentiert', so Schmidt und Frank.

Und was wäre mit anderen menschlichen Artefakten, etwa Straßen, Gebäuden, Nahrungsmitteldosen oder Industrieprodukten? Auch hier stellen die beiden Forscher fest, dass diese kaum lange überleben würden – oder, sollten sie erhalten bleiben, jemals gefunden werden. Denn die Fläche des urbanisierten Lebens auf dem Planeten beträgt nur ein Prozent. 'Wir schließen daraus, dass für potenzielle Zivilisationen, die älter als ungefähr vier Millionen Jahre sind, das Auffinden direkter Beweise auf ihre Existenz aus überlebenden Gegenständen oder Fossilien gering ist', so Schmidt und Frank.

Allerdings existiert eine andere Methodik: Der chemische Fußabdruck. Dabei wird unter anderem untersucht, ob sich die Kohlenstoffzusammensetzung durch Verbrennungsprozesse verändert hat oder Stoffe aus Bergbauaktivitäten erhalten blieben. 'Seit Mitte des 18. Jahrhunderts haben die Menschen über 0,5 Billionen Tonnen aus Verbrennung freigesetzten Kohlenstoff durch Kohle, Öl und Erdgas generiert.' Das habe einen sichtbaren Einfluss auf den Planeten. Da der Kohlenstoff ursprünglich biologisch war, enthält er weniger Kohlenstoff-13 als der wesentlich größere Pool an anorganischem Kohlenstoff, welche durch den Vulkanismus entsteht. Entsprechend gab es eine Veränderung des Verhältnisses von C-13 und C-12 durch die Verbrennungsprozesse, was sich wiederum auch in Jahrmilliarden noch in der Geogeschichte nachweisen lassen könnte.

Die Kohlenstofffreisetzung soll ungefähr 1° Celsius bei der Klimaerwärmung betragen, der isotopische Anteil von Sauerstoff-18 von Carbonaten ändert sich dabei. Auch Landwirtschaft und Stickstoff-Prozesse in Dünger verändern die isotopische Signatur von Stickstoff. Zivilisationen verändern außerdem die vorhandenen Fossilien, wir z. B. etwa, in dem große Säugetiere ausgerottet wurden und werden. So kann sich ein Fossilbild durch eine Zivilisation markant und relativ schlagartig ändern.

Noch drastischer als unsere Landwirtschaft hinterlässt aber Bergbau und Industrie Spuren. Metalle wie zum Beispiel Blei, Chrom, Rhenium, Platin und Gold – um nur einige wenige zu nennen - geraten über das Meerwasser ins Meeressediment und bleiben dort bis deren Erosion. Weiterhin könnte es auch eine nukleare Signatur geben, die beispielsweise für einen Atomkrieg spricht. Geologisch würde dies.

Ein prähistorischer Atomkrieg der Silurianer, so Schmidt und Frank, würde heute kaum auffallen, weil die Halbwertzeit der meisten Elemente auf dieser Zeitachse zu kurz ist – anderseits gibt es hier die Ausnahmehalbwertzeiten von Plutonium-244 (80,8 Millionen Jahre) und Curium-247 (15 Millionen Jahre), welche auch hunderte von Jahrmillionen noch nachweisbar sein könnten. Tatsächlich gibt es solche Spuren, so zum Beispiel in West- und Äquatorialafrika, diese werden aber natürlich als rein natürlich gedeutet und erklärt. So erklärt man diese, dass ein Metallmeteorit in eine Uranlagerstätte einschlug – eine auch unter Wissenschaftlern umstrittene These.

Schmidt und Frank schließen aus all diesen Ergebnissen, dass die Existenz einer industriellen Zivilisation vor der unsrigen geologisch prinzipiell auch nachweisbar sein sollte. Allerdings ist diese Signatur nicht eindeutig, weil eine Anzahl natürlicher Ereignisse ähnliche Bilder liefert. Dazu gehört etwa eine schnelle Änderung des CO^2-Anteils in der Luft durch Ereignisse wie große Vulkanausbrüche oder das Paläozän/Eozän-Temperaturmaximum, bei dem die Temperatur für 200.000 Jahre um 5 bis 7 Grad anstieg. Niemand weiß, wie es zu Letzterem kam.

Doch was ist nun mit der Silurianer-Hypothese – also mit dem ernsthaften Gedankenspiel, ob es Spuren von vor Äonen existierenden prähistorische Kulturen gibt? Schmidt und Frank wollen sich nicht zu weit aus dem Fenster lehnen. Sie sind natürlich ernsthafte Wissenschaftler und nicht der Ansicht dass es solche Zivilisationen gab – können diese aber auch nicht völlig ausschließen. Die Forscher empfehlen eine 'weitere Synthese und Untersuchung' etwa im Bereich industrieller Nebenprodukte, die sich über die Millionen Jahre erhalten lassen könnten. 'Gibt es noch andere Klassen von Zusammensetzungen, die einzigartige Spuren in der Geochemie der Sedimente über mehrere Millionen Jahre hinterlassen?'

Kontinentale Wanderlust

Das die Kontinente, und damit auch die 'Länder', in der Kreidezeit eine andere Lage hatten als heute, wurde hier ja bereits erwähnt, es wird aber nun Zeit darauf einmal näher einzugehen. Denn die Welt sah vor 65 Millionen Jahren erheblich anders aus – und nicht nur die Flora und Fauna. Die Kontinente lagen nicht da, wo sie sich heute befinden - im Grunde lag nichts da, wo es sich heute befindet - damit gab es auch andere Meeresströmungen und auch völlig andere Verteilungen der Klimazonen zu heute.

Der Zerfall des Superkontinentes Gondwana, der bereits im Jura begann, setzt sich in der Kreide fort. Es beginnt mit der Abtrennung der beiden noch lange zusammenhängenden Kontinente Australien und Antarktika, dem folgte zu Beginn der Kreide Südamerika, das sich langsam von abspaltete. Von Gondwana war da nur Afrika übrig, welches damals und auch lange zuvor schon, nur minimal südlich der heutigen Lage sich befand. Man kann sagen, Afrika ist so eine Art Hauptkontinent,

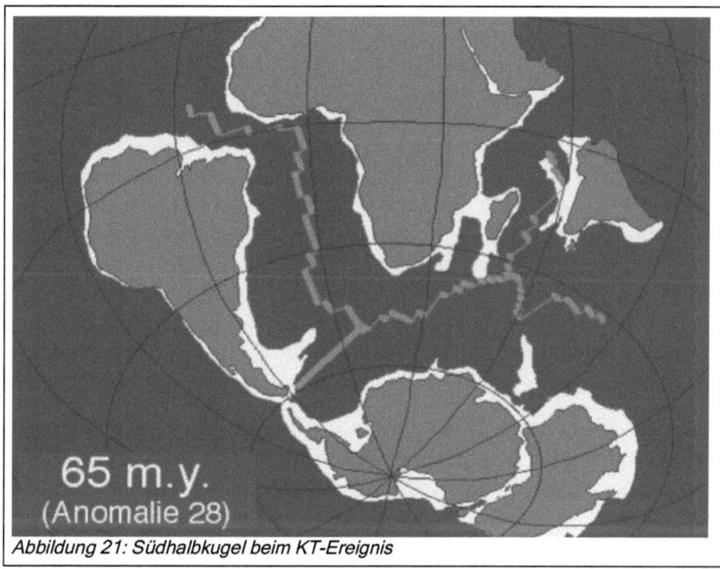

Abbildung 21: Südhalbkugel beim KT-Ereignis

ein kontinentaler Dreh- und Angelpunkt. Als ehemaliger Kern von Pangea und Gondwana, ist Afrika in seiner Lage recht stabil und dies seit gut einer halben Milliarde Jahre. Die nordbrasilianische Küste dürfte trotz der Trennung noch eine Weile in Verbindung mit der westafrikanischen gestanden haben, in dem sie immer wieder sich mit ihr verkeilte. Erst zum Ende der Kreidezeit war die Trennung perfekt, aber nun begann sich Südamerika wieder für einige Jahrmillionen mit Antarktika verbinden. Wahrscheinlich drangen dabei irgendwann um das KT-Ereignis, wohl eher danach, als zuvor, die Beuteltiere von Südamerika über Antarktika nach Australien. Denn es gilt neuerdings als sicher, dass die Beuteltiere wohl nicht in Australien entstanden sind, zwar wohl auch nicht in Südamerika, aber dort gab es zumindest erhebliche Entwicklungsschübe. Beuteltiere, wie auch normale Plazentatiere, gab es in den Jahrmillionen vor und nach dem KT-Ereignis auf allen Kontinenten. Die Plazentatiere gewannen das Wettrennen auf allen nördlichen Kontinenten, aber auch auf dem südlich gelegenen Afrika. Wahrscheinlich war Afrika so gar der erste beuteltierfreie Kontinent, dies ein paar Jahrmillionen vor dem KT-Ereignis. Die Beuteltiere konnten sich ihre Stellung aber auf den Südkontinenten Südamerika, Antarktika und Australien bis in jüngere Zeit bewahren (na ja, bis auf Antarktika aus bekannten Gründen nicht bis heute) und dort sogar die dort auch lebenden Säugetiere verdrängen.

Ebenfalls vor dem Ende der Kreidezeit spaltete sich Indien und dann auch Madagaskar von Afrika ab. Afrika drängelte da bereits langsam nach Norden und begann bereits das Mittelmeer zusammen zu schieben. Afrika war, wie einige andere Kontinente, bis hinein ins Miozän isoliert, er war daher der einzige Südkontinent, auf welchem sich eine eigene Säugetierwelt entwickelte, aber keine der Beuteltiere, sondern der Plazentatiere. Asien bestand de facto aus mehreren, mehr oder weniger separaten Blöcken, auch dieses brauchte noch einige Zeit um zu der großen zusammenhängenden Landmasse zu werden, die wir heute kennen, nicht anders sah es mit Europa aus. Alles Prozesse, die denkbar langsam verliefen, aber über lange Zeiträume doch zu beträchtlichen Ergebnissen führten und führen. Ein heutiger Segler auf den Spuren von Kolumbus muss daher bereits gute 60m mehr als sein großes Vorbild segeln. Man mag meinen, dass dies nicht viel sind, aber hier handelt es sich auch nur um ein gutes halbes Jahrtausend, reden tun wie aber von Jahrmillionen.

In der frühen Kreidezeit beginnt sich zunächst der südliche Südatlantik zu öffnen, diese Öffnung setzt sich dann im Laufe der Zeit weiter nach Norden fort. Vor etwa 90 Millionen Jahren war dann eine faktisch durchgehende Verbindung zum Nordatlantik entstanden. Im Nordatlantik schreitet die bereits im Jura begonnene Ozeanspreizung zwischen Nordafrika und der nordamerikanischen Ostküste weiter nach Norden vor. Im Laufe der frühen Kreidezeit ist die Spreizung bereits bis auf die Höhe zwischen Iberischer Halbinsel und Neufundland fortgeschritten. Die Spreizung geht weiter, bis in der späten Kreidezeit westlich von Irland eine Gabelung entsteht – ein älterer Ast mündet in ein Grabensystem zwischen Nordamerika und Grönland, ein jüngerer weitet sich später zum heutigen nördlichen Nordatlantik.

Auch die Flora unterschied sich in der frühen Kreidezeit noch deutlich von der heutigen, denn noch waren Bärlapppflanzen (Nathorstiana aborea), Farne (Weichselia, Hausmannia), Baumfarne, Ginkos (Baiera), Bennettitales, und Nadelbäume die vorherrschenden Pflanzen. Aus dieser Zeit stammen auch die Kohleflöze der Wealdenkohle im Weser-Ems-Gebiet am Rande des Teutoburger Waldes. Aber bereits während der Kreide entwickelten sich die ersten strauchigen Blütenpflanzen, die aber noch bis kurz vor dem KT-Ereignis brauchten, um sich wirklich durchzusetzen. In der späten Kreidezeit dürfte es dann auch die ersten Obstpflanzen gegeben haben. Wenn Dino nicht gerade fructoseintolerant war, war das doch relativ nahrhafte Obst sicher auch für sie ein willkommener Leckerbissen. Die erste Gattung der modernen Laubholzgewächse war Credneria mit dreispitzigen Blättern, von dieser gibt es Funde aus dem Harz. In der Oberkreide konkurrierten bereits viele uns auch heute schon bekannte Laubbäume wie Ahorn, Eiche oder Walnuss mit Nadelbäumen wie Sequoia und Geinitzia (aus den Aachener Schichten, Oberes Santonium).

In der späten Kreidezeit begannen aber auch erste Gräser sich auf dem Festland auszubreiten, sie veränderten stark das Erosionsverhalten des Bodens und damit die Landschaftsbildung. Bis dahin hat es keine wirklich dichte Bodendecke gegeben. Die fast mannshohen Farne ließen den Boden unbedeckt, bestenfalls Moose fanden hier noch ein Auskommen. Das damals völlig isolierte Indien war möglicherweise ihr Entstehungsort. Die modernen Grassorten, welche große zusammenhängende Grasflächen (Grassteppe) und damit echte, weite Grassavannen bilden können, dürften aber kaum älter als 20 Millionen Jahre alt sein.

Das Thema Blütenpflanzen und Gräser ist nicht zu unterschätzen, denn beide boten nicht nur eine völlig neue, deutlich energiereichere Nahrungsgrundlage, sondern veränderten auch die Topographie der Landschaft. Gräser schützen den Boden erheblich besser vor Erosion, als die bisherigen Bodenfarne. Dies sorgte dafür, dass die Landschaften flacher wurden und weniger zerklüftet. Andererseits war der Eintrag in die Meere auch nicht mehr so stark, weswegen die Größen der Schelfmeere zurückgingen. Wohl ein Grund warum der Meeresspiegel heute so niedrig ist, denn dadurch bleiben die Tiefseebecken umfangreicher und können selbst mehr Wasser aufnehmen. Die Blütenpflanzen erfanden wohl irgendwann in der späten Kreidezeit das Obst, aber auch Gemüse und Nüsse, boten damit Tieren eine besondere Nahrung an dafür, dass diese unfreiwillig bereitwillig die Samen der Pflanzen verbreiten.

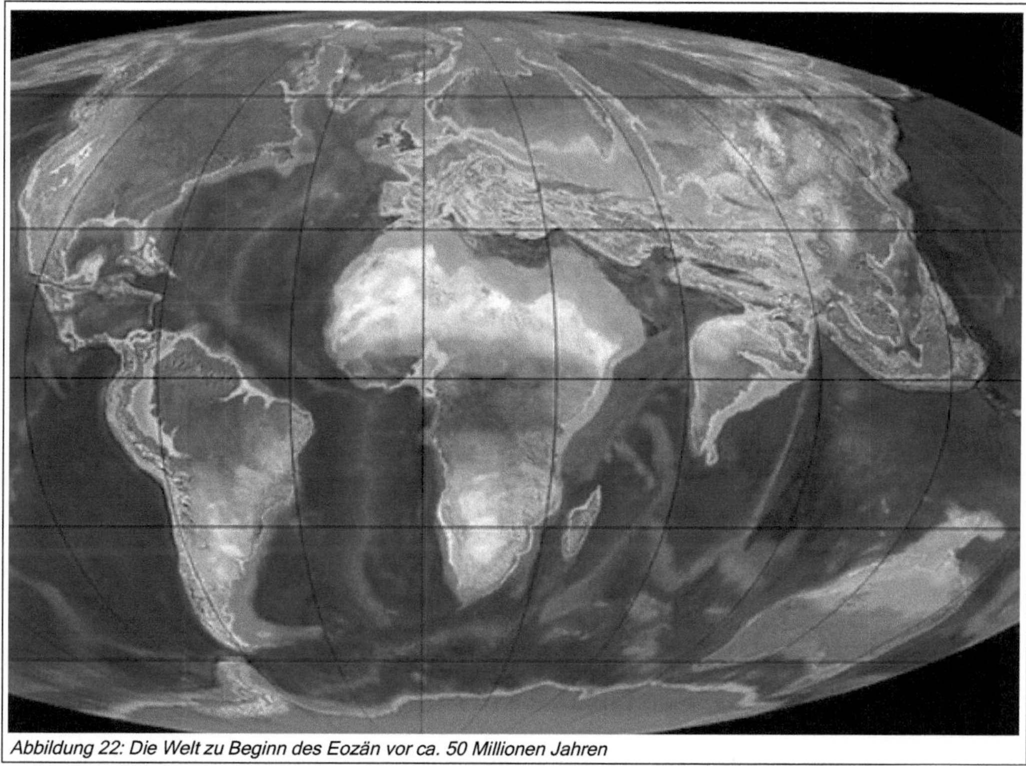

Abbildung 22: Die Welt zu Beginn des Eozän vor ca. 50 Millionen Jahren

So also stellt sich die Landschaft vor 65 Millionen Jahren dar. Wir wissen nun, dass wohl der Asteroid, welcher damals in Yucatan einschlug, vielleicht nicht der einzige, aber doch ein Hauptfaktor beim Aussterben der Dinosaurier war. Könnte es aber unabhängig davon, möglich sein, dass irgendwo auf der Welt, weit weg vom Einschlagskrater, möglicherweise Dinosaurier doch mehr als nur für ein paar Hunderttausend Jahre überlebten? Wie schon erwähnt, bekannt ist davon nichts, entsprechende eindeutige Funde konnte man jedenfalls nicht machen. Zwar fand man auch einige Knochen knapp oberhalb der KT-Linie, aber in allen Fällen wird davon ausgegangen, dass die Knochen nicht da fossilisierten, wo sie aufgefunden wurden, also wohl angeschwemmt wurden. Gebraucht wird der Fund intakter Skelettteile eines Dinos oberhalb dr KT-Linie, derlei gibt es aber nicht.

Aber was, wenn es dass Land des Sauro sapiens gar nicht mehr gibt? Kann es sein, dass deren Lebensraum längst subduziert oder übersedimentiert wurde. Und die Antwort lautet ohne Übertreibung, ja es kann!

Als einen interessanten Kandidaten kann hier Indien angesehen werden. Indien war damals isoliert, dabei vor allem nach Norden hin deutlich größer als heute, möglicherweise eine dem heutigen Australien vergleichbare Lage, führten zur Entwicklung der Gräser. In der späten Kreidezeit überschwemmten riesige Mengen Lava einen großen Teil des Südwestens des Kontinentes. In den letzten Jahrmillionen wurde dann der Nordteil Indiens unter dem Himalaya subduziert, bzw. stark mit Himalayaschutt übersedimentiert. So gibt es in Indien nicht sehr viele freiliegende Schichten aus der Spätkreidezeit. Die Seychellen und Mauritius entstanden ebenfalls am Ende der Kreidezeit, als Mikrokontinent 'Mauritia', dieser war wohl, zumindest in seiner Frühzeit, mit Indien verbunden, was das damalige Indien nochmals größer macht, wohl mindestens so groß wie Australien. Durch Absenkung, Subduktion und Erosion ist aber von diesem Kontinent kaum noch was übrig.

Auch Antarktika könnte ein Kandidat sein, heute sind ja nur Teile der Küsten eisfrei, aber damals war der ganze Kontinent eisfrei und klimatisch mindestens gemäßigt. Ein weiterer Kandidat könnte Neuseeland sein, ein Mikrokontinent der eigentlich viel größer ist, denn dessen kontinentaler Schelf ist erheblich größer, als es das heutige Neuseeland suggeriert. Eiszeiten, starke Kontinentalbewegungen und extrem starkes absinken des Archipels, der zwischenzeitlich, so vor ca. 20 Millionen Jahre wirklich nur noch eine Inselgruppe wie die Marianen gewesen sein wird, sorgten dafür, dass es dort in der Neuzeit keine Wirbellandtiere außer Vögel gab. In der Spätkreidezeit und den Jahrmillionen nach dem KT-Ereignis dürfte dies aber durchaus anders gewesen sein, da dürfte Seelandia eine größerer Kontinent gewesen sein. Wahrscheinlich eher ein Archipel, in etwa wie heute Indonesien. So fand man dann auch 2005 im Süden Neuseelands bei Otago Teile eines mammalen Kiefers und Beines, dessen einstiger Träger definitiv ein Landtier war, und mit Sicherheit keine Fledermaus oder ein Meeressäuger. Es dürfte wohl eher zu einem Schnabeltier, als Beutel- bzw. Plazentatier gehört haben, eventuell aber auch zu einen Bindeglied zwischen diesen. Dass dann bisher keine weiteren mammalen Fossilien für den Zeitraum Spätekreidezeit bis etwa vor 20 Millionen Jahren in Neuseeland gefunden wurden, hängt vor allem mit den starken tektonischen Umwälzungen dort statt, wie ich zuvor aufführte.

Gleich wie, auf diesen genannten Kleinkontinenten könnte sich nicht nur eine Maus drin verstecken, sondern tatsächlich eine ganze vergangene nachkreidezeitliche Dino-Population, bis hin zu einem Sauro sapiens und das ohne wir irgendwas davon mitbekommen würden. Aber es gibt noch weitere mögliche Kandidaten!

Ein weiterer heißer Kandidat könnte unter Nordamerika liegen, der Juan-de-Fuca-Kontinent – nennen wir ihn hier Fuconia. Von Fuconia existiert nur noch eine kleine Landmasse in der Form des westlichen Kalifornien, der große Rest muss subduziert worden sein. Dass es einmal diesen Kontinent gegeben haben muss, zeigt die breite Masse an Gebirgen in Nordamerika. Denn wenn wir dieses mit Südamerika vergleichen, welches nur ein dünnes Band an Hochgebirge entlang der Subduktionszone aufweist, reicht dieses in Nordamerika weit nach Osten. Auch der Vulkanismus reicht hier so weit, ganz anders wie in Südamerika. Erklärbar ist dies nur durch eine einstige Landmasse bedeutenden Ausmaßes, welcher in den Jahrmillionen nach dem KT-Ereignis großteils subduziert wurde. Der Kontinent dürfte die Größe Grönlands gehabt haben, möglicherweise ist die Cocosplatte südwestlich Mittelamerikas der südlichste, marine Rest des Fuconia-Kontinentes, was Fuconia noch größer möglich sein lässt.

Darüber hinaus könnte es noch weitere Landmassen von Bedeutung gegeben haben, das Rockall-Massiv im Nordatlantik könnte so eines gewesen sein. Heute ist Rockall kaum mehr als ein winziger, kahler Felsen im Atlantik, einst war es aber eine Insel, von der Größe Madagaskars, welche aber teils erodierte, teils absank. Gleiches gilt für Mauritia, von dem Mauritius und die Seychellen, der letzte Rest sind. Weitere vergleichbare Landmassen, mit vergleichbarem Schicksal, könnten sein Kerguelen, nördlich Antarktika's, sowie eine mögliche Landmasse zwischen den Salomonen und Neukaledonien, bei den Esoterikern als Kontinent Mu beliebt. Aber auch der Mikrokontinent Seelandia, von dem Neuseeland der letzte bescheidene Rest ist. Dazu kommt, das Australien, der Sprinter unter den Kontinenten, möglicherweise nennenswerte Landmassen in den letzten Jahrmillionen einfach überrannte, wahrscheinlich eher keine größeren Landmassen, jedenfalls spricht nichts dafür, aber ein paar Archipele, ähnlich den Salomonen, könnten schon dran geglaubt haben.

Das bringt uns zu einer neuen Frage. Wie groß muss eine Landmasse sein, um die Evolution eines Tieres zu einen sapieniden Wesen zu ermöglichen? Eigentlich gibt es keine Größenbegrenzung, rein theoretisch wäre das kreidezeitliche Kerguelen oder Mauritia durchaus ausreichend. Aber selbst wenn es einst vor 65 Millionen Jahren hier die Entwicklung hin zum Sauro sapiens gab, die Chance dass heute davon noch Relikte auffindbar wären, ist deutlich unter jeder Wahrscheinlichkeit. Mit anderen Worten, selbst wenn es solche Relikte noch gibt, hätten sie sich perfekt getarnt durch dicke Schichten Sediment. Aber die isolierten Lagen dieser Landmassen in der Spätkreidezeit, hätten es auch ermöglicht, dass Sauro sapiens dort das KT-Ereignis überlebte, vielleicht um viele Millionen Jahre. Vielleicht bis heute?

Dinosauroide ./. Humanoide Entwicklung

Eine, wohl eher kontrafaktische Variante für eine dinosauroide Zivilisation, ist die Variante einer parallelen Entwicklung von Sauro und Homo sapiens. Interessant ist es aber dennoch, darüber zu spekulieren wie ein gleichzeitiges Auftreten intelligenter Saurier und Affenmenschen aussehen und ausgehen könnte. Denn dann wäre es spätestens mit dem Beginn der känozoischen Eiszeiten zu einem ersten Konflikt gekommen: Beide Gruppen hätte dieses nämlich zu erheblichen Wanderungsbewegungen ermutigen bzw. nötigen können. Wäre Sauro sapiens immer noch ein Beutegreifer gewesen, hätten wir vermutlich auf seinem Speiseplan gestanden.

Eine mögliche parallele Evolution macht es zwingend, dass sich beide Arten geographisch unabhängig entwickeln müssen, da sie wohl sehr ähnliche biologische Nischen besetzen würden. Unsere direkten Vorläufer hatten auch so schon genug Probleme mit den Angehörigen der eigenen Gattung gehabt und Sauro sapiens würde es wohl auch nicht besser ergehen.

Russells Statistik zufolge hatte das Hirnvolumen der kleinen Theropoden noch nicht das einer vernunftbegabten Kreatur erreicht; das könnte erst in etwa dem Zeitraum der Fall gewesen wären, in dem auch die frühen Menschen schon auf Erden wandelten – mit anderen Worten 'JETZT'. Freilich hält sich die Evolution nicht unbedingt an Statistiken, und wir können nicht ausschließen, dass schon im Miozän eine dinosauroide Zivilisation entstanden wäre. In dem Fall hätten es unsere eigenen Ahnen einerseits schwer gehabt, andererseits gar von einer möglichen frühzeitigen Selbstvernichtung des Sauro sapiens durch Krieg oder Umweltver-schmutzung profitieren können – sozusagen eine Adaption von 'Planet der Affen'.

Eine alternative Denkrichtung wäre, dass die känozoischen Eiszeiten die Ahnen der intelligenten Dinos so weit dezimieren, dass sie den Wanderungsbewegungen der frühen Menschen nichts entgegensetzen können. Einmal vorausgesetzt, beide hätten sich auf der Stufe der Jäger und Sammler befunden, hätten sie sich vermutlich einen mörderischen Wettstreit um dieselben Lebensräume geliefert. Die ersten Menschen hätten dabei einen Heimvorteil in Afrika gehabt, und die klugen Saurier wohl in Amerika und Ostasien, wo schon einst Troodon und Saurornithoides (und freilich auch Purgatorius) ihr Unwesen getrieben hatten. Auf dieser Basis wäre es vielleicht zu einer regionalen Scheidung zwischen beiden Gruppen gekommen – zumindest zeitweise.

Mal angenommen Sauro sapiens hätte sich auf Neuseeland, Australien oder einem anderen kleineren und isolierten Kontinent, vorzugsweise im Indo-pazifischen Raum entwickelt, also weit weg vom hauptsächlichen KT-Ereignis. Mal weiter angenommen, er wäre aus mentalen oder religiösen Gründen Wasserscheu und hätte damit die Hochseeschifffahrt gemieden. Dann hätten im 17./18. Jahrhundert die europäischen Entdecker in diesen Ländern keine 'wilden Menschen' angetroffen, sondern eigenartige 'Sauro sapiens'. Dass diese so verschieden und eher mit Vögel oder Reptilien verwandt wären, davon hätten sie wohl nichts geahnt. Man hatte es ohnehin gewusst in diesen Ländern die eigenartigsten Kreaturen zu entdecken. Spekulationen wie die weitere Koexistenz zwischen beiden ausgesehen hätte, ist dann eher was für einen Roman, als für ein Sachbuch.

Eventuell hätten bei Sauro sapiens Hirtenkulturen dominiert. Ob der Ackerbau bei ihnen je entwickelt worden wäre, hängt sehr davon ab, ob Troodon wirklich ein Allesfresser gewesen ist oder sich in seiner Evolution zum Sauro sapiens sich dazu entwickelt haben könnte. Allerdings lassen Riffelungen am Hinterrand der Zähne Troodons vermuten, dass dieser sich nicht nur von fleischlicher, sondern auch von pflanzlicher Nahrung ernährte – ähnlich dem heutigen Bären vielleicht. Troodons mongolischer Vetter Saurornithoides aber hatte keine vergleichbare Zahnriffelung und war wohl klar ein Fleischfresser.

Beim Menschen war der Ackerbau ursächlich beteiligt an der Seßhaftwerdung, und die führte über die Urbanisierung zu beruflichen Spezialisierungen und schließlich zu den großen Erfindungen. Muss man also säen und ernten, um eine Zivilisation begründen zu können? Nicht unbedingt, dazu wären auch andere Anlässe denkbar! Es wurde schon angesprochen, dass einige Dinosaurier, wie die kleinen Theropoden, mutmaßlich Brutkolonien angelegt haben. Wie hält man aber hungrige Raubtiere davon fern? Wie stellt man die Versorgung der Eier wärmenden Damenwelt sicher, wenn immer mehr von ihnen auf einem Haufen hocken, die Kerle aber auf Tour sind? Wer kümmert sich um die Nestlinge? Vielleicht wie bei den Pinguinen, die Väter? Gleich wie, es würde sich anbieten, Verteidigungsanlagen für die Brutkolonien und Zwinger für erjagtes Lebendvieh anzulegen. Arbeitsteilung zwischen Hirten, Handwerkern und Soldaten könnte sich entwickeln. Ähnliches schaffen immerhin auch Insekten wie Bienen oder Ameisen. Auf dieser Art und Weise können Brutkolonien faktisch zu Dörfern und diese, wenn sich noch Bauten für Herrschaft und Gottesverehrung dazugesellen, werden so zu Städten.

Eine solche Kultur hätte das Bild einer Mischung aus Reiter- und Hirtenkultur geboten, ähnlich denen der Mongolen oder Hunnen. Diese Hirtensaurier wären auf eine Wirtschaftsform angewiesen, die große Territorien erfordert, aber nur wenige Nahrungsüberschüsse einbringt. So könnten kaum, größere Massen ernährt werden und die Reiche der jeweiligen Echsenherrscher würden stets nur dünn besiedelt sein. Dies könnte in mehrerer Hinsicht Probleme bereiten, wenn die Hirtensaurier auf Menschen treffen. Denn weniger Individuen meint immer auch weniger kreative Köpfe, weniger Soldaten, weniger 'Mittel erwirtschaftende Bevölkerung' zu haben. Die Menschheit in der „Alten Welt", könnte die Hirtensaurier der „Neuen Welt", rasch an Innovationen, sowie militärischer und wirtschaftlicher Stärke überflügeln. Wenn dann eines Tages Schiffe der Polynesier oder oder Spanier anlanden, könnte sich das als entscheidender Nachteil erweisen.

Andererseits darf man auch annehmen, dass der Sauro sapiens durch seinen evolutionären Vorsprung ohnehin uneinholbar klüger und fortgeschrittener als wir wäre, und damit mit Qualität wettmacht, was unser eins an Quantität aufbieten könnten. Man sollte sich erinnern, dass die Evolution des Sauro sapiens in solch einem Falle, wie dem hier spekulierten, über einen erheblich längeren Zeitraum verlief. Dabei hätte sich der Intellekt der 'Denkechsen' stärker entwickeln können, als andere Charakteristika. Ein pazifistischer, philosophierender Dinosaurier versus eines kriegerischen, tumben Mammalen? Klingt nicht sehr wahrscheinlich, aber tatsächlich spricht rein gar nichts dagegen.

Dinosaurier und Sauro sapiens als nachkreidezeitliches Planspiel

Die vorangegangenen Kapitel brachten den Beleg, dass Dinosaurier das KT-Ereignis an einigen Orten der Erde hätten überleben können, wir aber davon aus den verschiedensten Gründen (bisher) nichts wissen müssen. Konsequent fortgedacht heißt dies auch, dass sich Sauro sapiens in diesen Reservaten hätte entwickeln können. Wenn aber, gibt es ihn, wie auch seine stammverwandten Artgenossen, heute auf der gesamten Erde nicht mehr, denn dann würde ich zu dem Thema nicht schreiben. Bleibt hier also die Hoffnung, dass Paläontologen hier doch noch einen Fund machen. Wofür hingegen kein Beleg erbracht werden konnte, dass Sauro sapiens, wann oder wo auch immer, auch real existierte. Aber das ist für uns ein wenig nebensächlich, denn hier geht es ja um die mögliche Existenz, nicht mehr, aber auch nicht weniger.

Bleibt letztlich also der Frageteil, was wäre, wenn es schon bereits vor dem KT-Ereignis den Sauro sapiens gegeben hat. Gibt es dazu Anhaltspunkte bzw. Theorien? Ja, die gibt es, na ja, wenigstens Theorien gibt es, mit den Anhaltspunkten sieht es weiterhin schlecht bestellt aus, soweit sei voraus gegriffen.

Der kreidezeitliche Sauro sapiens

So weit ich recherchieren konnte, gibt es in der Hauptsache zwei Autoren, die das Thema des spätkreidezeitlichen Sauro sapiens aufgegriffen und zumindest versucht haben, es irgendwie wissenschaftlich auszubauen. Ich denke, dass es in Zukunft hier noch weitere, bestimmt besser fundierte Theorien geben wird. Denn die unbekannten Faktoren sind hierbei doch groß, da können sich wirklich ganze Herden rosafarbener Argentinosaurier verstecken.

McLoughlin's Anthroposaur sapiens

John C. McLoughlin ist der Schöpfer eines Alternativmodels zu Russels humanoiden Sauro sapiens. Nach ihm sei, wohl im spätkreidezeitlichen Nordamerika, ein Sauro sapiens (er nennt ihn 'Anthroposaur sapiens' bzw. 'Bioraptor') entstanden, so eine Art sapienider Truthahn. Eine Form, die uns zwar lächerlich vorkommen mag, aber nichts, an dessen theoretischer Möglichkeit ändert. Mit seiner Theorie aber an sich, ist die 'Machbarkeit' oftmals nicht so weit gediegen.

Er erklärte sich die vermutliche Artenarmut der ausgehenden Kreidezeit in Nordamerika damit, dass sein Anthroposaurus sich soweit entwickelt hatte dass er neben Triceratops, vor allem Edmontosaurier als Haustiere in riesigen Herden hielt. ... bevor er sie zu einem kreidezeitlichen Chicago trieb, wo man sie zu Pasteten und Hamburger für den Weltmarkt fabrizierte. Monokultur bei der Tierzucht soll einer der maßgeblichen Gründe gewesen sein, für die Ausrottung der kreidezeitlichen Flora und Fauna. Äquivalent zu dem Geschehen, welches durch die weltweit verstärkte Ausbreitung der Rinderzucht derzeit global abläuft.

Abbildung 23: Kämpfende Anthroposaurier

Im weiteren erklärt er die Industrie der Anthroposaurier für schuldig an den erhöhten Iridium-Konzentrationen und dem Zusammenbruch der Umwelt. Vermeintlich besaß er eine Rohstoff- bzw. Energiequelle, bei der Iridium und die ihm im Periodensystem benachbarten Metalle, als Abfallprodukt konzentriert angefallen sein soll. Die KT-Linien die man weltweit fand, wären somit Ablagerungen in Klärschlamm und stark verschmutzten Gewässern.

Man mag sogar mutmaßen, dass Anthroposaurus die Energie der Vulkane zu nutzen verstand, um damit die Häufung dieser im Erdmantel vertretenen Elemente zu erklären. So wäre durchaus denkbar, dass der Dekkan-Vulkanismus und der Carlsberg-Rücken Folgen einer Art von Super-GAU dieser Form von Technologie war, die dann schlimmere Folgen als Harrisburg, Tschernobyl und Fukushima zusammen nach sich gezogen hat. Nun ja, solange man keine eindeutigen Überbleibsel des Meteoriten gefunden hat, der sich für den Chicxulub- oder Chatterjees Shiva-Krater verantwortlich zeichnen würde, mag man die bisher bekannten Impakt-Relikte auch für die Auswirkungen von Industrieunfällen oder Massenvernichtungswaffen interpretieren können. Und selbst wenn eindeutig außerirdisches Material in bzw. um den Kratern nachgewiesen wird, lässt sich freilich noch immer kritisch erwidern, ob Anthroposaurus nicht selbst versucht hat, durch gezieltes Lenken eines Himmelskörpers an dessen Bodenschätze zu gelangen, oder aber einen Gegner zu zerschmettern. Klingt alles sehr nach Science Fiction?! Na ja, so weit davon entfernt sind wir ja nicht mit dem gesamten Thema!

Saurer Regen und weltweit steigende Temperaturen, wie sie von manchen Wissenschaftlern in den späten Kreidezeitlichen Schichten zu erkennen glauben, waren die weiteren Folgen der extensiven Anthroposaurier-Wirtschaft. Die Evolution hätte aber auch einige Dinosaurier an die schlechte Luft der späten Kreidezeit angepasst, um mit der chronischen Luftverschmutzung besser fertig zu werden und bietet damit die Erklärung für die rätselhaft, aufwendigen Schädelkämme der Lambeosaurier und die gewundenen Nasengänge der Ankylosaurier. Vielleicht denken in 65 Millionen Jahren zukünftige Paläontologen ähnlich, wenn sie fossile Spuren eines Elefanten finden – also dass dieser, so einen langen Rüssel habe, um in diesen die verschmutzte Luft filtern zu können.

Die Menschen haben mittlerweile einen wesentlichen Anteil der reichsten oberflächennahen Mineralien abgebaut. So eine dinosauroide Zivilisation, die wohl auch einen vergleichbarem Metallverbrauch hätte wie die heutigen Menschen, sollten doch eine Signatur in Form reduzierter Mineralienvorkommen hinterlassen haben. Bei den Metallen könnte nun hinzukommen, dass jene ja nicht wirklich verschwinden, zum Teil könnten diese sich in Form seltsamer, unnatürlicher Metallablagerungen bis heute erhalten haben. Ein nicht unbeträchtlicher Teil des Bodens wurde in den letzten 65 Millionen Jahren hochgradig umgeformt, was damals offen lag, ist heute erodiert, überlagert, verformt oder subduziert. Große Teile des weltweiten Bodens, bis hin in Tiefen von mehreren hundert Metern sind hingegen erst in den letzten 65 Millionen Jahren entstanden, in diesen gibt es aber ohnehin kaum Mineralien, bis auf gelegentliche Ansammlungen von seltenen Erden. Auch kann man keine wirklich genauen Angaben machen, wie groß von Natur aus die weltweiten Mineralienablagerungen sein

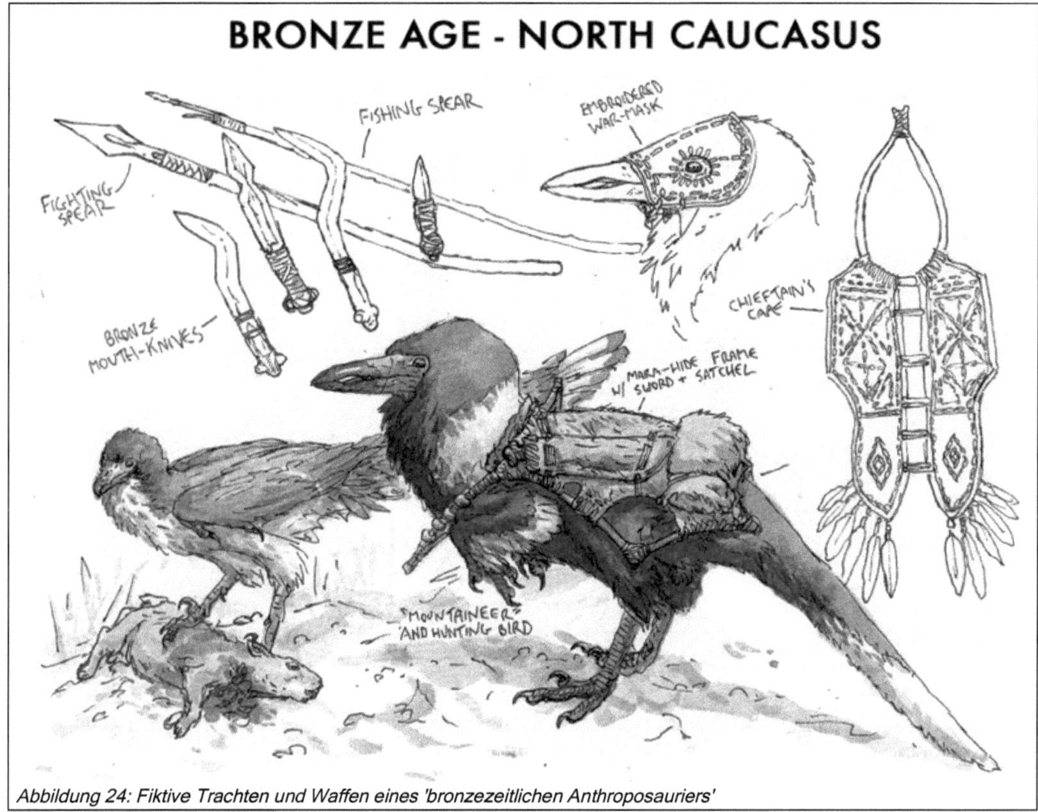

Abbildung 24: Fiktive Trachten und Waffen eines 'bronzezeitlichen Anthroposauriers'

müssten, ohnehin liegt ja immer nur ein gewisser Teil dieser halbwegs offen zugänglich für den Abbau. Mit anderen Worten, ginge die Menschheit heute oder in Kürze unter und in 65 Millionen Jahren gibt es eine neue Art denkender Wesen auf der Erde, hätte diese entweder vergleichbar große Rohstoffquellen zur Verfügung wie wir heute, oder auch mehr oder weniger geringer, würde das eine oder andere aber eben für normal halten.

Dabei ist John C. McLoughlin nicht der Einzige, der eine solche Theorie vertritt. Der Autor Brad Steiger, baut in seinem Buch 'Welten vor unserer eigenen', das Thema der verheerenden ‚Sieben-Welten-Legenden' der Seneca-Indianer aus. Dabei soll eine dieser Welten eine sauroide gewesen sein, bevölkert von intelligenten Dinosauriern. Der Meister des Faches ist aber Michael 'Mike' Magee.

Magee's dinosauroide Zivilisation

Magee hat eine recht ähnliche Theorie wie McLoughlin aufgestellt, im Grunde ist es nur ein Ausbau von dessen Theorie. In beiden Fällen wird der Sauro sapiens deutlich vogelähnlicher gesehen, als es Russel vorsah, wobei Magee beim Enderscheinungsbild eher zwischen beiden liegt. Dies ist aber durchaus wissenschaftlich korrekt und konsequent, gibt es doch jetzt erst viele Forschungsergebnisse die zu dieser Umorientierung führen, welche es zu Russels Zeiten noch gar nicht gab.

Schon die frühen Menschen werden von vielen Forschern für das Aussterben mehrerer Großsäuger verantwortlich gemacht. So soll dasjenige Großsäugeraussterben auf dem nordamerikanischen Kontinent mit dem Auftreten der Clovis-Kultur, dem ersten Beleg einer größeren menschlichen Kultur in Nordamerika, zusammentreffen. In Australien gab es zwar keine Großsäuger, aber große Beuteltiere, Vögel und Reptilien, welche ebenfalls alle in den Jahrtausenden nach der Ankunft des Menschen ausstarben. Ähnliches geschah auch auf Neuseeland oder Madagaskar, in etwas geringerem Umfang auch in Europa und Nordasien.

Dabei muss es nicht immer der direkte Weg durch Jagd oder Überfischung sein; viel schäd-licher ist der indirekte durch Veränderung der Umwelt. Die Zeit, in der wir und unsere Ahnen jedoch Raubbau betrieben haben, mag uns zwar unvorstellbar lang erscheinen, doch wie wir schon zuvor gesehen haben, in geologischen Maßstäben ist es kaum ein Wimpernschlag. Einem hypothetischen Forscher, der 65 Millionen Jahre in der Zukunft lebt, bliebe davon gerade mal eine Millimeter dicke Gesteinsschicht erhalten. Für ihn wären das Aussterben des Mammuts und das des Beutelwolfs gleichzeitig passiert, aber auch die anderen tiefen Einschnitte in Flora und Fauna, welche der Mensch mit sich brachte. So bliebe ihm nichts anderes übrig, als das Zeitalter des Menschen und den Schluss der känozoischen Eiszeit als Einheit zu betrachten und dies, obwohl hier ein Zeitraum von mehreren Jahrzehntausenden vorliegt.

Ein Beobachter, ein Paläontologe, aus ferner Zukunft, welcher eine auffällige Linie in der geologischen Schichtenfolge der Erde untersucht (welche das Heute repräsentiert), findet in dieser, unnatürlich hohe Konzentrationen bestimmter Metalle. Er denkt über die Ursachen nach: Vielleicht ist ein kosmisches Ereignis der Verursacher. Der Impakt eines riesigen Asteroiden habe wohl zu einer abrupten Klimaerwärmung geführt. Große Teile der kältelie-benden Flora und Fauna an Land, wie im Meer, konnten sich nicht anpassen und starben aus. Nur eher wärmeunempfindliche Tiere und Pflanzen überstanden die Krise. Mit einem müden Lächeln kommentiert er die Theorie eines Kollegen, eines fachlichen Außenseiters, ein damals angeblich lebender intelligenter Primat wäre dafür verantwortlich gewesen. Welch Bullshit, diese Primaten, die doch nicht anderes kennen, als in den Bäumen herumzutollen, sich mit Fäkalien bewerfen und mit Sex Probleme zu lösen, sollen eine Zivilisation mit Industrie und allem anderen geschaffen haben? ... wäre ihm eins solches Fehlurteil zu verübeln? Ich fürchte nicht.

Betrachtet man die Geschichte des Menschen, so haben vor allem größere Lebensformen unter ihm gelitten. Wo die wild lebenden Formen stark rückläufig sind, ist die Anzahl einiger weniger Arten von Haustieren im Gegenzug angestiegen. So liegt die Zahl größerer domestizierter Pflanzenfresser derzeit bei etwa drei Milliarden Exemplaren. Zu Nahrungszwecken hat sich bereits der frühe Homo sapiens bevorzugt größerer Kreaturen bedient, oder aber in nennenswerter Mengen leicht zu erbeutender Kleintiere (Fische, Muscheln etc.). Mastodons und Mammuts, Wollnashörner und Pferde, Rentiere und Rinder waren aber eigentlich mehr nach seinem Geschmack. Andere Tiere wie Schweine, Schafe, Ziegen und Hühner landeten auch gerne auf dem Feuer, aber wohl eher als Snack oder Notration. Sie erweckten wohl erst seine gesteigerte Aufmerksamkeit, als es ohnehin kaum noch Großwild gab und er schon Felder bebaute, die diese Tiere anlockten.

Kaninchen und sogar Schnecken gedeihen, seitdem der Mensch Felder und Gärten anlegt. Sogar Ratten und Mäuse profitieren vom Menschen, da diese an deren Vorräten und Abfällen interessiert sind. Auch manche Wildvögel, wie etwa die Spatzen und Meisen, nutzen unsere Nachbarschaft, zumal wir sie im Winter auch noch füttern. Aber im Grunde sind dies nur Ausnahmen. Die meisten anderen Arten litten und leiden unter dem Auftreten des Menschen, bis hin zu deren Aussterben.

Freilich ist all dies eine Entwicklung relativ weniger Jahrtausende; aus der geologischen Perspektive einer fernen Zukunft lassen sich derlei Tendenzen und der Schnitt an Fauna und Flora am Ende der letzten Eiszeit nicht auseinanderhalten. Dementsprechend haben auch wir keine Möglichkeit festzustellen, ob etwa dinosaurische Farmer Herden von Triceratops als Nutzvieh gehalten haben, oder gar die Hadrosaurier, die Magee, ähnlich wie John C. McLoughlin, als einstige Haustiere ansieht. Die Begründung dazu, 'weil sie zwar groß sind, aber nicht besonders schnell', wirkt doch recht hinkend. Egal, es bleibt, dass diese eigentlich nicht extra gezüchtet worden sein können, war ihr Formentyp doch schon seit dem Jura (Callovosaurus, Camptosaurus etc.) kaum verändert ist. Gewiss, es gab bei den Sauriern eine Abnahme der Arten bei gleichzeitiger Zunahme der Individuen, und wenn man will, mag man dies als Hinweis auf eine mögliche Domestikation und gezielte Zucht bestimmter Arten interpretieren. Wahrscheinlicher jedoch ist, dass sich hier – wie so oft in der Erdgeschichte – einfach die Umweltbedingungen geändert haben, und anpassungsfähigere Spezies ihren Vorteil genutzt haben.

Doch wo die Biologie keine gesicherten Schlüsse zulässt, mag uns die Chemie mehr Sicherheit geben. Die wenigen Jahrhunderte, die wir vom Beginn der Industrialisierung an bis heute zurückgelegt haben, haben durch die Vergiftung der Natur deutliche Spuren hinterlassen, so dass dank Ölbohrkatastrophen in der Tiefsee über Atombombentests und die ausdünnende Ozonschicht bis hin zu Weltraumschrott im Orbit, die Menschheit für eine lange Zeit im Gedächtnis der Erde bleiben wird. Lässt sich etwas Vergleichbares auch am Schluss der Kreidezeit ausmachen? Wie wir gesehen haben, die KT-Linie jedenfalls kann durchaus auch in 'nichtkonventionelle' Art interpretiert werden.

Natürlich haben wir da als erstes gleich wieder die Iridium-Anomalie im Hinterkopf. Auch Magee zweifelt an, dass die darin enthaltenen Komponenten Zeugnisse eines Asteroidenimpakts bzw. eines darauf folgenden Fallouts sind, und sein Hauptargument zielt gerade auf ihre globale Verteilung ab. Nun gibt es verschiedene Typen von Meteoriten, mit unterschiedlichen Zusammensetzungen, mal mehr aus Metall, mal mehr aus Stein. Die Vermutung dass ein großer Meteorit sich selbst dermaßen zerlegt hat, dass dessen Bestandteile an Schwermetallen, wie Osmium, Palladium und Iridium, sich relativ gleichmäßig in der oberen Atmosphäre verteilen würden, von wo sie dann wieder abregnen, scheint ihm weit her geholt. So ganz Unrecht hat er dabei nicht, denn es ließen sich viele Effekte, die man auf einen Asteroideneinschlag, oder durch die Ausbrüche von Supervulkanen bzw. Trapps zurückführen mag, tatsächlich auch als Resultat einer ganz profanen Umweltverschmutzung deuten. Saurer Regen gehört dazu, ein erhöhter Grad von Schad- und Schwebstoffen in der Luft und auch die Eutrophierung von Gewässern. Magee tut genau das.

Die vom Menschen aktuell produzierten Abgase enthalten eine Vielzahl klimaschädlicher Stoffe, wie Treibgase, Stickoxide, Rußpartikel und diverse andere Substanzen. So könnten die geringen Kohlereste, die hier und da in der KT-Linie nachweisbar sind, tatsächlich auch als Rußpartikel industriellen Ursprungs gedeutet werden. Auch der partiell hohe Schwefelgehalt der eine Folge des sauren Regens war, mag dahin gehend erklärt werden können. Aber obwohl auch die Belastung mit Schwermetallen zu den Problemen der heutigen Umweltverschmutzung gehört, gehören Osmium, Palladium und das die Schicht namensgebende Iridium gerade nicht zu den Elementen die für den Naturschutz unserer Tage ein Problem darstellen würden, den sie gelten als hochgradig wertvolle und verdammt seltene Edelmetalle. Im Gegenzug sind auch aus den Lagen der Anomalie nur wenig weitere Substanzen bekannt, die auf den Einfluss uns bekannter industrieller Luftverschmutzung schließen lassen.

Magee denkt aber an eine sauroide Industrie, welche auf Iridium als ein wichtiges Metall vielleicht nicht fußte, es aber zumindest stark benötigte. Allerdings spielt Iridium schon aufgrund seiner extremen Seltenheit in der Erdkruste keine große Rolle in unserer modernen Industrie, dabei ist es ein ideales Material. Es ist äußerst korrosionsbeständig und hat einen extrem hohen Schmelzpunkt. Zusammen mit Osmium gehört es zu den atomar am dichtesten gepackten nicht radioaktiven Elementen. Es wird vor allem für Legierungen verwendet, die sich durch Härte auszeichnen. Trotz seines enormen Gewichts könnte man mit diesem Platinmetall durchaus stabile Kanonen, Schiffswände und Baugerüste fertigen können, also eine Art Bronzeersatz – wäre es nur so alltäglich wie Kupfer oder Eisen! Doch schon seine hohe Ordnungszahl (77) verrät, dass es weder auf Erden, noch sonst wo im Weltall jemals häufig gewesen ist. Dass sich ein ganzes Gesellschaftssystem auf seine Verarbeitung gründen könnte, erscheint damit kaum vorstellbar.

Nun mag man mutmaßen, in der späten Kreidezeit wäre ein uns unbekannter Rohstoff verarbeitet worden. Eventuell wurde ein spezielles Erz oder Gestein abgebaut und das so vollständig, dass heute nur noch diese Iridium enthaltende „Abfallschicht" übrig geblieben wäre. Aber was sollte das sein? Nun, um hier Magee Schützenhilfe zu leisten: Es lässt sich nicht ganz ausschließen, dass Anthroposaurier eine vereinzelte, aber umfangreiche Lagerstätte eines größeren uralten Meteoritenimpaktes ausbeuteten, welche zufällig auch einen hohen Anteil dieser ansonsten so seltenen Schwermetalle besaß. Auch sei daran erinnert, dass es durchaus auch ganz natürlich vorkommt, dass bestimmte Mineralien nur in bestimmten Regionen vorkommen – Edelsteine kann man oft relativ leicht auf ihre Herkunftsregion zurückführen. Vielleicht hat er die Lagerstätten vollständig abgebaut, vielleicht hat sie Erosion oder Subduktion mittlerweile zerstört, oder ist heute nur dick mit Sedimenten überlagert. Egal wie, wir wissen nichts davon.

Bliebe noch Magee's, wie bereits bekannt nicht alleinstehende, Idee, die hypothetische dinosaurische Zivilisation könnte die Wärme des Erdmantels zur Energieversorgung genutzt haben, oder gar Schächte tief in die Kruste getrieben haben, um möglicherweise angefallenen Atommüll halbwegs sicher zu entsorgen. Von den dabei auftretenden technischen Schwierigkeiten hätte beides unter Umständen das Entstehen künstlicher Vulkane bedeutet, versehentlich oder absichtlich, aber schon die natürlichen sind unberechenbar. Ist der Dekkan-Trapp so gesehen vielleicht ein Zeichen eines Anthroposaurier-Fukushimas?

Noch abenteuerlicher wäre die Vorstellung, man könnte gezielt Meteoriten aus dem All geholt haben, um sich ihrer Erze zu bedienen. Das könnte als Hinweis gedeutet werden, dass damals schon eine Knappheit an Rohstoffen geherrscht haben könnte, so dass sich dem Skeptiker die (ein wenig unbegründete) Frage stellt, warum dann noch genügend übrig geblieben ist, um viel, viel später den Aufstieg der Menschheit zu ermöglichen. Die Kohleschichten des Karbon, scheinen jedoch ebenso wenig ausgebeutet worden zu sein, wie die Salzlagen des Perm oder die großen Eisenerzlager aus dem Erdaltertum. Aber was wissen wir von früheren Rohstofflagerstätten, die lange vor uns ausgebeutet worden sein mögen? Die Erdgeschichte hat uns so einiges davon hinterlassen, aber woher wollen wir wissen, ob die Lager ursprünglich nicht ungleich mächtiger und weiter verbreitet gewesen waren? Tatsächlich stellen die Rohstofflager, die wir heute ausbeuten, eher nur einen winzigen Bruchteil der tatsächlichen Mengen der jeweiligen Rohstoffe in der äußeren Erdkruste da. An ein Großteil kommt man gar nicht ran, weil sie zu tief liegen oder man von ihnen gar nichts weiß!

Die globalen Temperaturen zu Ende der Kreidezeit waren wärmer als heute; weit größere Bereiche der Kontinente waren überflutet, und die Pole wahrscheinlich durchgehend eisfrei. Ansonsten jedoch war es derselbe Planet, auf dem auch wir entstanden sind, mit nahezu denselben Häufigkeiten und Verteilungen von Elementen, wie sie sich bis heute nicht verändert haben. Andererseits darf nicht ganz vergessen werden, dass viele Lagerstätten damals einfach nicht zugänglich waren, weil sie aufgrund des erhöhten Meeresspiegels tief unter Wasser bzw. unter noch nicht erodierten Gesteinsschichten lagen. Und natürlich bleibt weiterhin der Kritikpunkt, dass eine dinosaurische Zivilisation auf gänzlich anderen technischen Grundlagen gefußt haben könnte, und eben nicht mit der unseren vergleichbar sei.

Bleibt noch das Beispiel Blei. Mit seiner hohen Ordnungszahl (82) sollte es eigentlich extrem selten sein, doch das ist zumindest auf der Erde nicht der Fall. Grund hierfür ist, dass dieses Metall am Ende gleich dreier der vier radioaktiven Zerfallsreihen steht. Das heißt, der Großteil unserer natürlichen Vorkommen bestand einmal aus anderen, strahlenden Materialien. Könnte Iridium nicht auch ein Überbleibsel eines solchen Prozesses sein, und damit ein Anzeichen dafür, dass die Dinos über nukleare Technologien verfügt hätten? Wohl weniger, denn hätten die Saurier wirklich ihre Umwelt derart kontaminiert, hätten wir es mit Lagen zu tun, in denen auffällig viel Blei (oder gar Ausgangsstoffe wie Thorium oder Uran) vertreten wären, aber nicht so sehr Iridium. Ganz einfach deswegen, da es kein Mineral in ausreichender Menge auf der Erde (und wohl auch dem Sonnensystem) gibt, welches eben vor allem Osmium, Palladium und Iridium am Ende der Zerfallskette hätte, und eben nicht Blei.

Zu all diesen Überlegungen fügt sich noch das Faktum, dass unsere eigene Entwicklung recht charakteristische Spuren hinterlassen hat. Zumindest gelegentlich müssten sich die Müllhalden, insbesondere auch der Atommüll, unserer jetzigen Gesellschaft sich nicht auch in zukünftigen Erdschichten wiederfinden? Vom Ende der Kreidezeit kennen wir nichts dergleichen. Allerdings sind seit damals auch gute 65 Millionen Jahre ins Land gezogen, und es stellt sich die Frage, was über einen derart langen Zeitraum erhalten bleibt. Metall korrodiert, Stein und Beton verwittern, Glas zerfließt bzw. kristallisiert aus – kaum etwas bleibt in der Form erhalten, wie es einmal gewesen ist. Selbst ein geschliffener Diamant wäre, würde er an der Oberfläche liegen, nach einigen Jahrmillionen erodiert. Auch Versteinerungen sind schließlich kein organisches Material, sondern von Mineralien ausgefüllte Hohlräume, welche die Form längst vergangener Knochen und dergleichen nachgebildet haben.

Metalle reichern sich jedoch nicht nur in Deponien an; viele gelangen auch in die Kreaturen selbst. Es geht um die ganz allmähliche Einlagerung von Schwermetallen wie Blei und Cadmium, die der menschliche Körper nicht abbauen kann. Fossilien aus der ausgehenden Kreidezeit sollten dann auch entsprechende Einlagerungen aufweisen, jedenfalls höhere als bei solchen Fossilien die älter sind. Das Problem ist nur, dass man keine Fossilien zeitlich so genau bestimmen kann, dass man sagen kann, dass das Fossil kurz vor dem KT-Ereignis entstand, oder zehntausend Jahre vorher oder nachher, ja nicht mal hunderttausend.

Des Weiteren nimmt er den hohen Metallgehalt der Iridium-Anomalie auch zum Anlass, eine Überdüngung der kreidezeitlichen Böden anzunehmen, die wiederum zur Eutrophierung der Flüsse und Seen geführt hätte. Dies passt jedoch nicht besonders gut zu dem Fakt, dass der mesozoische Faunenschnitt ausgerechnet die Süßwasserfauna weitgehend verschont hat. Der sauroide Bauer wird dabei für sich bestenfalls Gemüse angebaut haben, eher aber Futter für seine Herden.

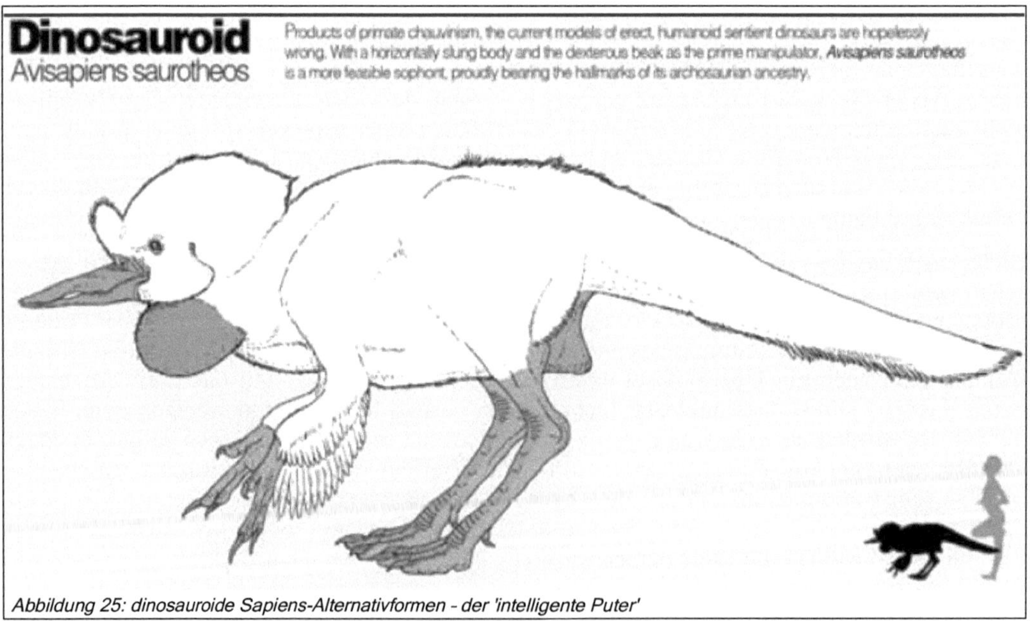

Abbildung 25: dinosauroide Sapiens-Alternativformen - der 'intelligente Puter'

Nicht viel was wirklich ernsthaft erwogen bräuchte. Was allerdings für Magee's Annahmen sprechen könnte, ist, dass möglicherweise ein nicht unbeträchtlicher Teil unserer heutigen Erdölvorkommen in der späten Kreidezeit entstanden sein könnte. Die Entstehung von Erdöl ist, anders als die von Kohle, erstaunlicherweise noch nicht völlig geklärt, es gibt hier mehrere, zum Teil konkurrierende, Theorien. Die Gängigste ist, dass sich Erdöl dann bildet, wenn organisches Material im Wasser aufgrund von Sauerstoffmangel nicht vollständig abgebaut werden kann. Das ist der Fall, wenn Algenteppiche den Gasaustausch zwischen Wasserkörper und Atmosphäre unterbinden. Algenteppiche florieren dank des Düngers, den die Niederschläge von den Äckern in die Flusssysteme und über diese in die flachen Küstenbereiche spülen. Später übersedimentieren die Schichten, unter Druck entsteht Ölschiefer, und aus diesen sickert Öl und Gas in sogenannte Lagerschichten, zu meist aus porösen Kalk- oder Sandstein. Dass ein solch reduzierendes Milieu freilich auch ganz andere Ursachen als Umweltverschmutzung haben kann, zeigt uns das Schwarze Meer. Hier ist vor einigen tausend Jahren das salzige Mittelmeer in derart kurzer Zeit in einen bis dahin ausgesüßten Binnensee geflossen, dass es zu keiner ausreichenden Vermischung kam: Unterhalb einer sehr dünnen Übergangszone ist das 'süßwässrige' Schwarze Meer praktisch frei von Sauerstoff. In 60 Millionen Jahren könnte hier unter geeigneten Umständen ein neues gewaltiges Lager an Öl und Gas entstanden sein.

Die Kreidezeit war eine Ära weit ins Flachland vordringender Meere. Nordamerika beispielsweise stand soweit unter Wasser, dass es von Norden nach Süden zweigeteilt war. Die Teilung war über Jahrmillionen so stark, dass die Fauna des Ostens Nordamerikas Kontakt zu der Europas hatte, und die des Westens zu derjenigen Asiens – untereinander jedoch gab es für viele Jahrmillionen anscheinend keine Verbindung. Damals hätte man wohl die nordamerikanische Ostküste als Teil Europas angesehen, die Westküste als ein Teil Asiens. Ähnlich sah es auch in Sibirien aus, sowie da wo sich heute viele andere große Öl- und Gaslager befinden. Damals waren zahllose Seen und Lagunen entstanden, welche später trocken fielen und übersedimentierten. Hier die Ursache für die Entstehung der meisten Erdöl-Lagerstätten anzunehmen, erscheint weitaus wahrscheinlicher, als die Auswirkungen einer nur auf wenige Jahrtausende veranschlagten Dinosaurier-Zivilisation.

Schon ein paar Jahrzehnte hat die Theorie auf dem Buckel, die Dinosaurier wären ausgestorben, weil die Schalen ihrer Eier entweder zu dünn, zu dick, oder doppelt ausgebildet gewesen wären. Als Kronzeuge wird gerne der europäische Sauropode Hypselosaurus angeführt, weil man an ihm zugeschriebenen Gelegen entsprechende Erscheinungen festgestellt haben will, wie sie auch modernen Seeadlern zu schaffen machen. Von anderen Sauriern seiner Zeit ist meines Wissens nach, allerdings nichts Entsprechendes bekannt, und von Maiasaura, Protoceratops und Oviraptor kennt man durchaus noch zahlreiche Nester samt intakten Inhalt.

Natürlich kann auch dies eine Folge von Umweltverschmutzung sein, so wie es bei dem erwähnten zeitgenössischen Greifvogel schließlich ebenso angenommen wird. Doch wenn der Effekt nur bei einer einzigen Gattung nachgewiesen worden ist, besteht eine nicht geringe Wahrscheinlichkeit, dass wir es eher mit einer artspezifischen Krankheit zu tun haben. Und die Hundestaupe mag zwar die afrikanischen Wildhunde bis an die Grenze des Aussterbens dezimiert haben, aber weder unsere Zivilisation, noch das Leben auf der Erde (oder auch nur in Ostafrika) haben dadurch Schaden genommen. Denn Krankheiten sind auf eine oder nur sehr wenige Arten begrenzt und können nicht so einfach zu einer anderen überspringen.

Aber es gibt noch weitere Indizien, die Magee für seine Theorie zu nutzen versteht. So deutet beispielsweise das Isotopen-Verhältnis von Sauerstoff 16 zu Sauerstoff 18 in endkreidezeitlichen Kalksteinen auf eine massive Klimaerwärmung hin. Im Verlauf der Erdgeschichte sind derlei Schwankungen nichts Ungewöhnliches. Auf Flora und Fauna an sich haben sie kaum Auswirkungen, aber auf eine Zivilisation dürfte sie immer verheerende Auswirkungen haben. Auf jeden Fall stellt Magee einen Zusammenhang her zwischen der Klimaerwärmung und dem modernen Treibhauseffekt.

Eine plötzliche Abkühlung übrigens, wie sie der quasi-nukleare Winter in Folge eines Asteroideneinschlags oder der Eruption eines Supervulkans nach sich gezogen hätte, lässt sich im Sediment nicht nachweisen, kann aber indirekt belegt werden. Erst im folgenden Tertiär, zu Beginn des Paläozän, lässt sich eine um zwei bis drei Grad niedrigere Temperatur weltweit feststellen. Angemerkt sei auch, dass die Atmosphäre in weiten Teilen der Kreidezeit etwa 30 % weniger Sauerstoffgehalt aufwies als heute, just aber in den Jahrmillionen vor dem KT-Ereignis 30 % mehr als heute. Dies alles dürfte aber vor allem auf die dezimierten Wälder zurückzuführen sein, wohl zumindest mehr als auf direkten Einfluss durch das KT-Ereignis.

Auch den Ascheeintrag, der als Anzeichen von Waldbränden gedeutet wird, vergisst Magee nicht. Man mag ihn als Folge eines Impakts oder Vulkanausbruches interpretieren, doch kann er auch ganz natürliche und banale Ursachen haben. Magee erwägt Brandrodung – nur, warum sollte ein Sauro sapiens ausgerechnet Gehölze abfackeln? Derlei Praktiken dienen in den Tropen vor allem dazu, immer wieder Raum für neue Äcker oder Weideland zu schaffen, weil die bewirtschafteten Böden aufgrund der klimatisch-geographischen Verhältnisse rasch auslaugen. Wenn der Bedarf nach tierischer Nahrung so groß ist, dass gewaltige Herden verköstigt werden müssen, kann Brandrodung ein effektiver Weg sein, innerhalb weniger Jahre einen kompletten Dschungel in eine weite Buschsavanne zu verwandeln. Allerdings braucht man ein paar Jahre Geduld, bis die ersehnten Futterpflanzen aus der Asche der Bäume gewachsen sind. Aber mit Flammen nachzuhelfen, war eigentlich vollkommen überflüssig, denn Sauropoden zum Beispiel haben sich ihre eigenen Lichtungen geschaffen, in dem sie einfach alles, was in der Reichweite ihrer Mäuler war, kahlgefressen haben. Und gab es auch Regionen, wo Hadrosaurier dominierten, so waren die Sauropoden in anderen auch am, Ende der Kreidezeit immer noch häufig (und allein aufgrund ihrer Größe ausgezeichnete Fleischlieferanten).

Vollkommen konfus werden Magees Hypothesen in Bezug auf die zeitlichen Dimensionen. Auf der einen Seite versucht er, den Faunenschnitt auf wenige Jahrmillionen, ja, auf Jahrtausende zu reduzieren. Dann aber bringt er die Entwicklungen im Nasen-Rachenraum von Ankylo- und Hadrosauriern mit einer erhöhten Luftverschmutzung in Verbindung. Diese anatomischen Veränderungen setzen jedoch mehrere Jahrzehnmillionen vor dem Ende der Kreidezeit ein, und eine Zivilisation, die so lange Bestand gehabt haben soll, und dazu noch konstant die Luft verpestet hat, hätte ganz gewiss eindeutigere Spuren in der Erdgeschichte hinterlassen, als die doch recht dünne KT-Linie! Und wenn sie über einen so langen Zeitraum die Umwelt verdreckt hat, warum kam das Ende erst so spät, und dann auch noch so unerwartet plötzlich?

Außerdem ignoriert Herr Magee vollständig die Tatsache, dass von den Ceratopsiern und den Tyrannosauriern, die gegen Ende der Kreidezeit ihre große Ära hatten, gar keine solchen Anpassungen bekannt seien, obwohl beide Gruppen recht ausgeprägte Geruchsorgane hatten.

Es macht ganz den Eindruck, als hätten zumindest sie keinerlei Probleme mit einer eventuellen Luftverschmutzung.

Wir haben schon erfahren, dass sowohl die Impakt-, als auch die Vulkan-Befürworter davon ausgehen, dass der Katastrophe eine Phase gefolgt ist, in der Aerosole in der oberen Atmosphäre das Sonnenlicht blockiert, und somit für eine globale Abkühlung gesorgt hätten, die der eines nuklearen Winters gleich gekommen wäre. Magee zitiert John Noble Wilford, Autor des Buches 'The Riddle of the Dinosaurs', der anführt, dass beim Versteinerungsprozeß fossiler Knochen auch Uran eingelagert wird und im Ausgang der Kreidezeit diese Anlagerung besonders stark ist. Magee hat für diese Anreicherung seine ganz eigene Erklärung, und zwar in Form der Nutzung nuklearer Energien und Waffen. Dass Magee sich da die Frage stellt, ob die Dinosaurier nicht einem echten „nuklearen Winter" zum Opfer gefallen sein könnten, ist im gewissen Sinne nachvollziehbar.

Revierkämpfe gibt es unter so ziemlich allen Tieren, selbst Insekten, und natürlich auch Reptilien, es gibt keinen Grund anzunehmen dass die Dinosaurier da aus der Reihe fallen würden. Behornte Dinosaurier wie Pachycephalosauria, von denen angenommen wird, dass sie Balzkämpfe ausgefochten hätten, indem sie ähnlich wie Widder ihre Köpfe gegeneinanderge-stoßen hätten, werden daher auch von Magee als Beweis dinosauroider Kriegslust gesehen. Auch in Bezug auf die Ceratopsier gibt es vergleichbare Hypothesen, die jedoch umstritten sind. Zwar lässt sich bei ihnen ein klarer Geschlechtsdimorphismus erkennen, doch sind auch die weiblichen Exemplare stets wehrhaft behornt gewesen. Jedenfalls glaubt Magee, dadurch auf ein territoriales und aggressives Verhalten seiner intelligenten Saurier schließen zu können, wobei aus simplen Revierkämpfen Kriege zwischen Staaten werden. Also analog zur Mensch-heitsentwicklung.

Als Beispiel für einen prähistorischen Kernreaktor führt er eine Uran-Lagerstätte bei Oklo in Gabun an, in der das für den Betrieb eines Meilers nötige Isotop 235 fehlt, und das nach unserem Kenntnisstand nicht verwendungsfähige Isotop 238 dominiert. Freilich kommt er nicht umhin einzugestehen, dass die moderne Wissenschaft davon ausgeht, dass dieser Prozess natürliche Ursachen gehabt, und im Präkambrium stattfand, lange vor dem Auftreten mehrzel-ligen Lebens. Dennoch spielt er mit dem Gedanken, dass es sich hier um ein Erzvorkommen gehandelt habe, dass möglicherweise einst von vernunftbegabten Dinosauriern ausgebeutet worden sein könnte. Und ein Zeitraum von gut 65 Millionen Jahren mag ausreichen, um von all den Kernreaktoren und nuklearen Waffen kaum mehr als eine Häufung von Elementen aus den nuklearen Zerfallsreihen übrig zu lassen, deren Auftreten auch natürliche Ursachen haben kann ... aber vielleicht war es ja auch eine Hinterlassenschaft der Silurianer, zumindest die würden hier besser in den Zeithorizont passen. ‚Ancient-Alien-Forscher' machen übrigens für diese Anomalien außerirdische Raumfahrer verantwortlich, welcher hier auf der Erde im Präkambrium temporär siedelten. Anscheinend konnten diese viele Lichtjahre unfallfrei durchs All fliegen, aber einen Atommeiler unfallfrei zu betreiben, war ihnen unmöglich.

Doch Magee hat uns noch mehr zu bieten. So ist allgemein bekannt, dass bei Atombomben-tests, insbesondere in Wüstenregionen, Sand zu grünem Glas aufgeschmolzen wird. Auch von der KT-Grenze kennt man Bruchstücke solchen Glases. Für die Wissenschaftler Beleg für einen Asteroideneinschlag, für Magee ein Indiz, dass seine Anthroposaurier über Kernwaffen verfügt haben könnten. Allerdings tritt derlei natürliches Glas in den Schichten mehrerer Zeitalter auf. Wenn man bedenkt, dass es als amorphe Substanz für gewöhnlich recht schnell

Kristalle bildet und sich in Gestein zurückverwandelt, lässt sich nicht ausschließen, dass es im Verlauf der Erdgeschichte noch viel häufiger entstanden ist. Ähnliches gilt auch für die sogenannten „Stress Lines" in Quarzbruchstücken dieser Ära, die Magee gleichfalls anführt, aber wohl mindestens genauso gut auf den Impakt zurückgeführt werden können.

Fast schon albern mutet das Argument an, die hohen Bernsteinvorkommen etwa im Ostseeraum wäre eine Reaktion der Kiefern, um sich mittels des austretenden Harzes gegen nuklearen Fallout zu schützen. Magee übersieht dabei, dass das Gros der Bernsteinfunde aus dem Tertiär stammt, also einige Dutzend Millionen Jahre nach dem Aussterben der Dinosaurier. Im Weiteren scheint er aber seinen Datierungsfehler bemerkt zu haben und verweist auf älteren Bernstein. Der recht seltene tschechische (oder auch panamaische) Bernstein, den Magee heranzieht, mag mehr oder weniger genau auf das Ende der Kreidezeit zu datieren sein. Aber warum zur Hölle sollten sich die Bernsteinkiefern mit ihrem Harz gegen den nuklearen Fallout wirksam schützen wollen? Tatsächlich dient das austretende Harz einfach nur dazu, Wunden am Stamm bzw. den Ästen zu versiegeln, wie sie durch Tiere oder Windbruch entstehen. Man mag annehmen, dass die Strahlung Schäden an der Genetik des Baumes hervorruft, durch welche diese anfangen übermäßig Harz zu bluten. Dies mag zwar nicht völlig auszuschließen sein, wirkt aber dennoch recht konstruiert.

Aber auch andere „Argumente", mit denen der Autor ein nukleares Ereignis am Ende des Mesozoikums belegen möchte, sind kaum haltbar. So gibt es etwa einen berühmten Hadrosaurierfund, die sogenannte Anatosaurus- Mumie. Dabei handelt es sich genau genommen um keine Mumie, sondern lediglich um eine Versteinerung einer Mumie, bei dem auch Abdrücke der Haut, Gewebe und Organe erhalten geblieben sind. Magee stellt die These auf, Radioaktivität würde konservieren, und er führt an, dass bei dem Fund keine Spuren von Fleisch- oder Aasfressern festzustellen seien. Im Falle des Anatosaurus wird jedoch angenommen, sein Kadaver wäre in einem ariden Klima ausgedörrt, bevor er von einem Flutereignis erfasst worden, in ein Gewässer gespült und in sauerstoffarmem Milieu einsedimentierte und dort versteinerte. Ähnliche Prozesse lassen sich heute noch z.B im Okavangodelta beobachten. Radioaktivität ist dabei weder notwendig noch vorhanden.

Bliebe noch das Ozonloch, das sich aktuell wieder zurückbildet. Wo sich die Befunde der Endkreidezeit in Richtung Umweltverschmutzung interpretieren lassen, lässt sich natürlich auch noch ein solches Phänomen mit einbauen. Dumm nur, das sich Entwicklungen in der unteren Stratosphäre kaum aus den geologischen Schichten herauslesen lassen und sich damit jeglicher Nachweisbarkeit enthalten. Wir wissen ja noch nicht mal, ob größere Intensitätsunterschiede des Ozonlochs, ein eher natürliches Phänomen ist, oder ein eher Mensch gemachtes.

Was also bleibt nach der Lektüre von Magee's Theorie? Fakt ist, dass er uns keinerlei Beweise liefert. Alles, was er vorzuweisen hat, sind Indizien, die er in eine gewisse Richtung interpretiert, die aber im Allgemeinen von der Wissenschaft doch in eine andere Richtung interpretiert werden. Er präsentiert uns kein Bruchstück einer erstaunlich großen Hirnschale eines Sauriers, kein Äonen altes Artefakt, kein Fragment, das eindeutig (oder auch nur zweideutig) einer industriellen Produktion der Spätkreidezeit zuzuordnen wäre. Sein Anthroposaurus soll zwar die Umwelt verschmutzt haben, aber Müllhalden in Gewässernähe, wo sie hätten sedimentiert werden können, hat er offenbar nicht angelegt. Er soll über Nuklearwaffen verfügt haben, aber von den industriellen Errungenschaften keine Spuren hinterlassen haben. Und obwohl jener Anthroposaurus schuld am großen Aussterben sein soll, scheint er doch umweltbewusst genug gewesen sein, dass er uns keine Spuren von Dünnsäureverklappung oder Endlagern für radioaktiven Müll hinterlassen hat.

Wenn aber Magee's Anthroposaurus nun so fortschrittlich industrialisiert gewesen wäre, hätte er vielleicht auch die Weltraumfahrt entdeckt – so spekuliert er selbst. Möglicherweise hätte er mittels dieser vor dem selbstgemachten Supergau auf Erden entfliehen können und es gibt ihn noch immer in den Weiten des Alls. Gleich wie, es dürften dann aber Spuren von ihm im Erdorbit in Form von Satelliten zu finden sein. Möglich, aber nicht sehr wahrscheinlich, dass man bereits hier und da solch einen Satelliten fand, ihn aber für einen geheimen Militärsatelliten der Gegenseite hielt. Derlei gibt es einige im Erdorbit. Einträglicher könnte die Suche auf Mond und Mars sein. Nun ist es so, dass Mond und Mars bei weiten noch nicht so gut erforscht sind, als dass man dort auch existierende Spuren unbedingt bisher hätte finden müssen, ganze ehemalige Mond- oder Marsstationen könnten noch da stehen und von uns noch nicht gefunden sein. Aber noch ist nicht aller Tage Abend, wenn es sie einst gab, muss es sie noch heute geben, denn es gibt besonders auf dem Mond kaum Einflüsse, die zu einer Totalzerstörung führen könnten. Und selbst auf dem Mars wären sie immerhin so gering, dass zumindest noch deutliche Ruinen einer solchen Station vorhanden sein müssten.

Magee's Denken

Im Wesentlichen vermengt Magee eine Reihe von teils seriösen, teils arg umstrittenen Argumenten und Hypothesen, die zuweilen nicht unbedingt mit seiner Theorie vom intelligenten Dinosaurier zu tun haben, etwa wenn er eine Überlegung anführt, die Vorfahren der Menschen hätten im Bereich des Afar-Dreieckes eine semi-aquatische Lebensweise geführt (Wasseraffentheorie).

Nun hat Magee gewiss nicht die Absicht gehabt, ein überwiegend für die Elfenbeintürme der Wissenschaft verfasstes Werk zu publizieren, andererseits sich auch von „selbsternannten Fachleuten" distanziert. Aber wenn er sich schon auf Kapazitäten und ihre Forschungsergebnisse beruft, hätte es seiner Glaubwürdigkeit nur geholfen, hätte man als Leser nachvollziehen können, auf welchen Grundlagen seine Schlussfolgerungen basieren. Da wird es auch nicht besser, dass er sich ein paar Aspekte aus irdischen Mythologien heraus sucht. Er bemüht sogar H. P. Lovecraft und seine erdachten Cthulhu (hochentwickelten, gottgleichen Wesen aus fernen Welten). Auch weist er auf eine vermutete, aber nicht wirklich belegte, in den Genen aller Säugetiere verankerten Urangst vor großen Reptilien hin. Diese Urangst mag zwar real sein, scheint aber eher Insekten, Spinnen und Schlangen zu betreffen, als die für Kinderspielzeug bestens geeigneten Dinosaurier. Und wenn ich die meine Gojibeeren plündernden Finken sehe, die jedes mal reiß aus nehmen, so bald ich auch nur erscheine, obwohl ich die Beeren faktisch nur für sie habe, ist es im Bereich des möglichen, das vielleicht bei den Dinosauriern eine genetisch verankerte Urangst vor uns Säugetieren besteht.

Für Magee symbolisiere die Urangst des Menschen vor dem Reptilischen den Versuch des R-Komplexes, die linke Hälfte des Großhirns zu dominieren. Bei dem R- („Reptilien"-) Komplex handelt es sich nach Paul D. MacLean (und der 1978-Erstausgabe) um einen zuerst bei Kriechtieren nachweisbaren Bereich des Gehirns, der vor allem für aggressives, hierarchisches und zur Routine werdendes Verhalten verantwortlich ist. Die Großhirnrinde hat sich erst im Verlauf der Säugetier-Evolution erheblich weiter entwickelt, und gilt als Sitz des kognitiven Denkens. Dabei arbeitet die linke Hälfte mehr logisch analytisch, während die rechte für Phantasie und

Mustererkennung, aber auch für den Blick auf das große Ganze steht. Die moderne Gesellschaft sieht Magee als eine, in der die Rechte von der Linken dominiert wird, aber an anderer Stelle des Buches auch vom R-Komplex belagert. Träume (-> Phantasie -> rechtes Cerebellum) von Drachen und ähnlichen echsen- oder schlangenartigen Monströsitäten stünden demnach für die Warnung unseres Unterbewusstseins vor hochentwickelten Reptilien die uns kleinen Säugetieren an den Kragen wollen.

Abbildung 26: Evolution des Sauro sapiens

Die menschlichen Verhaltensmuster welche durch den R-Komplex beherrscht werden, könnten die der rechten Hirnhälfte überlagern, zumal sie von unserer Ellbogengesellschaft auch gefördert, ja sogar gut geheißen werden. Unser zivilisatorisches Augenmerk sei hauptsächlich nur auf unsere eigenen kurzsichtigen Vorteile fixiert, und dies hätte schon dem intelligenten Dinosaurier das Ende beschert. Er, der Dinosaurier, der als Urangst noch immer in der Ecke unseres Denkens lauern würde, soll unser wahrscheinliches Schicksal schon voraus gespielt haben. Magee spekuliert, dass sein hypothetischer Anthroposaurus durch die kulturelle Betonung des R-Komplexes zu ähnlich kurzsichtigem und rücksichtslosem Verhalten gegenüber Welt und Umwelt verleitet worden sein könnte, wie er es für uns annimmt. Dementsprechend warnt er, dass sich das Schicksal der Dinosaurier am Homo sapiens wiederholen könnte.

Völlig ohne Zusammenhang dazu steht Magees Schlussthese, der R-Komplex, für den sein Anthroposaurus stehe, würde beim Menschen Macht über die rechte Gehirnhälfte ausüben. Der

R-Komplex ist allerdings ein Erbe aus unserer eigenen reptilischen Vergangenheit, auch die Dinosaurier hatten ihn, aber die Dinosaurier zählen eben nicht zu unseren Vorfahren. Unser beider Stammbaum hat sich schon im Karbon vor weit über 300 Millionen Jahren getrennt, vermutlich schon kurz nachdem die ersten uns bekannten Kriechtiere in Erscheinung getreten sind. Was die heutigen Kriechtiere anbelangt, können bestenfalls die Schildkröten den Anspruch erheben, mit den Säugetieren und den Dinosauriern gleichermaßen verwandt zu sein (und selbst bei ihnen ist es nicht ganz sicher, ob sich bei ihnen die zur Kennzeichnung der Entwicklungslinien benutzten Schädelöffnungen nicht sekundär wieder geschlossen haben). Brückenechsen, Echsen, Schlangen, Krokodile und Vögel haben sich allesamt erst in jüngerer Zeit von dem Ast getrennt auf denen auch die Dinosaurier 'sitzen'.

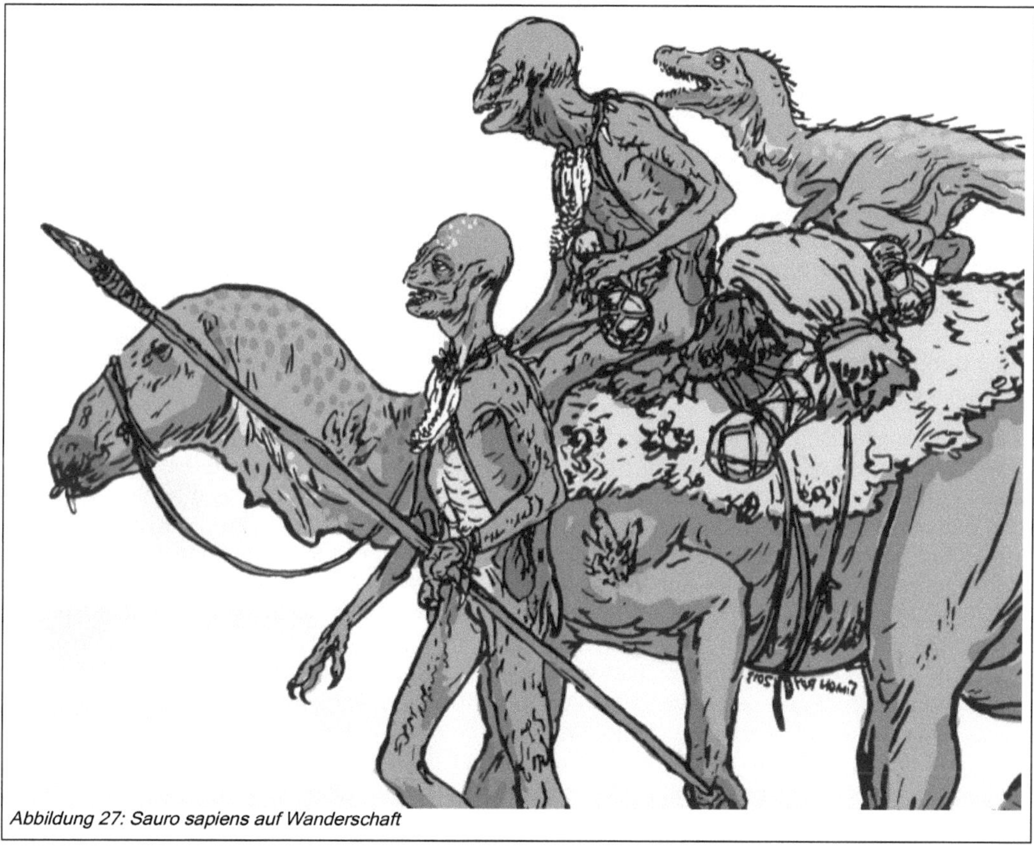

Abbildung 27: Sauro sapiens auf Wanderschaft

Magee mag vielleicht argumentieren, er habe mit der rechten Gehirnhälfte „das große Ganze" im Blick, und wolle sich nicht wie „sogenannte Experten" auf kleinliche Details (linke Hirnhälfte) beschränken. Diesbezüglich nennt er ein Beispiel, dass das Studium von Muskelstruktur und Streifenmuster des Fells keine Aussage darüber liefere, wie gefährlich ein Tiger als vollständige Kreatur sei. Dabei bemerkt er aber gar nicht, dass er selbst genau dies tut und sich so faktisch in die Nachbarschaft von Erich von Däniken und Charles Berlitz bringt. Wissenschaft lässt sich aber nicht auf einzelne Fragmente reduzieren. In ihr geht es sowohl um

Einzelheiten, als auch um das Gesamtbild: Entweder versucht man, ein Phänomen durch Analyse aller seiner Bestandteile und Funktionen zu ergründen bzw. auf der Grundlage bekannter Fakten bislang unbeantwortete Themen zu erschließen. Fabulieren und das jonglieren mit Fakten, ist da wenig hilfreich. Die Theorien Magee's und McLoughlin lassen sich einfach zu schnell ihres fabulierten Unterbaus entledigen, Basis vieler Aussagen der beiden, ist dabei vor allem deren esoterisches Gedankengut, was da dann übrig bleibt, ist nicht viel.

Resümee zum kreidezeitlichen Sauro sapiens

Man muss kein großer Kritiker sein, um einzuwenden, dass es keine Fossilien eines Dinosauriers gibt, deren Hirngröße, den eines heutigen Laufvogel nennenswert übertreffen würde. Dass aber Emus, Nandus, Strauße, Kasuare oder Moas eine Zivilisation begründet haben könnten, das nimmt auch Magee nicht an – auch wenn sein Anthroposaurus einem Riesenputer recht ähnlich wäre. Nun scheinen die erwähnten „schlauen" Dinosaurier eine Weile vor dem Ende der besagten Epoche gelebt zu haben, also hätte es die Chance gegeben, dass sie sich zu einer höheren Spezies entwickelt hätten. Aber wieso finden wir dann die Vorfahren, nicht aber deren „kluge" Nachkommen? Es ist wohl kaum anzunehmen, dass ein Sauro sapiens bzw. ein Anthroposaurus stets die Brandbestattung praktiziert (oder seine Verstorbenen bei einem rituellen Leichenschmaus verzehrt) hätte. Eine weltweite Population die unserer menschlichen vergleichbar in die Milliarden gegangen wäre, sollte doch auch irgendwelches paläontologisches Fundmaterial hinterlassen haben. Sollte, aber wie wir schon zuvor feststellten, muss sie es nicht zwangsläufig. Man stelle sich vor, ein spätkreidezeitliches Saurierskelett wird in situ gefunden, dabei Spuren von Metallgegenständen, welche eindeutig Schmuck, Waffen bzw. Gebrauchsgegenstände sind.

Gleich wie, unser Bild von einer kulturfähigen Spezies ist doch sehr anthropozentrisch geraten. Eine Zivilisation können wir uns nur mit menschenähnlichen Wesen vorstellen, welche dann auch noch recht menschenähnlich zivilisatorisch tätig werden. Dabei ist es durchaus denkbar, dass wir selbst einen Spezialfall im Universum darstellen - vielleicht genau der Grund, warum wir bisher keine Spur außerirdischen Lebens zweifelsfrei ausmachen konnten. Eine Zivilisation muss vielleicht nicht unbedingt Häuser bauen oder die Welt mittels Maschinen verschmutzen. So mag es in den Weiten des Universums durchaus vernunftbegabte Spezies geben, die sich von uns im Aussehen und auch im Ausleben von Kultur erheblich unterscheiden – Wir kennen sie nur nicht. Wenn wir herausfinden wollen, welche histologischen und anatomischen Besonderheiten notwendig oder zweckmäßig sind, damit eine Kreatur sich hin zu einer Kulturfähigkeit entwickeln kann, müssen und können wir zwangsläufig nur unsere eigenen Kriterien anlegen, da wir von anderen Möglichkeiten keine Ahnung haben und diese auch eher schlecht belegen können. Wissenschaft ist, von Bekanntem auf Unbekanntes zu schließen, und die einzige bekannte Zivilisationen errichtende Lebensform, von der wir wissen, sind nun mal wir selbst. Und so wie es den Wissenschaftlern nicht völlig klar ist wie eine Hummel oder ein Albatros sich überhaupt in die Lüfte erheben kann, ist es für sie auch unklar, wie ein uns völlig verschiedenes Wesen sich entwickeln könnte und dann auch noch eine völlig andere Art von Zivilisation bilden kann. Gut, Theorien dazu gibt es viele, aber nicht weniger Widersprüche.

Wenn aber doch

Ein Restrisiko bleibt aber doch, und das macht die Sache doch interessant. Vielleicht kam es ja doch zum entstehen eines Sauro sapiens kurz vor dem KT-Ereignis und vielleicht konnte dieser sein aussterben tatsächlich umgehen. Aber wie? Und was könnte aus ihnen geworden sein?

Kleine graue Männer = Sauro sapiens

Das UFO-Entführungs-Syndrom schildert, so heißt es bei den Psychologen, einen eigentlich eher banalen Hintergrund von eigener Vergangenheitsbewältigung. Die Form der angeblichen Aliens werde dabei durch einen Ausfall der Fantasie und eine Beschäftigung mit menschlichen Sorgen umrissen, in der Basis würden hier aber pränatale Formen Pate stehen. Nun ähneln aber die 'Allerwelts-Aliens' nicht wirklich einem Embryo oder Baby, aber auch keinen heutigen Wesen. Mit seinen großen Augen hat er aber Ähnlichkeit mit einem jungen Vogel oder Reptil.

Einigen Leuten fiel irgendwann auf, dass die Piloten der berühmten fliegenden Untertassen die nicht minder berühmten 'Kleinen grauen Männer', oder kurz auch nur 'LGM' genannt (wobei das 'G' auch für 'Green/Grün' stehen kann), doch recht 'dinosauroid' dargestellt werden. Lange, klauenhafte Finger, übergroße, zuweilen mandelförmige Augen, reptilienartige Nasenlöcher, drei Zehen an den Füßen, eine echsenhafte Haut, von eher kleiner Statur und das völlige Fehlen sichtbarer Ohrmuscheln wurden von vielen vermeintlichen Augenzeugen berichtet, die Kontakt zu Ufo-Besatzungen hatten bzw. zu haben glaubten. Die graue Haut, früher auch mal gerne grün, das seelenlose Gesicht: Wie hat man die Familienähnlichkeit zu den irdischen dinosauroiden so lang nicht erkennen können? Ja klar, zu dumm um mit ihren Fluggeräten nicht alle Nase Lang abzustürzen, zu gelangweilt dass sie abertausende Menschen entführen müssen und dennoch immer noch nicht weiter in ihren Forschungen sind, zu schüchtern, um offiziell einmal Hallo zu sagen, ganz klar, solche Heinis müssen doch von der Erde stammen.

Aber nichts übereilen, mal angenommen wenigstens einige Augenzeugenberichte beruhen auf wirklich realen Ergebnissen, dann stellt sich die Frage, ob eine konvergente Entwicklung auf einem anderen, fernen Planeten vorlag oder wanderte vielleicht Sauro sapiens nach (oder kurz vor) der Katastrophe vor 65 Millionen Jahren ins Weltall aus? … und veränderte sich dann 65 Millionen Jahre lang nicht mehr wirklich grundlegend?!

Zitat eines Verfechters dieser Theorie: 'Aber was wäre, wenn ein, zwei Spezies überlebt hätten und es nicht nur zu hoher Intelligenz gebracht hätten, sondern auch eine Technologie hervorbrachten, die es ihnen ermöglichte, den Kosmos zu erforschen?'

Das ist nun echt ein Argument! Man muss sich schließlich vorstellen, dass das Wetter nach dem Meteoriteneinschlag vor 65 Millionen Jahren ziemlich mies war. So richtig was zu kauen gab es auch nicht mehr und überhaupt waren gerade Raubsaurier zu dieser Zeit ziemlich arbeitslos, seit die meisten ihrer Beutetiere jämmerlich verreckt waren. Deprimierend ist das und auf alle Fälle ein erstklassiger Grund für eine Auswanderung! Aber darf man diesen Gedanken wirklich so ins Lächerliche ziehen? Vielleicht

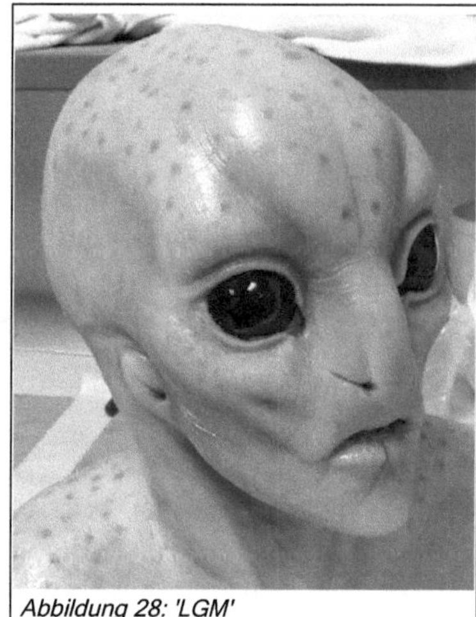

Abbildung 28: 'LGM'

waren die Sauro sapiens auch nur auf einer frühen Entwicklungsstufe und wurden von zufällig daherkommenden 'echten' Aliens mitgenommen, als drolliges Spielzeug für die kleinen – oder vielleicht nur um ihnen eine neue, im Moment sichere Heimat zu geben.

Zurück auf den Boden der Tatsachen!

Die sauroiden Aliens - bekannt aus vielen Ufo-Begegnungen in Film und auf Papier - könnten natürlich auch einer parallelen Evolution irgendwo im Kosmos entstammen. Das würde sie vom Auswanderer auf Heimaturlaub zum echten intergalaktischen Touristen befördern. Und es würde erklären, woher sie diese lästige Unart haben, ständig Menschen von der Erde kidnappen.

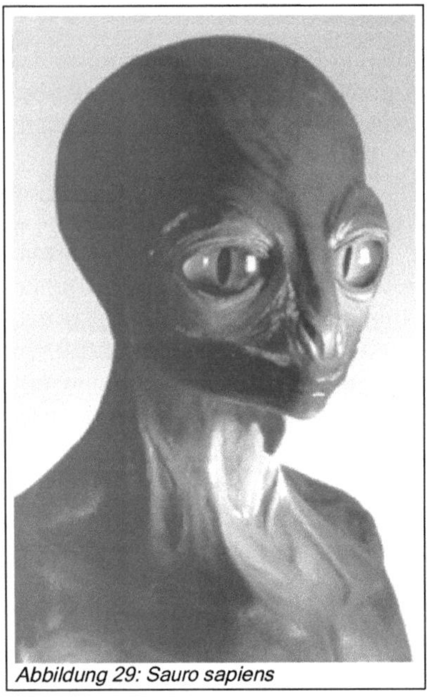
Abbildung 29: Sauro sapiens

Zitat: 'Machen wir uns das klar: Wenn wir es endlich schaffen, auf einem fremden Planeten zu landen und dort mehr oder weniger intelligente Bewohner antreffen, dann würden unsere Wissenschaftler und Geheimdienste natürlich darauf bestehen, dass Exemplare zur Erde gebracht würden. Tot oder lebendig, zu Forschungszwecken. Haben wir dann wirklich das Recht, uns darüber zu erregen, dass die Aliens Menschen für ihre Experimente kidnappen?'

Na ja, ich persönlich als Gutmensch bin der Ansicht, dass sich sapiende Wesen die so weit fortgeschritten sind den interstellaren Raumflug zu entwickeln, auch moralisch weit genug entwickelt sind, nicht so primitiv zu handeln, wie man es ihnen zur Last legt. Wir Erdenmenschen sind eben, und wahrscheinlich gottlob, noch nicht auf dieser Entwicklungsstufe. Außerdem, würden in solch einem Fall wohl ein paar Entführungen ausreichen und keine tausenden Entführungen nötig sein. Aber nur für den Fall dass ich hier falsch liege, würde ich mich gerne jeder Zeit eines besseres belehren lassen. Aber wenn die Aliens mich dann entführen, mögen sie bitte zu vor noch meiner Frau Bescheid sagen, es wäre ärgerlich, wenn deswegen umsonst auf das Abendessen warten würde.

Aber mal bei allem Ernst, mal nur angenommen, Sauro sapiens hätte ins All flüchten können – vor dutzenden von Jahrmillionen und würde jetzt die alte Heimat wieder aufsuchen, wäre so was denkbar? Eine zusätzliche Frage, die sich hierbei stellt, gibt es auch eine Evolution für intelligente Lebewesen, wie uns Menschen?

Ethnogenese beim Menschen

Zumindest bis vor kurzen, gab es auch für den modernen Menschen definitiv noch eine Evolution. Natürliche Auslese war bis vor wenigen Jahrzehnten durch aus noch ein wichtiges Thema. Andere waren und sind. Auswahlverfahren durch Schönheitsideale oder Endogamie. Evolution läuft vor allem über längere Zeiträume ab. Das was vor der Evolution abgeht, wird in Bezug auf den Menschen Ethnogenese genannt. Rein theoretisch könnte Ethnogenese ein

'Stepstone' der Evolution sein, beim Menschen ist dies aber nicht der Fall, dies aus verschiedenen Gründen.

Menschen heiraten zu allen Zeiten vor allem innerhalb ihres eigenen Volkes und eher selten über die Volks-, Religions-, Sprach- bzw. Herrschaftsgrenzen hinaus. Im Weiteren ist auch die Mobilität der Menschen zumeist auf Gebiete innerhalb dieser Grenzen beschränkt. Diese Beschränktheit wird auch als 'Endogamie' bezeichnet und bildet den Hauptgrund für das Entstehen und Bestehen von Volkscharakteren. Nun sind administrative Grenzen noch niemals von Bestand gewesen, sie werden verschoben, sie lösen sich auf, sie bilden sich neu. So ist Evolution durch Endogamie immer im Fluss und führt nur bei topographisch erzwungener Isolation zu eigenständigen Entwicklungen.

Eine andere Form der Endogamie ist eher künstlich erzeugt, als durch administrative Grenzen, die durch gesellschaftliche, religiöse oder nationalistische Regeln. Zwar gibt es heute keine ausgeprägten Herrschaftseliten mehr, die Heiratsschranken setzen, so wie noch vor wenigen Jahrhunderten, aber dennoch gibt es solche und es ist zu befürchten, dass es auch zukünftig solche gibt. Seine Sexual- und Ehepartner sucht man sich heute immer seltener in seinem eigenen Abstammungsumfeld, sondern holt diese sich von weit her. Für viele Menschen gilt exotisches im Phänotyp als zusätzliches Aphrodisiakum, weswegen insbesondere ethnische Abstammungen, in geringeren Umfang auch rassische Abstammungen, immer weniger Hinderungsgründe bieten.

Es gibt aber kulturell-religiöse Gründe, welche Heiratsschranken weiterhin bestehen lassen. So ist es heute in der BRD für die meisten islamischen Familien zwar kein Problem, wenn der Sohn eine Deutsche heiratet, sehr wohl aber eines, wenn die Tochter einen Deutschen heiratet. Eine Generalkritik am Islam wäre hier aber falsch, denn diese Problematik besteht auch in anderen Kulturkreisen und ist in manchen ländlichen Gegenden Deutschlands auch noch heute unter Deutschen evangelischer und katholischer Herkunft durchaus geläufig - wenn auch mehr verbal beim Dorftratsch, als bei den betroffenen Liebenden. Weiterhin gibt es indirekte Heiratsschranken welche durch den Willen des sozialen Aufstieges entstehen, gerade Eltern des oberen Mittelstandes und der Oberschicht wollen schon dass ihre Söhne zumindest standesgemäß, ihre Töchter wenn möglich standesaufsteigend heiraten. Dies ist aber nicht neu, sondern gab es schon seit Alters her, wohl seit dem es unterschiedliche soziale Schichten gibt.

Letztlich dürfte aber die Endogamie ein für die Massen auslaufendes Model sein und nur noch eher kleine Gruppen betreffen. Das Aushebeln der Endogamie wird nicht direkt ein Aushebeln der Ethnogenese zur Folge haben. Ethnien, also Völker, werden sich auch weiterhin bilden. Kurzfristig werden dabei auch neue Völker entstehen, wie aktuell mit der Schweiz oder Luxemburg, letztlich wird diesen aber in einer globalen Welt nur wenig Zukunft beschieden werden, denn diese werden die Ersten sein, die untergehen, in dem sie von den größeren Nachbarvölkern assimiliert werden. Welches Volk dabei welches assimiliert, wird von verschiedenen politischen Faktoren abhängen – was Europa anbelangt, wird dass deutsche Volk sicher hier sehr stark als 'Traditionskern' auftreten, zumal der kulturelle und geschichtliche Unterschied innerhalb der zentraleuropäischen Völker – von den Esten bis zu den Wallonen, von den Norwegern bis zu den Ungarn, ohnehin recht gering ist. Sicher kann man sich hier schnell auf die Traditionen des Heiligen Römischen Reiches berufen, im weiteren dann auf das Karolingische Reich und damit auch weitere Staaten Südwesteuropas wie Frankreich und gar Spanien mit einbinden.

Das deutsche Volk hat daher gute Chancen in Europa zum Kern einer neuen Ethnogenese des 'modernen Europäer' zu werden, global gesehen dürften aber andere Gruppen hier obliegen – ob dies die anglo-amerikanische, die chinesische, die indische oder was auch immer für eine Ethnie sein wird, dies wird die Zukunft in einigen Jahrhunderten zeigen. So um 2500, spätestens um das Jahr 3000 wird man diesbezüglich schlauer sein.

Ein menschliches Einheitsvolk wird es deswegen aber trotzdem nicht geben, Kolonien des Menschen auf anderen Planeten oder Weltenschiffen werden durch ihre Isolation von der Erde neue Ethnien entstehen lassen. Die moderne Genetik wird hier auf Basis einer Ethnogenese auch die Evolution beschleunigen. Dies zumindest in einer optimalen Variante, einer sehr optimistischen.

Natürliche Auslese ist aber seit einigen Jahrzehnten ein Auslaufmodell. In heutigen Zeiten können sich auch Behinderte vermehren und ihre 'krankhaften' Gene weiter verbreiten. Dies mag für die menschliche Evolution ein Dilemma sein, ist aber eine reine Moralfrage. Ein kurzsichtiger eiszeitlicher Jäger hätte ein echtes Problem gehabt und seine Chance sich und seine Gene, die anfällig für Kurzsichtigkeit sind, zu verbreiten, waren wohl recht gering. Heute trägt der Kurzsichtige Brille oder Linsen, ein Hindernis für seine Lebens- und damit Vermehrungstüchtigkeit ist nicht gegeben. Dass sich der menschliche Genbestand dadurch langfristig eher verschlechtern wird, darf wohl als unbestritten gelten. Dass es der weiteren menschlichen Evolution eher schadet, als nutzt, dürfte dann nur ein konsequenter Gedanke sein. Darf man daher also schlussfolgern, dass sich aus diesem Grunde intelligente Arten aus übertriebener Humanistik selbst degenerieren und damit auf kurz oder lang zum Aussterben verurteilt sind? Möglich, aber nicht sehr wahrscheinlich, denn mittels Genmanipulation kann man jegliche Gendefekte relativ leicht beheben. Das Dumme nur, man wird es wohl nicht nur bei 'Reparaturen' belassen.

Die moderne Genetik dürfte im Zusammenspiel mit freier Marktwirtschaft und Kapitalismus auch auf der Erde eine neue Ethnogenese starten lassen. Wer ausreichend Finanzmittel hat, wird diese in die genetische Optimierung seiner Nachkommenschaft investieren wollen. Auch wenn Gesetzte dieses verbieten mögen, die freie Marktwirtschaft und der Kapitalismus werden schon ihre Wege finden lassen, diese Gesetze zu umgehen und auszuhebeln. Irgendwann wird dies so stark sein, dass man dieses Vorgehen legalisieren muss, wolle man nicht große Teile der staatstragenden Bevölkerung inhaftieren bzw. sterilisieren – den dies wären die einzig denkbaren Strafen für derlei Vergehen. Binnen weniger Jahrhunderte würde so eine neue, bisher einzigartige Ethnogenese ablaufen. In den Gegenden schöner Landschaft und angenehmen Klimas würde das Volk der Intellektuellen, der Wirtschaftsbosse und der Künstler leben – dreier Gruppen welche sich später selbst separieren könnten – in den Gegenden, die landschaftlich und klimatisch nicht so schön sind, aber die Voraussetzungen für Industrie und Wirtschaft bieten, wird sich das Volk der Werktätigen entwickeln. Nach der Legalisierung der genetischen Optimierung können sie zwar nicht im Wettlauf mit der Oberschicht mithalten, aber doch zumindest kleinere Optimierungen durchführen lassen. Eine dritte Gruppe wird aus dem Prekariat entstehen, welches schon jetzt vorhanden ist, dieses wird sich keinerlei genetische Optimierung leisten können und mit der Zeit gegenüber Mittel- und Oberschicht immer weiter abkacken. Nach nur wenigen Jahrhunderten können die Unterschiede bereits so drastisch sein, dass die Unterschicht zur Mittelschicht und diese zur Oberschicht so stehen, wie Affe zum Neandertaler und ein Neandertaler zum Homo sapiens. Wir hätten damit nicht nur drei menschliche Völker, sondern drei neue Menschenrassen – den Homo sapiens prekarius, den Homo sapiens laborius und dem Homo sapiens prolixus – welch unwürdiges Ende der Ethnogenese, der differenzierten, menschlichen Kultur und letztlich auch des Homo sapiens sapiens.

Ganz gleich aber wie, ob in räumlicher oder gesellschaftlicher Hinsicht, die Aufspaltung der Menschheit in verschiedene neue Rassen ist, so sie sich nicht selbst umbringt, für die nächsten Jahrhunderttausende vorprogrammiert. Es darf davon ausgegangen werden, dass dies einen Sauro sapiens, welcher ins All geflüchtet ist, ähnlich ergeht. So deren Nachfahren heute noch leben, wären aus ihnen verschiedene Rassen entstanden, welche nur noch für den vergleichenden Anatomen Ähnlichkeiten aufweisen. Manch einer davon mag grau sein, manch einer grün. Diese Frage ist aber nebensächlich, eine andere aber weniger.

Wenn Sauro sapiens schon seit Dutzenden von Jahrmillionen das Weltall besiedelt, müssten wir davon nicht schon längst was bemerkt haben? Vielleicht, vielleicht auch nicht! Seien wir mal optimistisch und gehen davon aus, dass fortgeschrittene Zivilisationen so fortschrittlich sind und sich nicht versuchen gegenseitig auszulöschen. Einerseits wäre dies die ultimative Voraussetzung, dass eine Zivilisation überhaupt Dutzende Jahrmillionen übersteht, anderseits aber auch der Grund, warum wir nichts von interstellaren Kriegen bemerken. Anders aber seine Technologien, von denen müsste man auch etwas auf der Erde bemerken können. Dies wären ganz besonders die sogenannten Dysonsphären. Eine Dysonsphäre ist faktisch ein Planet, welcher 'eingerollt' wurde und um die Sonne herum in Form einer riesigen Sphäre wieder aufgerollt wurde. Von der Oberfläche dieser Sphäre, dieses 'Planeten' kann man nur die Sonne und die benachbarten Regionen der Sphäre sehen, aber keine Sterne mehr. Will man diese sehen, muss man sozusagen in den Keller gehen und aus dem Kellerfenster, welches eigentlich im Kellerboden sich befindet, schauen.

Just wo ich dies hier schreibe, haben Astronomen einen Verdachtsfall für den Bau einer Dysonsphäre gefunden, die Ungereimtheiten dieses Sternes, genannt Tabby's Stern, lassen sich aber auch durch natürliche Vorgänge erklären. Aber selbst wenn es sich um die Baustelle einer Dysonsphäre handelt, die Bauherrn dürften wohl eher stinknormale Aliens sein, als ein von der Erde stammender Sauro sapiens. Vielleicht ist das Universum gar voll von Dysonsphären. Vielleicht ist ein nicht unbeträchtlicher Teil dessen was als Schwarze Materie bzw. Schwarze Energie bezeichnet wird und bisher von den Astronomen und Astrophysikern vergeblich gesucht wird, gebunden in Abermilliarden Dysonsphären. Möglich, aber eher unwahrscheinlich, denn auch eine dunkle Sphäre könnte man recht gut von der Erde aus feststellen. Allerdings würde man wohl sicher ausreichend Gründe finden, warum es sich dabei um ein rein natürliches Phänomen handelt und nicht um ein künstliches.

Ich persönlich denke ohnehin, dass sich Zivilisationen ab einem bestimmten Punkt ihrer Entwicklung in die virtuelle Welt zurückziehen. Schon heute würden so manche, nicht nur Nerds, sich liebend gerne in die virtuelle Welt ihrer Spiele zurückziehen. Da ist es nicht fern zu denken, dass eine Zivilisation sich in die ressourcensparende virtuelle Welt zurückzieht. Ein Computer, so groß wie ein mittlerer Planetoid könnte Abertrilliarden an Individuen aufnehmen und wir würden davon nicht mal was merken, wenn dieser zwischen Mars und Jupiter dahinfliegen würde.

Gleich wie, im fernen All brauchen wir Sauro sapiens wohl nicht zu suchen. Allein schon deswegen, weil wir nur wenig Möglichkeiten haben, ihn auch aufzuspüren und als das was er ist zu verifizieren. Wenn wir ihn suchen, dann hat es nur Sinn, wenn wir es auf der Erde tun.

Was ist mit alten Überlieferungen, mit Sagen, da gibt es doch die Drachen, könnte dies nicht der gesuchte Hinweis sein?

Drachen = Saurier?

Als ich als Erstklässler das berühmte Berliner Naturkundemuseum besuchte und die dort ausgestellten Dinosaurier sah, welche damals für mich als kleiner Stepke noch um einiges imposanter waren als heute, bemerkte ich, dass die Knochen der meisten weiß oder beige waren, halt wie Knochen so aussehen. Aber ein Saurier hatte schwarze Knochen, in kindlicher Logik interpretierte ich diesen daher sofort als Drache. Es dauerte doch einige Jahre, bis ich erfuhr, dass die Farbe der Knochen von dem Material stammen, in welchem diese vor Urzeiten eingebettet wurden. Natürlich hatte der Saurier einst (mehr oder weniger) weiße Knochen, aber seine Fossilierung fand in kohle- bzw. ölhaltigem Gestein statt, welches auch die Knochen schwarz färbte. Also nichts mit Drachen. Dennoch möchte ich an dieser Stelle den Drachen-mythos etwas näher untersuchen, vielleicht bringt er uns auf eine mögliche Spur? Könnte er ein Hinweis darauf sein, dass Sauro sapiens bis in jüngere Zeit überlebt hat? Sogar auf der Erde?!

Beschreibung des Drachenmythos

Erzählungen und Bilder von Drachen sind in vielen Kulturen und Epochen bekannt, entsprechend mannigfaltig sind seine Erscheinungsformen. Grundsätzlich kann man feststellen dass es sich bei historischen Abbildungen von Drachen, diese Mischwesen sind, welche sich aus mehreren real existierenden Tieren zusammensetzten, so werden auch die mehrköpfigen Schlangen der antiken Mythologien ebenfalls als Drachen betitelt. Ähnlich verfuhr man auch bei exotischen Tieren, von denen man zwar hörte, sie aber selbst nie sah. Ein Nilpferd sieht dann eher wie eine Mischung zwischen Pferd und Schwein aus, eine Giraffe wie aus Reh und Schwan, eben deshalb weil dies so dem Künstler beschrieben wurde.

Besonders die Schlangenanteile sind bei den meisten Drachen vorherrschend. Der Körper ist meist geschuppt wie bei Schlangen, der Hauptsachverhalt, der Drachen überhaupt erst reptiloid macht. Der Kopf – oder die Köpfe, oft sind es drei oder sieben – stammt von einem Krokodil, einem Löwen, einem Panther oder einem Wolf. Die Füße sind Tatzen von Raubkatzen oder Adlerklauen. Meist besitzt der Drache vier; es gibt aber auch zweifüßige Formen wie die Wyvern und schlangenartige Mischwesen ohne Füße. Diese werden in Typologien als Kriech-Drachen den Flug-Drachen gegenübergestellt. Die Flügel des Drachen erinnern an Greifvögel oder Fledermäuse. Verbreitete Elemente sind eine gespaltene Zunge, ein scharfer, durchdrin-gender Blick, der feurige Schlund und ein giftiger Atem. Die Abgrenzung zu anderen mythi-schen Wesen ist nicht immer klar erkennbar. Besonders Schlangenmythen weisen viele Gemeinsamkeiten zu Drachenerzählungen auf, so auch die Abstammung von Drachen aus Eiern, ganz wie man es bei einem reptiloiden Wesen erwarten würde.

Der chinesische Drache vereint in sich die Merkmale von neun verschiedenen Tieren: Neben einem Schlangenhals besitzt er den Kopf eines Kamels, die Hörner eines Rehbocks, die Ohren einer Kuh, den Hinterleib eines Reptils, die Schuppen eines Fisches, die Klauen eines Adlers, die Augen einer Katze und die Tatzen des Tigers. Er steht nicht unbedingt in einem negativen Kontext und ist daher zwar mit einer gewissen Furchterregendheit ausgestattet, aber durchaus auch mit einer gehörigen Portion Liebenswürdigkeit.

Ganz anders die europäische Version des Drachens, der ist meist von furchterregender Gestalt und Größe; als Sinnbild des Teufels bestimmt die Hässlichkeit seine Erscheinung. In seiner klassischen Form ist er allen vier Elementen zugehörig: Er kann fliegen, schwimmen, kriechen und Feuer speien.

Der antike Drache war vor allem ein Schreckbild und ein Herrschaftssymbol. Das römische Heer übernahm die Dracostandarte als Feldzeichen wohl im Nahen Osten, wohl von den Parthern. Die purpurne Drachenfahne, faktisch ein Windsack an einer Stange, dessen große Öffnung durch ein maulartiges Etwas für den Wind offen gehalten wurde, stand dem Kaiser zu; sie wurde ihm in der Schlacht und bei Feierlichkeiten vorangetragen. Die Germanen übernahmen dieses Symbol, war es doch bei Ihnen über Jahrhunderte zwar ein Symbol römischer Terrorherrschaft, aber auch von deren militärischer Omnipotenz, welche ja ausgerechnet die Germanen am massivesten erschütterten. Das Mittelalter führte diese Symbolik auf Fahnen, Wappen, Schildern und Helmen fort. Als Kaisertier diente der Drache noch Maximilian I., und mit der Thronbesteigung des Hauses Tudor gelangte der goldene Drache in das Wappen von Wales.

Der eigenständige Bildtypus des dinosauroiden Drachen in klarer Abgrenzung von dem bis dahin eher schlangenartigen Typus setzte sich in Europa erst im hohen Mittelalter durch. Mit der Herrschaft germanischer Reiche ändert sich auch das Bild des Drachen an sich, bei den Römern noch hauptsächlich positiv geprägt, ist sein Bild nunmehr negativ geprägt. Die Germanen konnten die Abscheu vor den Römern, welche sie in die Form des Drachen packten, in neue Zeiten hinüberretten, in dem sie das Gleichnis Römer = Böse = Drache abänderten, in Drache = Böse. Das Christentum in seiner Eigenart der Haßliebe zu allem verteufelten und heidnischen, tat wohl sein übriges, die Kreditwürdigkeit des Drachens in Europa auf Ramschniveau zu senken.

In der bildenden Kunst und Emblematik des christlichen Mittelalters erscheint er von nun an in Bauplastik und biblischer Buchmalerei als Verkörperung des Teufels oder Dämons. Er dient aber auch weiterhin und damit in alter römischer Tradition beim Adel als Symbol von Wachsamkeit, Logik, Klugheit und Stärke. Ab dem Hochmittelalter ist das vorherrschende Motiv der christlichen Drachendarstellungen der Kampf gegen das Böse und die Erbsünde. So findet der Drache auch Eingang in den mittelalterlichen Sagenschatz. Populäre Drachentöter sind der Siegfried aus der Nibelungensage, der Heilige Georg und Erzengel Michael. Manchmal erscheint auch Christus selbst als Sieger über die Bestie, dazu gibt es zwar nichts in der Bibel, aber der Drache ist für die mittelalterliche Bevölkerung klar als Sinnbild des Bösen zu identifizieren. Mit Ausgang des Mittelalters tritt zuweilen auch die Schlange aus dem Paradies in Drachengestalt auf und die apokalyptischen Bilder des Jüngsten Gerichts symbolisieren die Hölle als Drachenschlund. Diese dämonische Variante ist das Drachenbild, das in der Gegenwart Eingang in die Fantasy-Kultur fand und uns heute vor Augen steht, wenn wir an einen Drachen denken.

Obwohl es auch in Ostasien verschiedene Typen von Drachen gibt, ist die Darstellung des klassischen chinesischen Drachen stark formalisiert. Auf zeremoniellen Gewändern zeigte seine Farbe und die Anzahl der Klauen den Rang des Trägers an. Der gelbe Drache mit fünf Klauen blieb ausschließlich dem Kaiser selbst vorbehalten.

In Märchen und Sagen tritt das wasserhütende Untier auf: Es bewacht die einzige Quelle oder den Fluss, der als Nahrungsgrundlage dient, und ist verantwortlich für Überschwemmungen und Dürrekatastrophen. In dieser Rolle fordert die Bestie regelmäßig Menschenopfer. Die Rettung des Opfers, vorzugsweise einer Jungfrau bzw. Königstochter, sichert dem Sieger Reichtum oder ein Königreich. In Höhlen hausende Erd-Drachen bewachen Schätze. Dieses Motiv, das seit der Antike bekannt ist, steht möglicherweise im Zusammenhang mit dem Totenglauben. Noch in Volkssagen des 19. und 20. Jahrhunderts sind es oft Verstorbene, die in Drachengestalt ihre Hinterlassenschaften vor dem Zugriff der Lebenden sichern.

Die ältesten sumerischen Darstellungen von Drachen finden sich auf Rollsiegeln aus der Uruk-Zeit. Sie gehören zu den Mischwesen, die in einer Vielzahl im Bilderrepertoire des alten Orients vertreten sind. Die älteste schriftliche Erwähnung eines Drachen findet sich in der Keš-Tempel-Hymne von ca. 2.600 v. u. Z. Es lassen sich zwei drachenartige Grundtypen identifizieren: Schlangendrachen (Ende des 4. Jahrtausends v. u. Z.), die mindestens zum Teil einer Schlange ähneln, und Löwendrachen, die zumeist aus Elementen von Löwen und Vögeln zusammengesetzt sind (Anfang des 3. Jahrtausends v. u. Z.). Wie alle Mischwesen sind die altorientalischen Drachen weder Götter noch Dämonen, sondern gehören zu einer eigenen Klasse übernatürlicher Wesen, deren Namen und Gestalt auf einen Zusammenhang mit dem Tierreich oder mit den Naturgewalten hinweisen. Sie sind nicht eindeutig negativ besetzt. Es gibt Ausnahmen, wie die feindlichen vielköpfigen Schlangen, die der frühdynastischen Zeit entstammen. In der Regel treten die frühen Drachen in Text und Bild als mächtige, manchmal gefährliche, manchmal aber auch beschützende Wesen auf.

Die Drachen stehen zunächst in loser Verbindung mit Gottheiten. In der Akkad-Zeit werden sie den Göttern als Diener beigesellt, manchmal sind es Rebellen und besiegte Gegner. Auf Siegeln aus der Zeit um 2.500 v. u. Z. erscheint das Motiv des Drachenkampfes, das aber erst Jahrhunderte später in mythologischen Erzählungen überliefert ist. Als Drachentöter treten in mesopotamischen Texten des späten 3. Jahrtausends zunächst lokale Götter auf. Vereinigt werden die Traditionen um 2.100 v. u. Z. im Anzu-Mythos: Der Kriegergott Ninurta aus Nippur siegt über den Löwenadler Anzu, der die Schicksalstafeln gestohlen hat, und löst in der Folge Enlil als obersten Gott des sumerisch-akkadischen Pantheons ab. Die Ninurta-Mythologie verbreitete sich im 1. Jahrtausend mit dem Aufstieg des assyrischen Reiches im ganzen Vorderen Orient; als Nimrod fand er Eingang in die biblische Überlieferung. Während der Anzu-Mythos den Generationswechsel in der Götterhierarchie zum Thema hat, beschreibt ein zweiter orientalischer Typus den Kampf des Wettergottes mit der Urgewalt des Meeres, symbolisiert durch die gehörnte Meeresschlange. Dieses Motiv findet sich im hethitischen Illuyanka-Mythos, der um 1.700 v. u. Z. entstand, in dem um 1.600 v. u. Z. niedergeschriebenen ugaritischen Baal-Zyklus und in dem Kampf Marduks, des babylonischen Hauptgottes, gegen die Meeresgottheit Tiamat. Im Gefolge der Tiamat befinden sich wilde Schlangendrachen (ušumgallē nadrūti), die Schlange Basmu und der Drache Mušḫuššu. Die facettenreichen altorientalischen Mythen flossen in die Texte des Alten Testaments ein, womit der Drache der biblisch-christlichen Tradition im alten Vorderen Orient seinen primären Ursprung hat.

Die hebräische Bibel benutzt das Wort tannîn für Landschlangen und schlangenartige Meeresdrachen. Daneben kennt sie mit Leviathan und Rahab zwei individuelle, besonders gefährliche Schlangendrachen. Beide kommen aus dem Meer, und in beiden lebt die vorderasiatische Erzähltradition fort. Leviathan ist mit Litanu, dem Widersacher Baals, verwandt, der Name Rahab hat wohl mesopotamische Wurzeln. Im Alten Testament tritt der Gott Jahwe in die Fußstapfen der orientalischen Wettergötter, zerschmettert den Drachen, zähmt das Meer (Habakuk, 3,5) und wird damit zum Begründer der kosmischen Ordnung. Auch der ägyptische

Pharao als der Feind Gottes wird mit einem Drachen (tannîn) verglichen (Buch Ezechiel, 32:2b–8): „Du bist gleich wie ein Löwe unter den Heiden und wie ein Meerdrache und springst in deinen Strömen und rührst das Wasser auf mit deinen Füßen und machst seine Ströme trüb."

Der biblische Drachemythos gibt die altorientalischen Vorbilder aber nicht nur wieder, er entwickelt sie weiter. Der Drachenkampf ist nicht mehr nur eine Tat des Anfangs, sondern wird auch zu einer Tat des Endes. Bereits das Buch Daniel schildert Visionen endzeitlicher Löwendrachen, und die Offenbarung des Johannes lässt den Erzengel Michael mit dem großen feuerroten, siebenköpfigen Schlangendrachen kämpfen. Michael siegt im Himmelskampf, und

„[…] es wurde hinausgeworfen der große Drache, die alte Schlange, die da heißt: Teufel und Satan, der die ganze Welt verführt, und er wurde auf die Erde geworfen, und seine Engel wurden mit ihm dahin geworfen." – Offenbarung des Johannes, 12, 9

In den Bildern der Johannes-Apokalypse wird der Drache endgültig zum personifizierten Bösen, der nach seinem Sturz vom Himmel für alles Böse sich verantwortlich zeichnet. So wie auch die Germanen in der Dracostandarte das Symbol, des bösen Römers an sich sahen, sahen die frühen Christen, die in vergleichbarer Weise wie die Germanen römischer Machtwillkür ausgesetzt waren, die Dracostandarte und damit den Drachen als Symbol des bösen Heiden, damit des Bösen an sich.

Griechische und römische Antike

Bei den griechischen Drachen (drakos) überwiegt der Schlangenaspekt. Die Ungeheuer der griechischen Mythologie kommen aus dem Meer oder hausen in Höhlen. Sie sind oft mehrköpfig, riesig und hässlich, besitzen einen scharfen Blick und einen feurigen Atem, haben aber selten Flügel. Bekannte griechische Drachen sind der hundertköpfige Typhon, die neunköpfige Hydra, der Schlangengott Ophioneus und Python, Wächter des Orakels von Delphi. Ladon bewacht die goldenen Äpfel der Hesperiden, und auch in der Argonautensage taucht das Motiv des Bewachers auf. In dieser Version des Mythos ist es nicht nötig, die Bestie im Kampf zu töten. Bevor Jason das Goldene Vlies raubt, wird der Drache von Medea eingeschläfert. Aus der griechischen Sage stammt die Konstellation von Drache, Held und der schönen Prinzessin, die dem Untier geopfert werden soll. Die Rettung Andromedas vor dem Seeungeheuer Ketos durch Perseus ist seit der Antike ein beliebtes Motiv in der Kunst.

Die Antike hat das Drachenbild nachfolgender Epochen um etliche Facetten bereichert. Von den Griechen und Römern übernahm Europa das Wort „Drache". Das griechische „drácōn" („der starr Blickende", zu gr. „dérkomai" „ich sehe") ist als Lehnwort über das Lateinische „draco" in die europäischen Sprachen gelangt: Als „trahho" beispielsweise in das Althochdeutsche, als „dragon" in das Englische und Französische, als „drake" in das Schwedische. Auf die griechische Astronomie geht die Bezeichnung des gleichnamigen Sternbildes zurück, und auch die europäische Drachen-Symbolik zeigt antiken Einfluss. Die Dracostandarte, ursprünglich ein Feldzeichen welches bei Völkern im Osten des Römischen Reiches Verwendung fand (Parthern, Dakern, Sarmaten), dürfte lange bevor die Römer mit diesen Völkern in direkten Kontakt kamen, von Völkern des Zweistromlandes übernommen worden sein, die Mittler waren wohl die Griechen. Auf ähnliche Weise übernahmen später die germanischen Stämme der Völkerwanderungszeit diese gelegentlich vom römischen Heer. Das furchterregende Untier ist hier Symbol der eigenen Stärke, das den Gegner einschüchtern soll und somit positiv besetzt.

Christliches Mittelalter

Das christliche Mittelalter treibt die spätantike Verbindung von Drachen und Teufel weiter. Auf Bildern von Exorzismen fahren die Teufel in Form kleiner Drachen aus dem Mund des Besessenen heraus, Dämonen in Drachengestalt zieren Taufbecken, Friese und Wasserspeier gotischer Kathedralen. Die allegorische Bildersprache der Bibel übernehmen die Heiligenlegenden. An die 30 Gegner hat der Drache allein in der 'Legenda aurea'. Insgesamt sind um die 60 Drachenheilige bekannt. Drei Drachenheilige rangieren im Hochmittelalter unter den 14 Nothelfern: Margareta von Antiochia, die den Drachen mit dem Kreuzzeichen abwehrte, Cyriakus, der einer Kaisertochter den Teufel austrieb, und Georg. Er wird der Populärste aller heiligen Drachentöter; sein Lanzenkampf gegen die Bestie wird bis heute in zahllosen Darstellungen weltweit verbreitet. Die Wappenbilder deutscher Städte, die den Drachen als gemeine Figur zeigen, sind überwiegend von Georgslegenden abgeleitet, und viele Volksbräuche und Drachenfeste lassen sich darauf zurückführen. Bekannt sind zum Beispiel der Further Drachenstich und in Belgien die Ducasse de Mons. Ein spektakuläres Fest ist der katalanische Feuerlauf Correfoc, bei dem feuerspeiende Drachen und Teufel durch die Straßen ziehen. Das Fest hat möglicherweise vorchristlichen Ursprung, ist aber seit dem Mittelalter mit dem katalanischen Landespatron St. Georg verknüpft. In Metz war es dagegen der Legende nach Bischof Clemens, der den im Amphitheater hausenden Drachen Graoully vertrieben und an seiner Stola aus der Stadt geführt hatte. Bis ins 19. Jahrhundert wurde eine Darstellung des Drachen durch die Straßen getragen und von den Kindern der Stadt geschlagen.

Eine herausragende Stellung nimmt der Drache in der ornamentalen Bildkunst der Wikingerzeit ein, welcher hier noch den ursprünglich römischen, schlangenhaften Drago entspricht. Drachenköpfe verzieren Runensteine, Fibeln, Waffen und Kirchen. „Dreki" ist in der Wikingerzeit eine verbreitete Schiffstypenbezeichnung; entgegen modernen Kolportagen ist der Drache als figürliches Motiv am Bugsteven archäologisch nicht nachgewiesen. In der germanischen Literatur ist der Drache vom 8. Jahrhundert bis in die Neuzeit gut belegt, besonders in der Heldendichtung, vereinzelt auch in den altnordischen Skalden. Das altenglische Epos Beowulf erwähnt einige Male kriechende oder fliegende Drachen, die unter anderem als Hüter von Schätzen fungieren. Aber es gibt sie in vielerlei Gestalt: Die Midgardschlange oder Fafnir, ein habgieriger Vatermörder in Drachengestalt, von dessen Schicksal die Edda und die Völsunga-Saga berichten. Der Neid-Drache Nidhöggr, der an der Weltenesche nagt, ist dagegen eher auf christlichen Einfluss zurückzuführen, denn in den altskandinavischen Quellen schützen sie eher vor feindlichen Geistern, als das sie selbst eine Bedrohung für den eigenen Glauben sind.

Die Nordgermanen dürften von ihren Kontakten mit den Römern den Drachen übernommen haben, dienten doch nachweisbar nicht wenige von ihnen seiner Zeit bei Römern, wie auch Germanen, als Söldner. Da sie den Drago rein aus militärischer Sicht kennen lernten, hatte er bei ihnen eine eher positive Stellung inne. Das germanische Wort Lindwurm ist ein Pleonasmus: Sowohl das altisländische 'linnr' als auch der 'wurm' bezeichnen eine Schlange.

Die Germanen übernahmen später nicht nur die Bezeichnung, sondern auch die Vorstellung des fliegenden Ungetüms. Der 'lintdrache' des Nibelungenliedes zeigt die Verschmelzung beider Glaubensvorstellungen an. Vorstellungen der nordischen Mythologie wandern aber auch wieder zurück nach Zentral- und Westeuropa und beeinflussen besonders dass Bild des Drachen im Sagenschatz.

Im Hochmittelalter wird der Drache ein beliebter Gegner der Ritter in der Heldenepik und im höfischen Roman. In der Arthustradition, besonders aber in dem Sagenkreis um Dietrich von Bern ist ein Drachenkampf fast schon obligatorischer Bestandteil eines heroischen Lebenslaufes. Mit dem Sieg rettet der Held eine Jungfrau oder ein ganzes Land, erwirbt einen Schatz oder stellt einfach nur seinen Mut unter Beweis. Die besonderen Eigenschaften des Unterlegenen gehen oft auf den Sieger über: Das Bad im Drachenblut macht Siegfried unverwundbar, andere Helden verspeisen deswegen das Drachenherz.

Überraschend stark ähnelt zum Beispiel der Drache aus einen der damals typischen 'Heiliger Georg besiegt Drache'-Zyklen. Er stammt etwa aus dem Jahre 1490 und wurde durch den berühmten deutschen Holzschnitzer Tilman Riemenschneidern geschaffen. Tilmans Drache ähnelt recht stark heutigen Drachenbildern, welche bereits stark durch unser heutiges paläonto-logische Wissen adaptiert wurde und damit auch den tatsächlichen Dinosauriern. Anders aber als die meisten anderen Drachendarstellungen der Zeit wirkt dieser Drache eher humanoid, als tierisch. Kannte Tilman Riemenschneider vielleicht einen Sauro sapiens? Sicherlich nicht, davon können wir wohl sicher ausgehen. Somit ist Tilmanns Drache sicher aber ein gutes Beispiel, dass künstlerische Bildnisse von Wesen die zufällig Dinosauriern oder Sauro sapiens ähneln, in der historischen Kunst noch lange kein Beleg sind, dass die Künstler jemals so ein Wesen sahen.

Abbildung 30: Drache (Tilman Riemenschneider, um 1495)

Frühe Naturwissenschaft

Bereits Plinius der Ältere schrieb Teilen des Drachenkörpers eine medizinische Wirkung zu, Solinus, Isidor, Cassiodor und andere ordneten die Bestie in das Tierreich ein, womit sie sich außerhalb des Dämonenreiches sich befanden. Hildegard von Bingen schrieb in ihrer Naturlehre „Mit Ausnahme seines Fettes ist nichts von seinem Fleische und den Knochen für Heilzwecke verwendbar". Die mittelalterlichen Naturforscher waren, angesichts der Fülle biblischer Belegstellen, erst recht von der realen Existenz der Untiere überzeugt. Es entstanden gar detaillierte Systematiken der verschiedenen Drachenarten: so die von Conrad Gesner in seinem Schlangenbuch von 1587, Athanasius Kircher im Mundus Subterraneus von 1665 oder Ulisse Aldrovandi in dem Werk „Serpentum et Draconum historia" von 1640. Bis weit in die Neuzeit blieben Drachen ein realer Teil der belebten Natur, für deren Existenz man durchaus Beweise zu kennen glaubte. Für frühe naturwissenschaftliche Sammlungen und Naturalienkabinette erwarben die Gelehrten, Fundstücke aus fernen Ländern, die aus getrockneten Rochen, Krokodilen, Fledermäusen und Echsen zusammengestellt waren – im heutigen Sinne Fälschungen, im Verständnis der frühneuzeitlichen Gelehrtenkultur aber „Rekonstruktionen", die die Feststellung eines „echten" Drachen lediglich vorwegnahmen. Noch Zedlers Universal-Lexikon meinte, der Drache sei:

„[…] eine ungeheure grosse Schlange, die sich in abgelegenen Wüsteneyen, Bergen und Stein-Klüfften aufzuhalten pfleget, und Menschen und Vieh grossen Schaden zufüget. Man findet ihrer vielerley Gestalten und Arten; denn etliche sind geflügelt, andere nicht; etliche haben zwey, andere vier Füsse, Kopff und Schwantz aber ist Schlangen-Art." – Grosses vollständiges Universal-Lexicon Aller Wissenschafften und Künste

Erst die modernen Naturwissenschaften im 17. Jahrhundert begannen die meisten dieser Vorstellungen zu verwerfen, da sich nach der Erforschung eines großen Teiles der Welt es sich erwies, dass es eben Drachen nirgends gibt. Angesichts der Tatsache dass die Gelehrten aber selbst niemals Drachen zu Gesicht bekamen, gab aber auch früh schon kritische Stimmen. Bereits Bernhard von Clairvaux lehnte es ab, an Drachen zu glauben, und Albertus Magnus hielt die Berichte über fliegende, feuerspeiende Wesen für Beobachtungen von Kometen. Die Alchemie verwendete den Drachen lediglich als Symbol: Ouroboros, der sich in den eigenen Schwanz beißt und allmählich selbst auffrisst, stand für die Prima materia, den Ausgangsstoff zur Herstellung des Steins der Weisen. Die moderne Zoologie schloss den Drachen seit Carl von Linné aus ihrer Systematik aus, doch außerhalb des streng wissenschaftlichen Diskurses blieb er weitaus hartnäckiger „real" als viele andere mythologische Wesen. Die Jagd nach Saurier-Drachen (siehe unten) war noch zu Beginn des 20. Jahrhunderts ein ernsthaft betriebenes Geschäft.

Märchen und Sage

Der Drache ist eines der verbreitetsten Motive im europäischen Märchen. In dem wohl häufigsten Typ von Drachenmärchen, dem „Drachentöter", tritt das Ungetüm als übernatürlicher Gegner auf. Dabei muss der Held das Untier töten, was ihm zumeist nur durch List gelingt, um den Siegeslohn zu erhalten – die Jungfrau (zumeist aus blauen Geblüt) oder ein riesiger Schatz. Letzteres dürfte eine Reminiszenz an die Römerzeit erinnern, als unter dem Drago die römischen Steuerkassen und Soldtruhen geschützt wurden.

Neben dem Drachentöter gibt es noch eine Reihe weiterer Märchentypen, in denen der Drache eine Rolle spielt. Die Vermischung von Drachen und Menschen tritt als Thema mal gerne gelegentlich in osteuropäischen Märchen auf. Der slawische Drache ist zuweilen gar ein halbmenschlicher Held, der reiten kann und mit ritterlichen Waffen kämpft, und der nur noch durch seine Flügel als Drache erkennbar ist.

Im Bereich der Sage sind die „Augenzeugenberichte" angesiedelt, die beispielsweise den alpenländischen Tatzelwurm bekannt gemacht haben – noch den Chronisten der Renaissance galt der Alpendrache, dem viele Alpenbewohner begegnet sein wollten, als real existierendes Tier. Die europäischen Drachensagen zeichnen sich gegenüber dem Märchen allgemein durch eine größere Realitätsnähe aus. Ort und Zeit des Geschehens sind immer angegeben: Die lokalen Drachengeschichten konservieren den Stolz der Bewohner, etwas „Besonderes" zu sein. Und es gibt nicht immer ein Happy-End. Der Sieg über den Drachen kann den Helden auch das Leben kosten.

Ostasien

Die ältesten ostasiatischen Darstellungen drachenähnlicher Mischwesen stammen aus dem chinesischen Raum. Die neolithischen Kulturen am Gelben Fluss hinterließen Objekte aus Muscheln und Jade, die Schlangen mit Schweinen und anderen Tieren kombinieren. Ab der

Shang-Dynastie (15. bis 11. Jahrhundert v. u. Z.) symbolisierte der Drache die königliche Macht und die Han-Dynastie (206 v. u. Z. bis 220 u. Z.) legte seine Form fest. Der chinesische Drache Long ist der wichtigste Ursprung fernöstlicher Drachenvorstellungen: Seit der Song-Dynastie (10. Jahrhundert) übernahm der Buddhismus das Mischwesen und verbreitete es im gesamten ostasiatischen Raum.

Der chinesische Drache hat eine positivere Bedeutung als sein westliches Gegenstück. Er steht für den Frühling, das Wasser und den Regen. Da er die Merkmale von neun verschiedenen Tieren in sich vereint, ist er nach chinesischer Zahlenmystik dem Yang, dem aktiven Prinzip, zugeordnet. Ferner vertritt er eine der fünf traditionellen Arten von Lebewesen, die Schuppen-tiere, und im chinesischen Tierkreis ist er das Fünfte, unter zwölf Tieren. Zusammen mit dem Phönix (fenghuang), der Schildkröte (gui) und dem Einhorn (qilin) zählt der chinesische Drache zu den mythischen „vier Wundertieren" (siling), die dem chinesischen Welt-Schöpfer Pangu halfen.

Der Drache der chinesischen Volkserzählungen besitzt magische Fähigkeiten und ist überaus langlebig: Jahrtausende kann es dauern, bis er seine endgültige Größe erreicht. Als Kaisertier hat er fünf Klauen und ist von gelber Farbe, ansonsten hat er nur vier Klauen, wie zum Beispiel in der Flagge Bhutans. Das Duo Drache und Phönix repräsentieren seit der Zeit der streitenden Reiche den Kaiser und die Kaiserin. Dem gebieterischen und beschützenden Drachen der Mythologie steht aber auch der unheilbringende Drache der chinesischen Volks-märchen gegenüber. So ist der Drache in China kein durchweg Positives, sondern ein Ambivalentes Wesen.

Der Drache spielt eine große Rolle in der chinesischen Kunst und Kultur: Es gibt Skulpturen aus Granit, Holz oder Jade, Tuschezeichnungen, Lackarbeiten, Stickerei, Porzellan- und Keramikfiguren. Drachenmythen und Rituale sind schriftlich bereits im I Ging-Buch aus dem 11. Jahrhundert v. u. Z. überliefert, und die Frühlings- und Herbstannalen schildern Drachen-zeremonien, die Regen herbeirufen sollten. Auf die Prä-Han-Zeit geht das Drachenbootfest in seiner heutigen Form zurück, Drachentänze und Prozessionen gehören auch zum chinesischen Neujahrsfest und zum Laternenfest. Das Feng Shui berücksichtigt den Drachen beim Häuserbau, Gartengestaltung und Landschaftsplanung, und die chinesische Medizin kennt Rezepte aus Drachenknochen, -zähnen oder Drachenspeichel; Ausgangsstoffe dafür sind zum Beispiel Fossilien oder Reptilienhäute.

Der thailändische Mangkon, die Drachen in Tibet, Vietnam, Korea, Bhutan oder Japan haben chinesische Wurzeln, die sich mit lokalen Traditionen vermischt haben. Einige Elemente fernöstlicher Drachenkulte lassen daneben auch Parallelen mit den Nagas erkennen, den Schlangengottheiten der indischen Mythologie. So verfügen die Drachen aus japanischen und koreanischen Mythen oft über eine Fähigkeit zur Metamorphose: Sie können sich in Menschen verwandeln, und Menschen können als Drachen wiedergeboren werden. Die Hochachtung vor den Herrschern über das Wasser brachte es mit sich, dass der Tennō eine Abstammung vom Drachenkönig Ryūjin für sich in Anspruch nahm. Ebenso führten die koreanischen Könige ihre Ahnenreihe auf Drachengottheiten zurück. Eine besonders starke lokale Überlieferung hat das Drachenbild in Indonesien geprägt: Hier ist das Fabelwesen im Gegensatz zu China weiblich und beschützt die Felder zur Erntezeit vor Mäusen. Über Kinderwiegen werden Drachenbilder aufgehängt, um dem Nachwuchs einen ruhigen Schlaf zu sichern.

Mischwesen mit Schlangenanteilen sind auch den Mythologien Süd-, Mittel- und Nordamerikas nicht fremd. Am bekanntesten ist die gefiederte Schlange, eine Erscheinungsform, die beispielsweise der mesoamerikanische Gott Quetzalcoatl annimmt, doch es gibt auch andere Typen. In Nord- und Südamerika ist die doppelköpfige Schlange verbreitet; neben den beiden Köpfen – an jedem Ende einer – trägt sie zuweilen auch in der Mitte einen dritten, menschlichen Kopf. Chile kannte die Fuchs-Schlange „guruvilu", die Andenbewohner „amaro", eine Mischung aus Schlange und einem katzenartigen Raubtier. Regengott Tlaloc konnte die Gestalt eines Mischwesens aus Schlange und Jaguar annehmen, und auch das Feuerelement ist im Schlangenkult Amerikas vertreten: Die Feuerschlange Xiuhcoatl war bei den Azteken für Dürre und Missernten verantwortlich. Detailuntersuchungen widmeten sich insbesondere den Göttern und Fabelwesen der Olmeken. Ein Mischwesen mit Anteilen von Kaiman, Igel, Jaguar, Mensch und Schlange findet sich in großer Zahl auf Steinmonumenten und Keramik, die beispielsweise in San Lorenzo Tenochtitlan, Las Bocas und Tlapacoya gefunden wurden. Eine Einordnung dieses Wesens in einen mythologischen Zusammenhang ist jedoch unmöglich, da Schriftzeugnisse fehlen. Die amerikanischen und die ostasiatischen Drachendarstellungen zeigen viele Ähnlichkeiten und unterscheiden sich somit von den europäischen. Das Drachenmotiv dient daher auch als ein möglicher Beleg für transpazifische Beziehungen zwischen China bzw. Ostasien und dem präkolumbianischen Amerika.

Islam

Arabische Wörterbücher bezeichnen den Drachen als tinnīn (تنين) oder ṯuʿbān (ثعبان), die gängige persische Bezeichnung ist Aždahā (اژدها). Er ist im allgemeinen Land-, oft Höhlenbewohner, und er verkörpert wie der westliche Drache das Böse. Bilder von Drachen in der islamischen Kultur, entstammen einer uralten nahöstlichen Drachenkultur, vereinen dies aber darüber hinaus auch mit westlichen und östlichen Elementen zu einem eigenständigen Stil.

In der mittelalterlichen arabischen Welt ist der Drache ein verbreitetes astronomisches und astrologisches Symbol. In Schlangengestalt erscheint er bereits im Kitab Suwar al-Kawakib ath-Thabita („Buch von der Gestalt der Fixsterne", um 1000 u.Z.), wo Al-Sufi das gleichnamige Sternbild illustriert. Auf die indischen Nagas geht die Vorstellung zurück, ein riesiger Drache lagere am Himmel, wo sein Kopf und Schwanz den oberen und unteren Knotenpunkt des Mondes bilden. Der Himmelsdrache wurde für Sonnen- und Mondfinsternisse sowie Kometen verantwortlich gemacht.

Trotz der vorwiegend „westlichen" Ausrichtung auf den Typ des unheilvollen Drachen zeigen islamische Bilder seit der mongolischen Expansion im 13. Jahrhundert unverkennbar chinesischen Einfluss. Der Drache, der Schwertgriffe, Bucheinbände, Teppiche und Porzellan verziert, ist eine lange, wellenförmige Kreatur mit Fühlern und Backenbart. Miniaturen in Manuskripten des 14. bis 17. Jahrhunderts aus Persien, Türkei und dem Mogulreich liefern zahlreiche Beispiele dieses Typs.

In der islamischen Literatur überwiegt der traditionelle Drachenkampf. Viele Drachengeschichten überliefert Schähnāme, das Buch der Könige, das um das Jahr 1000 entstand. Als Drachentöter treten mythische Helden und historische Persönlichkeiten auf: Der legendäre Held Rostam, Großkönig Bahram Gur oder Alexander der Große. Eine der Hauptfiguren des Schähnāme ist der mythische Drachenkönig Zahhak oder Dhohhak, der vom Helden Firaidun nach tausendjähriger Herrschaft besiegt wird. Die persischen Geschichten wurzeln in Mythen der Veda- und Avesta-Zeit, haben aber eine starke historische Komponente. Sie beziehen sich auf den Kampf gegen Fremdherrschaft und zeitgenössische religiöse Auseinandersetzungen. Ein ganz anderer Typus des Drachen findet sich in den Qisas al-anbiyā᾿ ('Prophetenerzählungen'). Bei dem Propheten handelt es sich um Mose; die Bestie ist sein Stab. Wird der Stab auf den Boden geworfen, verwandelt er sich in einen Drachen und hilft dem Propheten im Kampf gegen allerlei Gegner. Das Untier ist in den Qisas eine furchterregende Hilfskraft auf der richtigen Seite.

Drachen in der Moderne

Als man in der Neuzeit begann im Gestein eingebettete eigenartige Knochen näher zu untersuchen und feststellte, dass man diese keinen aktuell bekannten Tieren zuordnen kann, suchte man die Lösung in der Bibel. Die Gelehrten der damaligen Zeit hatten oft schon so viel naturwissenschaftliche Kenntnisse, dass sie das Reptilienhafte an vielen Saurierknochen bemerkten und für sie dann folgerichtig den Drachen zu ordneten.

Als zu Beginn des 19. Jahrhunderts die neue Wissenschaft der Paläontologie die Saurier als eigne und historische Art entdeckte, erhielt der Drachenmythos eine neue Facette. Christen erklärten sich die fossilen Funde als Überreste vorsintflutlicher Tiere, die auf der Arche keinen Platz gefunden hätten. Doch auch die tatsächliche Existenz der riesigen Ungeheuer, von denen die Bibel spricht, schien bewiesen. 1840 erschien 'The book of the great sea Dragons' und dessen Autor, der Fossiliensammler Thomas Hawkins, setzte die biblischen Meeresdrachen mit dem Ichthyosaurus und dem Plesiosaurus gleich; das Vorbild für den geflügelten Drachen fand er im Pterodaktylus. Wenn aber die Saurier lange genug überlebt haben, um als Drachen Eingang in mythische Erzählungen zu finden, dann könnten sie in der Gegenwart immer noch existieren, so der scheinbar folgerichtige Schluss. Dies schien auch der damaligen Wissenschaft als nicht unreal, galt damals doch die gesamte Welt als nur ein paar Tausend Jahre alt. Die Suche nach rezenten Riesenechsen wurde im 19. und frühen 20. Jahrhundert zum ernsthaften Geschäft, beflügelt nicht zuletzt durch den großen Erfolg von Arthur Conan Doyles Roman 'The Lost World' von 1912. Carl Hagenbeck ließ in Rhodesien nach einem riesigen Tier suchen, das seine Gewährsleute als „Halb Elefant, halb Drache" schilderten, und das er als Brontosaurus zu identifizieren glaubte. Kryptozoologen suchen heute noch an vielen Orten der Welt nach solchen Tieren – bisher vollkommen vergeblich.

Während die Paläontologie also dazu beitrug, den Drachenglauben zu festigen und in die Moderne zu übertragen, wirkte der alte Mythos auch in die umgekehrte Richtung. Die frühen Modelle und Illustrationen der Saurier, allen voran die populären Darstellungen des Briten Benjamin Waterhouse Hawkins, waren ebenso wie die heutigen auf Interpretationen der Funde angewiesen, und die traditionelle Vorstellung des Drachen ging in diese Deutungen ein. So soll Hawkins für seine Rekonstruktion eines Flugsauriers eigens den 1847 ausgegrabenen Pterodactylus giganteus ausgewählt haben, der mit einer Flügelweite von 4,90 Metern der Drachenvorstellung nahekam. Der damals bekanntere, bereits von Georges Cuvier beschriebene Pterodactylus war dagegen kaum größer als ein Spatz und damit wenig eindrucksvoll.

Die Figur des Drachen erlebt in der Fantasy-Kultur eine Renaissance. J. R. R. Tolkien benutzte für seinen Smaug das traditionelle Motiv des Schatzhüters, und auch in neueren Fantasyromanen und Rollenspielen, Filmen und Musicals nehmen die Autoren Anleihen bei Märchen, Heldenepen und Volksballaden. Die traditionelle Bedeutung des Drachen wird jedoch häufig aufgebrochen. Fantasydrachen sind nicht einheitlich „gut" oder „böse". In einigen Rollenspielen – beispielsweise Dungeons and Dragons – nehmen Drachen beide Seiten ein. In anderen – wie Gothic II, Bethesdas Skyrim oder Guild Wars 2 – muss man die Drachen töten, um die Welt zu retten oder ein Unglück abzuwenden. In Anne McCaffreys Science-Fiction-Romanen kämpfen sie gar an der Seite von Menschen gegen gemeinsame Feinde. Drachen in der Fantasy-Kultur verfügen meistens über Eigenschaften wie Echsenähnlichkeit, Flugfähigkeit, Feueratem oder ähnliche Fähigkeiten, Größe, Intelligenz und magische Begabung. Grundsätzlich sind sie mit etwas Magischem verbunden, einer Aufgabe oder einer Geschichte, und oft besitzen sie Weisheit. Die düstere Ästhetik der Fantasybilder enthält auch ein Element der Faszination: Fantasydrachen sind gleichzeitig schrecklich und schön, edel und furchterregend. Auffallend ist, dass in den meisten Spielen der Drache zu bekämpfen oder zu finden ist, aber selten, wie in Spyro, selbst zu spielen. Als neueres Element zu den überlieferten Bedeutungsmöglichkeiten des Drachen tritt der „freundliche Drache" auf. Dabei werden Drachen als Stilmittel genutzt, um den guten Kern im Bösen oder äußerlich Gewaltigen darzustellen; Beispiele hierfür sind etwa Eragon, Dragonheart oder Drachenzähmen leicht gemacht.

Der Drache in Kinderliteratur/-unterhaltung

Endgültig in sein Gegenteil verkehrt wird das Drachensymbol in modernen Kinderbüchern: Hier ist der Drache ein niedliches, freundliches und zahmes Wesen. Den Anfang machte bereits der britische Schriftsteller Kenneth Grahame mit seinem Werk Der Drache, der nicht kämpfen wollte von 1898, einem Antikriegsbuch, das alte Feindbilder aufbrechen und der positiven Einstellung zu Krieg und Gewalt etwas entgegensetzen wollte. In deutschsprachiger Kinderliteratur wurde die Figur erst nach dem Zweiten Weltkrieg populär. Einer der Vorreiter der Drachenwelle war Michael Ende: In seiner Jim Knopf-Reihe von 1960 bis 1962 tritt der hilfsbereite Halbdrache Nepomuk noch neben stinkenden, lauten „echten" Drachen auf.

Ab den 1970ern erschienen zahllose Drachenbücher und Zeichentrickfilme. Surrealistisch wirken die anfangs degenerierten Wiener Drachen Martin und Georg in Helmut Zenkers Kinderromanen vom Drachen Martin. Bekannt sind auch Max Kruses Halbdinosaurier Urmel aus dem Eis, Peter Maffays grüner Tabaluga, die Drachen des Österreichers Franz Sales Sklenitzka oder der kleine Grisu, der eigentlich Feuerwehrmann sein will und doch zuweilen ungewollt seine Umgebung in Brand steckt. „Die kleinen Lerndrachen" sind die Namensgeber einer Reihe von Lernbüchern aus dem Ernst Klett Verlag. Weite Verbreitung finden auch die Geschichten aus der Reihe 'Der kleine Drache Kokosnuss' von Ingo Siegner. Die Fabelwesen in den Kinderbüchern haben nun gar keine negativen Eigenschaften mehr; sie sind durch und durch lieb und tun keiner Fliege etwas zuleide, außer aus Versehen. An der Entschärfung der alten Schreckbilder wird durchaus auch Kritik geübt. Das alte Sinnbild des Teufels würde so seiner Funktion beraubt, bei der Bewältigung des Bösen in der Wirklichkeit zu helfen.

Moderne Symbolik und Werbung

Die Symbolkraft des Drachen ist in der Gegenwart ungebrochen, trotz der Vielfalt an Typen und Bedeutungsnuancen, die sich in der jahrtausendelangen Entwicklung des Mythos herausgebildet haben. Als beinahe weltweit bekanntes Fabelwesen mit hohem Wiedererkennungswert wird er in der Werbebranche als Markenzeichen genutzt. Einigen Städten, Ländern und Fußballvereinen dient der Drache als Wappentier, einigen Vereinen, Clubs und Institutionen als Abzeichen. Von den traditionellen Bedeutungen ist im modernen Zusammenhang das Element der Kraft und Stärke ausschlaggebend. Auf Produkten aus Wales wirbt ein roter Drache mit dem Stolz auf das alte Nationalsymbol, und für die Macht Chinas ist der Drache eine allgemein verständliche Metapher.

Die Bösartigkeit hat der Drache auch in den westlichen Industrieländern weitgehend eingebüßt. Der Bedeutungswandel erklärt sich einerseits mit dem Einfluss der Fantasy-Kultur und der Kinderliteratur. Das Drachenlogo eines Hustenbonbons etwa zeigt ein possierliches buntes Tierchen, das lächelnd eine Frucht anbietet. Andererseits sind im globalen Marketing spezifische Anforderungen zu erfüllen. Werbekampagnen, in denen böse Drachen auftreten, sind im weltweiten Maßstab nicht durchsetzbar. So musste 2004 der Sportartikelhersteller Nike eine Kampagne in China abbrechen, in der Basketballstar LeBron James als Drachenkämpfer auftrat. Der Sieg über Chinas Nationalsymbol wurde dort als Provokation empfunden.

Naturgeschichtliche Ursprungshypothesen

Eine Reihe von Theorien versucht, die Entstehung der Drachenfigur auf reale Naturerscheinungen zurückzuführen. Obwohl in seriöser Forschung schon früh abgelehnt, wird bis heute in pseudo- und populärwissenschaftlichen Darstellungen die Frage erörtert, ob und unter welchen Umständen bei Menschen eine Erinnerung an die einst real existierenden Saurier entstanden sein könnte. So wird eine über dutzende Jahrmillionen genetisch manifestierte Angst gegenüber den gefährlichsten Tieren – Raubsaurier, Schlangen, Spinnen und dergleichen – in der Umwelt unserer nagetierartigen Vorfahren postuliert, für welche die Wissenschaft bisher aber keine Belege finden kann.

Auch heutige Tierarten wie der indonesische Komodowaran oder die ebenfalls südasiatischen Arten des Gemeinen Flugdrachen und der Kragenechse werden als Ursprung des Drachenmythos diskutiert, dürften aber wegen ihrer Abgelegenheit von den Zentren des Drachenkultes kaum in Betracht kommen. Die Kryptozoologie betreibt auch weiterhin die Suche nach weiteren, noch unentdeckten Tierarten, die als Vorbilder gedient haben sollen, sehr erfolgreich waren sie bisher dabei aber noch nicht. Loch Ness und dessen Nessie, können hier als Beispiel dienen. Wohl eher war der mythologische Drachen Vorbild für Nessie und kein Meeressaurier.

Eine andere Hypothese nimmt an, dass der Drachenmythos auf Fossilienfunde zurückzuführen sei. Zwar haben in Höhlen gefundene Skelettreste vorzeitlicher Tiere, etwa von Höhlenbären und Wollnashörnern, nachweislich einzelne Drachensagen beeinflusst, den Mythos selbst können die Fossilienfunde aber nicht erklären. Selbst wenn wirklich Knochen eines relativ gut erhaltenen Dinosauriers vor vielen Jahrhunderten gefunden wurden, hätte man diese freilegen und untersuchen müssen, dann noch eine gehörige Portion Ahnung von vergleichender Anatomie haben müssen, um hier wirklich halbwegs brauchbare Rückschlüsse zu ziehen, an deren Ende ein dinosauroider Drache stehen würde. Dies hätte dann nicht nur weltweit einmal, sondern an vielen Orten und zu vielen Orten unabhängig voneinander geschehen müssen. Muss man doch eingestehen, dass oftmals nur der Profi Fossilien von gewöhnlichen Gestein unterscheiden kann, der Normalbürger würde an den meisten von diesen vorbeilaufen, ohne sie als solches zu bemerken. Es sei daran erinnert, dass die ersten Rekonstruktionen von Saurierskeletten erheblich unterschiedlich zu den heutigen aussahen. Schnell hat man erkannt, mit den Sauriern reptilähnliche Tiere vor sich zu haben, daher rekonstruierte man sie auch wie eine größere Eidechse.

Mythologische Deutung

In den kosmogonischen Mythen Europas und des Vorderen Orients überwiegt die Vorstellung des Drachen als Symbol des Chaos, der Finsternis und der menschenfeindlichen Mächte. Die Mythenforschung des 19. Jahrhunderts setzte den Drachen daher in engen Zusammenhang mit dem Mond; die „Vernichtung" und das Wiedererscheinen des Mondes spiegele sich im Drachenmythos wider, so die Auffassung des Indologen Ernst Siecke. Die Deutung des Drachen als Symbol für den Widerstreit der Naturkräfte, den Wechsel der Jahreszeiten und den Sieg des Sommers über den Winter gehört ebenfalls zu den „lunaren" Erklärungsversuchen der frühen mythologischen Forschung. Im 20. Jahrhundert erkannte eine neuere Forschergeneration, vertreten zum Beispiel durch den Franzosen Georges Dumézil, den Niederländer Jan de Vries und den Rumänen Mircea Eliade, im Drachenkampf eine Parallele zu den Initiationsriten. Der Kampf wird in dieser Erklärung der Initiationsprüfung gleichgesetzt: So wie der Held den Drachen besiegen muss, so muss der Initiand eine Prüfung bestehen, um in eine neue Stufe seines Lebenszyklus eintreten zu können. Die Begegnung mit einem bedrohlichen Wesen, ein rituelles verschlungen werden und eine anschließende „Wiedergeburt" sind häufige Bestandteile von Initiationsritualen. De Vries sah darüber hinaus im Drachenkampf einen Widerhall der Schöpfungstat. Ebenso wie die Initiation sei der Kampf mit der Bestie eine Nachahmung der Schöpfungsereignisse. Der Kampf ist es, der den Drachen am deutlichsten von der mythischen Schlange unterscheidet. Im Gegensatz zu ihr vereint das Mischwesen in sich die gefährlichsten Merkmale verschiedener Tiere und menschenfeindlichen Elemente. Der Drache wird damit zum perfekten Gegner. Calvert Watkins versucht, den Drachenkampf als Bestandteil einer indoeuropäischen Poetik zu beschreiben, womit das Entstehen des Drachenmythos in die neolithische Frühzeit zurückgeführt wird. Die Frage bleibt hier aber, welches reales Vorbild der Drache gehabt haben könnte, die die Urheimat der Indoeuropäer dürfte irgendwo zwischen Karpaten und Ural gelegen haben, eine Gegend wo auch im Neolithikum die Reptilien eher klein und ungefährlich waren.

Die Drachenvorstellung Ostasiens war in sehr früher Zeit möglicherweise mit dem Totemkult verbunden, wobei der Drache ein Komposit verschiedener Totemtiere darstellen soll. In Fernost wurde er einerseits zum Symbol der kaiserlichen Herrschaft, andererseits zu einer Wassergottheit. Zeremonien, bei denen Drachen um Regen angefleht werden, weisen ihn geradezu als Regengott aus; wie das Rind steht der Drache im Zusammenhang mit einem Fruchtbarkeitskult. Die Verbindung mit dem Wasser ist allen Drachenmythen gemeinsam. Eine Synthese „westlicher" und „östlicher" Vorstellungen stellt Rüdiger Vossen vor: Die Wunschbilder „Bändigung des Wassers, Bitten um ausreichenden Regen und um Fruchtbarkeit für Felder und Menschen" sind nach seiner Auffassung Bindeglieder der Drachenmythen verschiedener Kulturen.

Psychologische Deutung

In der von Carl Gustav Jung (1875–1961) gegründeten Analytischen Psychologie gilt der Drache als Ausprägung des negativen Aspekts des sogenannten Mutterarchetyps. Er symbolisiert den Aspekt der zerstörenden und verschlingenden Mutter. Soweit der Drache erlegt werden muss, um die Hand einer Prinzessin zu gewinnen, wird er auch als Form des Schattenarchetyps interpretiert, der die in der Prinzessin personifizierte Anima gefangen hält. Der Schattenarchetyp steht für die negativen, sozial unerwünschten und daher unterdrückten Züge der Persönlichkeit, für jenen Teil des „Ich", der wegen gesellschaftsfeindlicher Tendenzen in das Unbewusste abgeschoben wird. Die Anima, für Jung der „Archetyp des Lebens" schlechthin, ist eine Qualität im Unbewussten des Mannes, eine „weibliche Seite" in seinem psychischen Apparat. Nach dieser Ansicht symbolisiert der Drachenkampf also die Auseinandersetzung zwischen zwei Teilen der Persönlichkeit des Mannes.

Andere tiefenpsychologische und psychoanalytische Deutungen sehen im Drachen eine Verkörperung der feindlichen Kräfte, die das Selbst an seiner Befreiung hindern; eine Imago des übermächtigen Vaters, ein Symbol von Macht und Herrschaft und eine Sanktionsfigur von Tabus. Der Drachenkampf ist in psychologischer Sicht ein Symbol für den Kampf mit dem Bösen in und außerhalb der eigenen Person.

Fazit?!

Kann der Drachenmythos also ein Hinweis sein, dass Menschen vor Jahrtausenden realen Kontakt mit dinosauroiden Lebensformen hatten? Ich persönlich würde da nicht kategorisch mit 'Nein' antworten, kann mir aber beim besten Willen nicht vorstellen, wie das geschehen sein soll. Dinosaurier die die Drachenmythen hätten entstehen lassen können – Brontosaurus, Pterodactylus, Ichthyosaurus, Plesiosaurus, Tyrannosaurus Rex usw. - sind definitiv seit Dutzenden von Jahrmillionen ausgestorben und es gibt bisher keinen Anhaltspunkt, dass nur einer von Ihnen das KT-Ereignis mehr als nur ein paar Jahrzehntausende überlebt hätte.

Auch wenn die Wissenschaft es ablehnt, ich persönlich kann mir das Thema Urangst als Begründung für den Drachenkult gut darstellen. Verhaltensweisen sind nicht immer sozialisiert und anerzogen. Ich brauch nur mich und meinen Vater nehmen. Zeitlebens war er nicht mehr als mein biologischer Vater mit so ziemlich Null Einfluss auf meine Erziehung, dennoch habe ich so viele Interessen, Gesten und Verhaltensweisen von ihm übernommen, dass es mich selbst schon erschreckt. Wenn solcherlei nun aber vererbbar ist und dass muss es sein, warum dann keine Urängste, welche ja zum überleben in der wilden Natur, recht wichtig sind. In Träumen könnten sie sich manifestieren, noch stärker unter Rauschzuständen, wie sie sich Schamanen gerne selbst zufügten. Hierin würde ich persönlich am ehesten den Ursprung des Drachenmythos sehen.

Nichtsdestotrotz ist der Drachenmythos kein Hinweis auf die Existenz eines möglichen Sauro sapiens. Gut, dem Drachen wird nicht selten eine hohe Intelligenz zugesprochen, auch Sprachvermögen – dies wird in der Sagenwelt aber auch anderen Tieren. Dies sagt so ziemlich nichts aus, denn faktisch niemals wird der Drache auf einer Stufe mit dem Menschen gestellt, bestenfalls werden dem Menschen Drachenattribute zugesellt, wie Siegfried in Form der Unverwundbarkeit. Immer ist der Drache eher ein Tier, vielleicht auch ein Dämon, aber niemals wirklich menschlich bzw. gar humanoid.

Die Verschwörung

Es heißt, sauroide Aliens seien Schuld an den angeblichen UFO-Sichtungen und den noch mehr angeblichen Entführungen durch Aliens. So lautet eine Theorie: „Die Entführungen werden natürlich von Sauro sapiens ausgeführt, das ist ja bekannt. Aber die sind nicht etwa Aliens oder Saurier auf Heimaturlaub, sondern sie sind das Resultat gentechnischer

Experimente! Sauro sapiens sind, was aus den Menschen wird, die von Ufos entführt werden! Die Regierung züchtet sie in unterirdischen Basen! Und wir wählen diese Leute noch! Stellen Sie sich vor, dass Sauro sapide nicht etwa Kreaturen sind, die vor uns lebten, sondern dass sie die Kreaturen sind, die einige von uns bald sein werden.'

Gut, dies läuft unter Schwachmatentum, welches ich aber dennoch der Vollständigkeit halber erwähnt haben möchte, aber, auf welches ich nicht weiter eingehen möchte. Bleiben tut aber eine gewisse, wenn auch recht kleine, reale Möglichkeit, dass Sauro sapiens einst existierte und sich vielleicht in die Welten des Weltalls hätte flüchten können. Zu dumm nur, dass man bisher noch kein einziges Artefakt fand, was die Entstehung eines Sauro sapiens belegen könnte und sei es nur das eines mit eher einfacher Zivilisationsstufe. Letzteres habe ich hier ja schon mehrfach geäußert und ich höre schon den Protestwiderhall der Däniken-Berlitz-Cremo-Bürgin-Jünger 'Doch, es gibt doch unzählige Artefakte die Hinweis und Beleg genug sind!'

Na ja, dass was heute unter dem Etikett 'verbotene Archäologie' läuft, kann man in einem Topf mit den Werken von Zillmer, Sitchin und Co. werfen … alles ein unausgegorenes Gemisch aus Lügen, Verdrehungen, Unwissenheiten, Halbwahrheiten und Weglassungen, dem vor allem das auszeichnet, dass es sich dennoch ganz gut verkauft.

Mögliche Fakten

In jungen Jahren war ich, da oute ich mich, ein Anhänger der Theorien des Herrn von Däniken – ohne ihn jemals gelesen zu haben. So nimmt es kein Wunder, dass die ersten Bücher, die ich mir mit dem Einzug der D-Mark in die DDR kaufte, waren drei von Dänikens Bücher. Das erste war noch nicht ganz ausgelesen, da war ich vom Saulus zum Paulus gewandelt, das zweite Buch vertiefte diesen Trend gar, das dritte lag gute zwei Jahrzehnte in meinem Handschuhfach im Auto, als Lektüre für Nichtsgehtmehr-Staus … ich scheine Glück gehabt zu haben vor diesen, das Buch war bis zum Ende ungelesen. Das Thema finde ich aber dennoch interessant, so habe ich auch weiter vieles in dieser Richtung gelesen, Charles Berlitz ist dabei sogar einer meiner Lieblingsautoren, wenigstens hat er einen interessanten Schreibstil und so manches aus seinen Büchern könnte man hier durchaus als Beleg aufführen.

Werden Artefakte aufgefunden, welche vermeintlich nicht in das Geschichtsbild passen, gibt es viele Möglichkeiten anderer Forscher die Funde nach ihren Gusto auszulegen. Die Wissenschaftler sprechen dann schnell von Fehlinterpretation, falsche zeitliche Zuordnung, Fälschung – auch ich werde dabei das Gefühl nicht los, dass sie es sich dabei gelegentlich zu einfach machen, oft gar recht arrogant und selbstherrlich argumentieren. Mir fehlt die handfeste Auseinandersetzung des wissenschaftlichen Establishments mit diesen Artefakten. Ganz anders Verschwörungstheoretiker, UFO-Jünger, Mystiker, und all dergleichen. UFO-Jünger und Mystiker schreiben alles schnell, uns höherstehenden Wesen zu, das können plumpe Aliens sein, oder gottgleiche Feen. Verschwörungstheoretiker kommen auf noch krudere Ideen. Als Erklärungen vieler dieser Artefakte können aber genauso gut Zeitreisen und oder aber eben auch Sauro sapiens herhalten. Also versuchen wir mal unser Glück in dieser Richtung, mal sehen, ob sich was Brauchbares finden lässt.

Das Problem, es gibt mehrere Regalmeter an Büchern zu dem Thema, dazu unendliches Material im Internet. Masse ist aber kein Maß von Qualität, nehmen wir also nur die Koryphäen des Gewerbes. Außerdem beschränken wir uns auf Material aus der Spätkreidezeit und kurz nach dem KT-Ereignis bei globaler Verbreitung, und aus der Zeit ab dem KT-Ereignis bis heute, aus Regionen in denen sich ein Sauro sapiens unbemerkt hätte entwickeln können – dies wären vorzugsweise: Indien, Australien, Neuseeland, Antarktika … Kerguelen, Mauritius.

Charles Berlitz

Um es vorwegzunehmen und sogar zu wiederholen, ich schätze Charles Berlitz sehr, er schrieb recht interessant und fesselnd – nichtsdestotrotz, kaum etwas über was er schrieb versuchte er auch nur nachzuprüfen. Sei es drum, immerhin berichtet er über einige interessante Artefakte. Von den zahlreichen Berichten fand ich eines besonders interessant, weil als eines der wenigen auch relativ gut belegt.

Der Hammer von Texas

Abbildung 31: Der Hammer von Texas

Im Juni 1934 fand die damals 32-jährige Emma Hahn, als sie sich mit ihrer Familie auf einer Wanderung zum Llano Uplift (in der Nähe von London, Texas) befand, neben einen Wasserfall einen Stein, aus dem ein Stück Holz hervorragte. Als sie das Holzstück freizulegen versucht, entpuppt es sich zu ihrer Überraschung als Holzstil eines Hammers.

Nach Auskunft von Carl Baugh, Museumsleiter und Hardcore-Kreationist aus Glen Rose, Texas, wurde der Hammer in einer kreidezeitlichen Gesteinsschicht aus Sandstein gefunden. Zum Zeitpunkt seiner Entdeckung war der Gegenstand komplett von Kalkstein eingeschlossen. Daraus wurde gefolgert, dass der 'Hammer' vor der Entstehung des Steinmaterials entstanden ist, zumindest aber das gleiche Alter aufweisen müsste. Dieses Alter wird von Geologen auf 65-140 Millionen Jahre geschätzt. Eine urzeitliche Epoche, wo nach gängiger Auffassung noch kein menschliches Leben existierte.

Nach den ersten Untersuchungen konnte man sagen, dass der Kopf des Hammers 15 cm lang ist, und einen Durchmesser von 3 cm hat. Der hölzerne Stil, der durch den Kopf des Hammers geht, ist in seinem Inneren teilweise verkohlt, und an seinem unteren Ende scheint es, als wäre er abgeschnitten worden. 1989 wurde eine Analyse des metallischen Oberteils am Battelle-Institut in Columbus, Ohio, mit dem folgenden Ergebnis vorgenommen:

- 96,0 % Eisen
-   2,6 % Chlor
- 0,74 % Schwefel
Es wurden keine eingeschlossenen Blasen etc. gefunden. Die Qualität des Eisens soll auch nach heutigen Maßstäben beeindruckend bis rätselhaft sein, da weitere Beimengungen (wie z.B. bei der heutigen Stahlherstellung benutztes Kupfer, Titan, Mangan, Kobalt, Nickel, Wolfram, Vanadium oder Molybdän) oder Verunreinigungen nicht nachgewiesen werden

konnten und der Chloranteil ungewöhnlich hoch ist. Erstaunlich ist auch, dass im Hammerkopf keine Spuren von Kohlenstoff gefunden wurden, da Eisenerz aus irdischen Lagerstätten wohl immer mit Kohlenstoff (und diversen anderen Elementen) verunreinigt ist.

In der untersten Datierung liegt der Hammer bei einem Alter von 65 Millionen Jahren ziemlich genau am KT-Ereignis. Auch ist der Fund an sich gut dokumentiert und man kann ihn als eindeutig bezeichnen, jedenfalls eindeutig als einen Hammer, welcher von Sand- bzw. Kalkstein umschlossen ist. Könnte der Hammer daher ein Überbleibsel von Sauro sapiens sein ? Ich würde mal sagen, zu 99.9% Nein!

Der Hammer selbst wurde bisher nie einer radiometischen Datierung unterzogen. Alle Angaben über sein mögliches Alter sind reine Spekulation.

Vom Typ her ist dies ein typischer Hammer aus der zweiten Hälfte des 19. Jahrhunderts, genau solche nutzten Goldsucher bei ihrer Arbeit. Wahrscheinlich wurde der Hammer in einem Spalt oder Eintiefung liegen gelassen, durch eine Kalksteinversinterung, ähnlich wie diese bei Stalagmiten vorliegt, war dieser binnen weniger Jahrzehnte in Kalkstein eingeschlossen. Wer schon mal eine Tropfsteinhöhle oder sehr feuchte Keller in Kalkstein besucht hat, wird sich gewundert haben, wie schnell Kabel oder Metallgegenstände dort von Kalkablagerungen übersintert wurden. Dazu kam offensichtlich umliegendes Lockermaterial, so entstand eine sogenannte Kongretion. Auf der Rückseite kann man auch recht gut an der Oberflächenglättung erkennen, dass das Gestein ein Sintergestein ist und kein normaler Sand- oder Kalkstein. Der Hammer war wohl anfangs von ein wenig Schlamm umgeben, die Versinterung bzw. Kongretion setzte dann von diesem Kern aus ein und umgab ihm wie ein Mantel, welcher mit der Zeit immer dicker wurde. Beim Öffnen des Steines und Bewegen des Hammers rieselte dann ein Teil des einstigen Schlammes heraus, welcher selbst nicht ausreichend fest versinterte, wie der ihm umgebene Mantel.

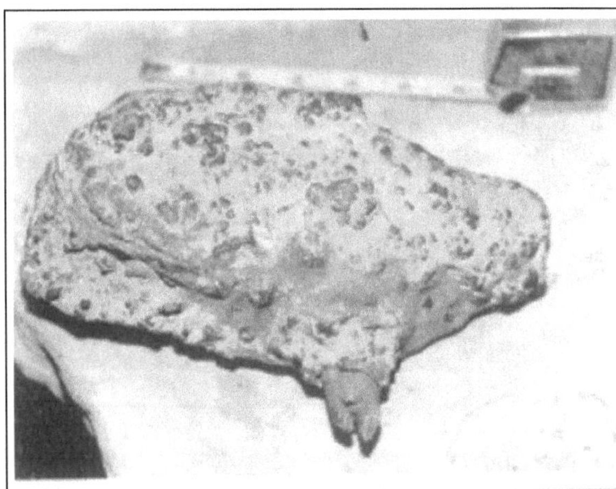

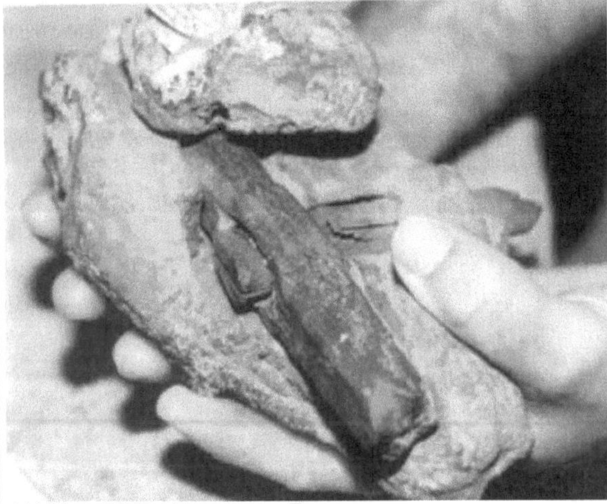

Abbildung 32: Der Hammer von Texas

Weiterhin ist anzumerken, dass das Mineral, in das der Hammer eingebettet ist, kein 'Sandstein' ist, wie oftmals behautet wird, sondern 'Kalkstein'. Das ist ein Unterschied. Kalkstein ist überwiegend aus Calciumcarbonat bestehendes Sedimentgestein, meist mariner Entstehung. Sandstein ist ein aus Sand bestehendes Sedimentgestein, das mittels kalk-, kiesel- oder eisenhaltiger Bindemittel mittels Druck und Wärme verfestigt wurde. Sandstein kann, wenn es unter Wasser entsteht, mehr oder weniger große Kalkbestandteile aufweisen. Nur wenn Sandstein aus einer Sanddüne oder aus Lösboden entsteht, gibt es Kalkbestandteile nur, wenn zum Sediment auch Kalkstein gehörte, was nicht so häufig der Fall war. Beim kalkhaltigen Sandstein aber auch beim Kalkstein an sich, kann Wasser Kalkbestandteile herauslösen und führt dann zu oben beschriebenen Versinterungen.

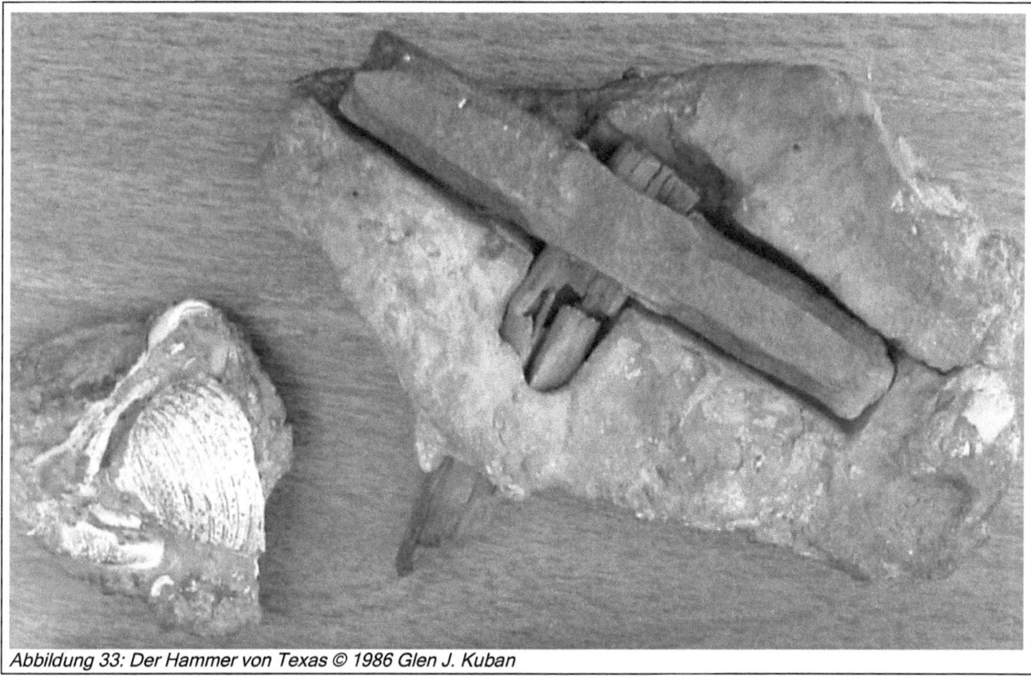

Abbildung 33: Der Hammer von Texas © 1986 Glen J. Kuban

Tatsächlich beruhen die Schätzungen des Alters auf denen des 'umgebenden' Gesteines, wobei diese in der Literatur zwischen 65 bis 500 Millionen variieren. Das dumme nur, der Stein mit dem Hammer wurde nicht im 'umgebenden' Stein gefunden, sondern er lag lose auf einem Felsvorsprung in einem Bachbett nahe einem Wasserfall. Dort wurde der 'Stein' vom Ehepaar Hahn im Jahr 1934 bei einer Wanderung entlang des Red Creek ('Roter Bach') in der Nähe der kleinen Stadt London/Texas gefunden. Schon die abgerundete Form des Kalksteines um den Hammer deutet darauf hin, dass der Fund nicht erst gewaltsam vom Muttergestein gelöst wurde. Das hat für die Datierung Konsequenzen, denn damit ist natürlich eine Gleichaltrigkeit von Umgebungsgestein und Hammer nicht mehr gegeben – ganz einfach deswegen weil es eben kein Umgebungsgestein gibt, welches man aus einer geologischen Stratigraphie heraus datieren könnte.

Und was ist mit den Messergebnissen des Battelle-Institutes? Das Metall ist recht normal, auch die Röntgenaufnahmen zeigen nichts Außergewöhnliches. Und die Blasenfreiheit – es wäre eher außergewöhnlich, in Schmiedestahl (aus solchem besteht der Hammer) Blasen zu entdecken. Der Sinn des Schmiedens ist es doch solche und andere Verunreinigungen zu entfernen und dem Material eine homogenere Masse zu geben.

Und wenn doch an dem Material was außergewöhnlich wäre? Sagt das erst mal nicht viel aus, viel mehr sollte man sich fragen, wie ein Hammer aus Stahl und Holz nach über 65 Millionen Jahren in (feuchtem) Kalksteinen aussehen dürfte? Das Holz wäre definitiv kein Holz mehr, wäre es nicht verfallen, müsste es versteinert sein, tatsächlich sieht es aber nicht so aus. Farbe und noch viel mehr dass die Hohlräume zwischen den Zersplitterungen nicht mit Material ausgefüllt sind, wie es bei alten Versteinerungen üblich ist, sind Beleg dessen, dass das Holz wohl noch Holz ist. Ein C14-Test wäre hier sicher möglich, es wird seine Gründe haben, warum dieser vom Kreationisten Baugh nicht durchgeführt wurde.

Der stählerne Hammerkopf wäre in einem so porösen und immer wieder feuchtem Gestein wie Sand- bzw. Kalkstein längst zu Rost oder einer eisenhaltigen Metallverbindung zerfallen, welche über die Feuchtigkeit des Gesteines tief in dieses hineingezogen worden wäre. Ich persönlich kann mir keinerlei Möglichkeit vorstellen, wie ein Hammer 65 Millionen Jahre in Sandstein eingeschlossen, eine so gute Erhaltung haben kann. Auch würde bei einer richtigen Versteinerung es nicht solche erheblichen Zwischenräume zwischen den unterschiedlichen Materialien geben. Wer sich versteinerte Dinosaurierknochen in Sand- oder Kalkstein angesehen hat, wird feststellen, dass diese fest in diesem Gestein eingebettet sind. Man mag daran erinnern, dass die Kreationisten immer wieder gerne behaupten, die Paläontologen würden die Fossilien aus dem Stein meißeln, wie Michelangelo seinen David aus einem Marmorblock.

Heute kann man den Hammer im Creation Evidences Museum bei Glen Rose zu besichtigen, welches von oben genannten Dr. Carl Baugh geleitet wird. Er gilt dort als Beweis der kreationistischen Theorie, dass alle Artefakte – dieser Hammer, oder die vermeintlicher Dinosaurier – von Gott bereits in das Gestein verfrachtet wurden, als er vor ein paar tausend Jahren die Welt schuf. Ein ideales Artefakt um geistig simple Gemüter vom Kreationismus zu überzeugen. Wie auch immer, für uns ist der Hammer leider kein Beweis. Echt schade, es wäre der ultimative Beweis gewesen, dass Sauro sapiens sehr humanoid gewesen wäre!

Cremo & Thompson

Michael A.Cremo und Richard L.Thompson (sie sollen beide hinduistische Kreationisten sein, die dem Glauben anhängen, die Existenz der Menschheit würde Millionen, vielleicht sogar Milliarden Jahre betragen) veröffentlichten in den 1990er Jahren ihr Buch 'Verbotene Archäologie', welches sich schnell zu einer Bibel aller 'Freigeister der Evolutionsgeschichte' entwickelte und noch heute diesen Status führt. Es liest sich recht langatmig, gerade zu langweilig - wirkt aber auf dem ersten Blick gut und umfangreich recherchiert, sowie wissenschaftlich fundiert. Dieser erste Eindruck täuscht aber gewaltig. In einem Großteil des Buches beziehen sich die Autoren auf Funde aus der Frühzeit der Archäologie, in welcher es weder eine korrekte chronologische Einordnung von Funden gab, noch eine wirklich ordentliche wissenschaftliche Aufnahme wie wir sie heute kennen. Zudem wurde damals sehr viel falsch interpretiert und auch viel gefälscht. Cremo und Thompson sind hier nicht sehr kritisch, wenn sie zwar von den

Forschungsergebnissen der frühen Forscher berichten, aber nicht von den später erfolgten Widerlegungen bzw. korrekten Einordnungen. Sämtliche solchen neuen Einordnungen oder Korrekturen wurden später durch verschiedene moderne Meßmethoden und auch der DNA-Technik bestätigt. Das Buch würde nur noch im kleineren Taschenbuchformat existieren, hätten die Autoren auf heute nicht mehr haltbare Fundtheorien verzichtet.

Für uns bringt das Buch aber nur wenig her, denn Cremo und Thompsen bleiben bei aller Kritik mit denen man sie überhäufen kann, noch in einem gewissen Toleranzbereich dessen, als was nicht zu abwegig zu bezeichnen wäre. Mit anderen Worten, sie beackern die letzten paar Millionen Jahre und gehen nicht bis zum KT-Ereignis zurück. Nur auf gerade mal 5 Seiten beschreiben sie umfangreich zwei 'Vortertiäre Entdeckungen'.

Macoupin-Skelett

Bekannt ist hier das 'Macoupin-Skelett'. *Im Dezember 1862 erschien in einer Zeitschrift Namens 'The Geologist' der folgende kurze, aber interessante Bericht: 'Im Landkreis Macoupin, Illinois, wurden neulich 90 Fuß [28 m] unter der Erdoberfläche auf einem Kohlenflöz, das von einer Zwei Fuß [60 cm] dicken Schicht Erde bedeckt war, die Knochen eines Mannes gefunden. [...] Die Knochen waren ihrer Entdeckung von einer Kruste aus hartem, glänzendem Material überzogen, das so schwarz war wie die Kohle selbst, die Knochen aber weiß und in natürlichem Erhaltungszustand beließ, sobald es abgekratzt wurde.'*

Wir wollten wissen, wie alt die Kohle war, in der man die Knochen gefunden hatte. C. Brian Trask vom Geological Survey schrieb uns am 9. Juli 1985 u. a.: 'Bezugnehmend auf Ihre Anfrage, das Alter der Kohle betreffend (kann ich Ihnen mitteilen, daß) die jüngsten Steinkohleschichten in Illinois im oberen Pennsylvania-System zu finden sind. [...] Die in den 1860em im Macoupin County abgebaute Kohle ist wahrscheinlich die sogenannte Herrin-(Nr.6-)Kohle, obgleich im westlichen Teil des Bezirks in dieser Tiefe örtlich auch Colchester-(Nr.2-)Kohle vorkommt. Die Herrin-Kohle ist

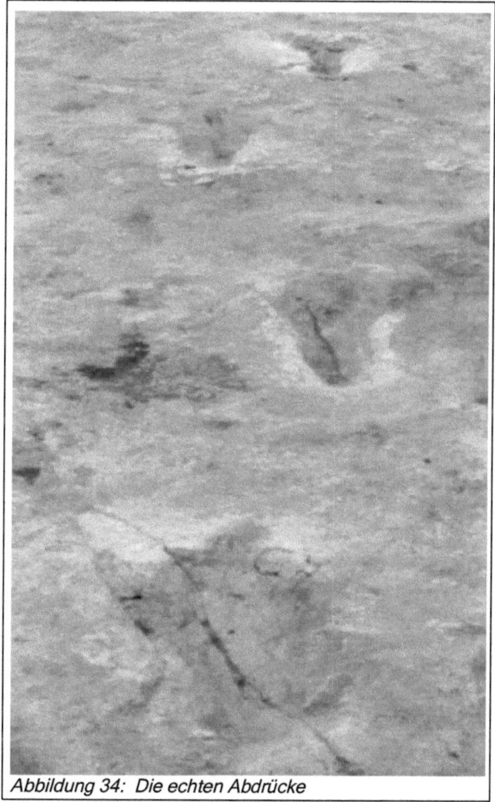

Abbildung 34: Die echten Abdrücke

vom Alter her spätes Desmoinesien (mittleres bis spätes Westfalien D).' In Nordamerika umfaßt das Pennsylvanien die zweite Hälfte des Karbon (286 bis 360 Millionen Jahre vor unserer Zeit). Nach Trasks Angaben müßte die Kohle, in der das Macoupin-Skelett gefunden wurde, mindestens 286 Millionen Jahre, könnte aber auch 320 Millionen Jahre alt sein.'

Das würde nun schon eher zu Dr. Who's Silurier oder einem Alien bzw. Zeitreisenden passen, kaum aber zu einem Sauro sapiens. Aber ehrlich gesagt würde ich mir da auch nicht so viel Gedanken machen, im 19. Jahrhundert wurden oft Knochen in Kohle- oder Steinschichten gefunden, ganz wie heute, nur anders als heute, wurden mangels besseren wissenschaftlichen Wissen und zu viel Bibelwissens, diese Funde weit ab von jeder Realität zugeordnet – da wurden Saurierrippen als solche Adams oder von Jonas seinem Wal wieder erkannt, man fand Einhörner und vieles weitere mehr aus dem Bibel- und sonstigen Sagenschatz. In die gleiche Richtung darf man auch den zweiten Bericht einordnen – 300 Millionen Jahre alte Fußspuren aus dem Karbon.

Aber gibt es denn nicht recht zahlreiche Berichte von dinosauoriden Fußspuren, die vergemeinschaftet sind mit hominiden? Ja, alles Lieblingsrelikte der Kreationisten, was freilich nicht heißt dass diese per se dies nicht wären, als was sie scheinen! Schauen wir uns diese daher etwas näher an.

Hans-Joachim Zillmer

Jetzt komme ich an ihm doch nicht herum, ein Landsmann, den ich als Autor absolut nicht schätze. Der Kauf einiger seiner Bücher, immerhin mit interessanter Betitelung, bezeichne ich als meine unsinnigste Geldverschwendung, geschenkt wäre hier noch zu teuer (ich laß dann auch nur das eine, die anderen beiden liegen noch eingeschweißt bei mir herum). Unter den 'unkonventionellen Autoren' die ich kenne, ist er unzweifelhaft der - ich drücke mich mal freundlich aus – krudeste! Zillmer ist Ingenieur, ich hoffe mal inständig, dass er es nicht für Hochbau ist. Seine Vorstellungen wie Sand- bzw. Kalkstein an sich, und Fossilien im Besonderen entstehen, sind dermaßen lächerlich, dass bestenfalls Unterstufler seinen Gedankengängen folgen dürften (ich weiß, dem ist nicht so, aber dies tut nichts zur Sache!).

Zillmer bezweifelt so ziemlich alles, von der Evolution bis hin zur Existenz der Römer, die Ruinen in Rom seien eigentlich griechische, und der Römische Limes in Germanien in Wirklichkeit eine frühe Version der Reichsautobahn der Germanen. Es würde mich nur wenig wundern, wenn er seine eigene Existenz bezweifeln würde. Ohne es direkt anzusprechen, zeigt sich schnell beim lesen seines 'brainalen Ergusses', dass er in Hardcoremarnier dem Kreationismus anhängt. Für ihn sind auch weiterhin Fußspuren wie die am Paluxy River das Totschlagargument gegen die Evolutionstheorie, und dies obwohl selbst viele Kreationisten zwischenzeitlich diese nicht mehr als brauchbaren Beweis gegen die Evolutionstheorie ansehen.

Die Paluxy River Fährten

Seit 1982 führt Dr. Baugh (ja, genau der obengenannte Hardcore-Kreationist) in Zusammenarbeit mit dem australischen Archäologen Dr. Clifford A. Wilson und Dr. Don Patton neuere Untersuchungen am Paluxy River durch. Es wurden bisher über 200 Abdrücke entdeckt, davon 57 menschliche und 7 von einer großen Katze. Die Abdrücke eines großen Säugetiers in diesen geologischen Schichten sind gemäß der Evolutionstheorie auch nicht möglich, denn zu Lebzeiten der Dinosaurier soll es nur kleine primitive Säuger in Rattengröße gegeben haben. Sudhir Kumer und S. Blair von der Pennsylvania State University - Pennsylvania - sind jedoch nach dem Studium fossiler Erbsubstanz zu dem Schluss gekommen, dass die meisten Säugerarten schon vor 100 Millionen Jahren lebten und nicht erst nach dem Aussterben der Dinosaurier vor 65 Millionen Jahren, wie aus einem Bericht im Wissenschaftsmagazin 'Nature' vom April 1998 hervorgeht. Zeugt dieser Artikel von einem beginnenden Sinneswandel in der Wissenschaft? Die Funde in Glen Rose erscheinen unter diesem Blickwinkel gar nicht mehr so phantastisch.

Ohne Schwierigkeiten können gut erhaltene Fußspuren von Dinosauriern in der Gegend von Glen Rose gefunden und besichtigt werden. Dabei kann man sich vor Ort leicht überzeugen, dass die Spuren auf einer bestimmten Schicht verlaufen und ein paar Meter weiter unter der darüber liegenden Schicht verschwinden. Was liegt also näher, als diese über den Abdrücken liegende Schicht zu entfernen und unversehrte Spuren an das Tageslicht zu fördern? Wenn man Glück hat, befinden sich Fußdrücke von menschlichen Wesen darunter.

Um die Öffentlichkeit und die Medien von der Ursprünglichkeit und damit Authentizität der Spuren zu überzeugen, bietet sich unter den dargelegten Umständen eigentlich nur ein Weg an, um die Öffentlichkeit von der Richtigkeit der Koexistenz von Menschen und Dinosauriern zu überzeugen. Man muss vor laufender Fernsehkamera und in Gegenwart von Medienvertretern sowie Wissenschaftlern eine unberührte Gesteinsschicht abschälen. Wenn man Glück hat, sind dann Originalabdrücke zu sehen.

Abbildung 35: Die echten Abdrücke

Im Januar des Jahres 1987 wurde eine von inzwischen mehreren öffentlichen Ausgrabungen durchgeführt. Neben mehreren Professoren und Wissenschaftlern war die Presse des Ft. Worth Star Telegramm vertreten. Der Reporter Mark Schumacher des Fernsehens Dallas Channel 5

KXAS-TV flog aus Dallas mit einem Hubschrauber ein. Es wurden bei diesem Anlass Fußabdrücke gefunden, bei denen man alle fünf Zehen eines Menschen klar erkennen konnte.

Bei dieser Vorgehensweise ist eine Fälschung, auch ohne eingehende Untersuchung, ausgeschlossen. Gleichzeitig wird das gebräuchliche Weltbild der Evolution zerstört, denn Dinosaurier und Menschen können nach der Theorie und den geltenden biogenetischen Gesetzen nicht zeitgleich gelebt haben. Bei den Untersuchungen stellte sich sogar heraus, dass Fußspuren von Menschen unterhalb von Schichten mit Spuren von Dinosauriern gefunden wurden.

Wie auch immer, in dem Flussbett des Paluxy River findet man normalerweise nicht einzelne isolierte Fußabdrücke, sondern zusammenhängende Sequenzen aus abwechselnden Abdrücken linker und rechter Füße. In der Nähe des 'Dinosaur Valley State Park' befinden sich der 'Clark Trail' und 'Taylor Trail'. Beide Pfade liegen nur wenige hundert Meter voneinander entfernt und weisen sehr ähnliche Spuren auf.

Der 'Taylor Trail', benannt nach den Entdecker Stan Taylor, liegt geologisch gesehen jedoch im heutigen Flussbett und damit in wesentlich tieferen Schichten als der 'Clark Trail', der unter der obersten Schicht auf dem Bergrücken liegt. Allein diese Tatsache würde der Menschheit ein Alter von zig Millionen Jahren zubilligen, da die Gesteinsschichten gemäß unserem Weltbild ja nur ganz langsam wachsen sollen. Da diese beiden versteinerten Pfade mit menschlichen Fußspuren trennenden Felsschichten mehrere Meter Höhenunterschied des Felsgesteins trennen, wird dadurch dokumentiert, dass den 'Clark Trail' und 'Taylor Trail' aus geologischer Sichtweise Millionen von Jahren trennen müssten.

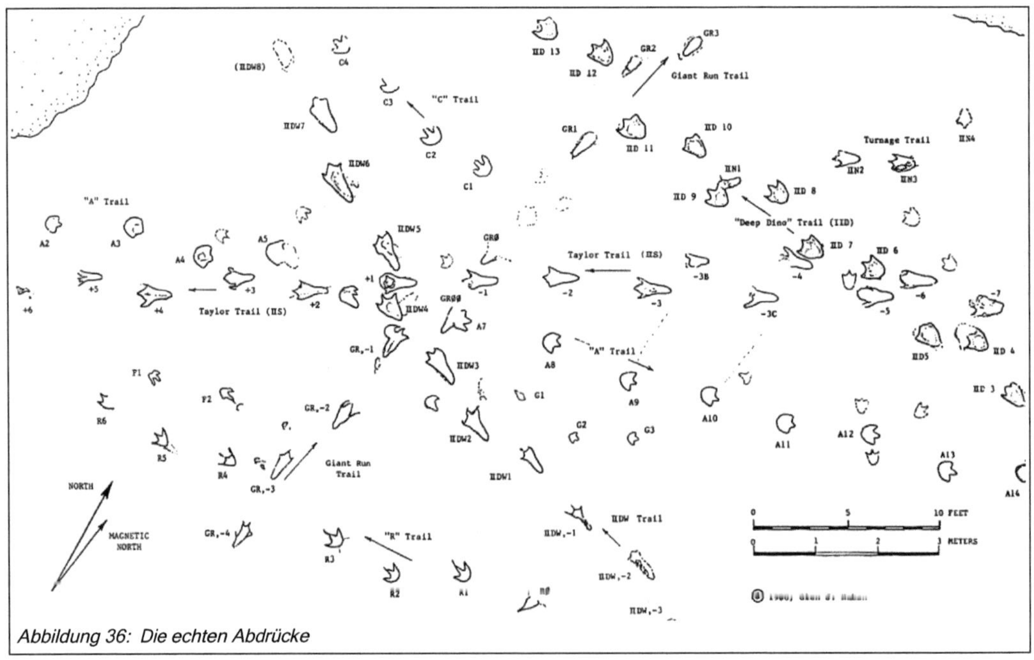

Abbildung 36: Die echten Abdrücke

Der 'Taylor Trail' ist seit den späten sechziger Jahren bekannt. Zu damaliger Zeit wurden erst neun Abdrücke entdeckt, wobei das über dieser Spur liegende Kalkgestein und auch Flussgeröll des Paluxy Rivers abgeräumt wurde. Diese Spuren liegen jetzt direkt im Flussbett und werden bei entsprechendem Hochwasser überflutet und vom Geröll den Flusses zugeschwemmt. Zum Glück weist das Kalkgestein in diesem Bereich eine sehr feste Struktur auf, im Gegensatz zum Gestein des 'Clark Trail'.

Nach mehreren wiederholten Freilegungen der alten Abdrücke des bekannten 'Taylor Trail' öffneten Dr. Baugh und der Geologe Dr. Don Patton im Jahr 1988 eine neue Serie von Abdrücken als Ergänzung und Fortsetzung der bisher entdeckten Spuren. Die seit dieser Zeit andauernden Untersuchungen ergaben, dass der 'Taylor Trail' aus mindestens vier verschiedenen und sich kreuzenden Dinosaurierpfaden besteht. Die interessanteste und längste Spur besteht aus 15 hintereinanderlaufenden Abdrücken, die ungefähr parallel zum jetzigen Verlauf des Ufers ausgerichtet sind. Genaue Untersuchungen ergaben, dass in und am Rand der versteinerten Fußabdrücken des Dinosauriers Spuren von Menschen gefunden und nachgewiesen werden konnten.

Ein Mensch muss in den Fußspuren eines Dinosauriers gelaufen sein? Wenn man sich einen matschigen Untergrund vorstellt, war es natürlich einfacher, dass man in einer vorhandenen Spur lief, da sich dort natürlich kein oder zumindest weniger Matsch befand und das Laufen dadurch sehr vereinfacht wurde. Die Fußabdrücke eines großen Dinosauriers eigneten sich für dieses Vorgehen natürlich besonders gut.

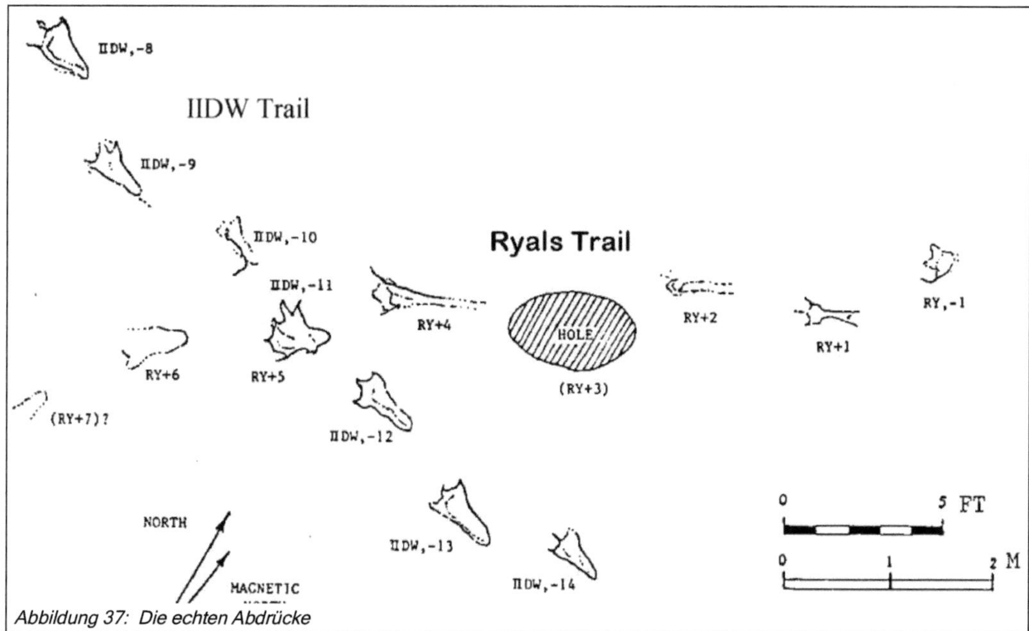

Abbildung 37: Die echten Abdrücke

Aufgrund der Umstände und Weichheit des Schlamms müssen beide, Mensch und Dinosaurier, innerhalb einer sehr kurzen Zeitspanne über dieselbe Geländeoberfläche gelaufen sein und die verursachten Spuren müssen kurze Zeit später durch eine weiche flüssige Schicht überdeckt und damit konserviert worden sein. Es kann nicht Tage, Monate oder sogar Jahre gedauert haben, wenn man der wissenschaftlichen Meinung glauben will, bis eine Versteinerung vonstattenging, da die Spuren sonst verwischt wären. Daran kann es gar keinen Zweifel geben. Der 'Taylor Trail' war seit 1994 wieder überflutet und sollte im August 1996 neu freigelegt werden, damit die Untersuchungen weiter gehen konnten. An diesen Ausgrabungen nahm ich teil.

Bei über 100 Grad Fahrenheit führten wir, meine Tochter Larissa und ich, die Arbeiten im Fluss mit anderen Helfern aus verschiedenen Teilen Amerikas gemeinsam durch. Die Arbeiten waren unter den witterungsbedingten Umständen sehr schwierig, nicht nur wegen der ekligen Blutegel im Fluss, den giftigen Schlangen und Pflanzen in diesem unzugänglichen Gebiet. Es mussten über 30 cm Geröll aus dem Flussbett sowie den Spuren entfernt und die Uferbö-schungen hinauf geschafft werden. Danach wurden Sandsäcke gefüllt und um den ganzen Bereich des Pfades aufgestellt, damit dieser Bereich ausgepumpt werden konnte.

Dann traten die Spuren als versteinerter Pfad in Links-Rechts-Folge zutage: Ein dreizehiger Dinosaurier lief über eine verschlammte Fläche und ihm folgte ein Mensch. In einem Fall konnte man in dem großen menschlichen Fußabdruck sogar einen kleineren von einem Kind nachweisen. Kurze Zeit später erhärtete der Matsch zu solidem Kalkstein.

Nach einwöchiger Arbeit erschien dann am letzten Tag der Ausgrabung das Japanische Fernsehen. Es wurden Aufnahmen von unserer Arbeit und der Freilegung des 'Taylor Trail' gedreht.

Bei der Rückreise nach Deutschland entstand in meinen Gedanken ein ganz neues Weltbild, angeregt von den Diskussionen mit verschiedenen Experten. Dieser Artikel lässt viele Anschlussfragen offen, beispielsweise über die wissenschaftlichen Datierungsmethoden, Entstehung der Erde, weltweite Sintflut, Evolution, Menschwerdung usw. Konkrete Antworten gebe ich in dem von mir neu erschienenen Buch 'DARWINS IRRTUM' (Langen Müller-Verlag, München). Ergebnis: Ein neues Weltbild, denn das scheinbare Undenkbare ist die Realität.

Seit dem erstmaligen Fund von mutmaßlichen menschlichen Fußspuren, unmittelbar neben Trittsiegeln von Dinosauriern, im Jahre 1908, fand man dort zahlreiche weitere Fußabdrücke. Das Bett des Paluxy Rivers, nahe der texanischen Kleinstadt Glen Rose, ist eine wahre Fundgrube für kreidezeitlichen Saurierfährten. Bis in die heutige Zeit konnten dort zahlreiche entsprechende weitere Funde im Flussbett und in der weiteren Region gemacht werden. Fast alle werden gerne durch einzelne Autoren aus dem Umfeld des Kreationismus und der Paläo-SETI-Hypothese als Beleg ihrer mehr oder weniger kruden Theorien genutzt (Burdick 1950, Dougherty 1971, Wilder-Smith 1994, Hefinstine 1994, Baugh 1982).

Die Fährten am Paluxy River wurden durch zwei im Flussbett spielende Teenager entdeckt, denen eine Reihe seltsamer Abdrücke auffielen und dies dem Leiter ihrer Schule berichteten. Weshalb diese Abdrücke erst so spät entdeckt wurden, lässt sich damit erklären, dass durch die Wucht von Überschwemmungen Steinplatten aus dem Flussbett herausgerissen wurden und die mysteriösen Spuren nach Äonen just in der Gegenwart wieder freigaben.

Der Schulleiter identifizierte die Spuren als fossile Abdrücke eines fleischfressenden Dinosau-riers. Doch viele Einheimische glaubten in einigen der Abdrücken, Fußspuren von Riesen entdeckt zu haben – immerhin war man doch im recht bibeltreuen Texas. Und hatte nicht die Bibel selbst vom Riesengeschlecht berichtet, das in der Sintflut vernichten worden war?

Derart große Wellen wie die Sintflut schlugen diese Behauptungen zunächst nicht. Erst Jahrzehnte später 'entdeckten' Kreationisten die Bedeutung der vermeintlichen Menschenspuren neben den Dinosaurierfährten, darunter ein gewisser Henry M. Morris. Morris schrieb 1961 mit dem Theologen John C. Whitcomb eines der wichtigsten Bücher der Kreationisten 'The Genesis Flood', in welchem er die Grundkonzepte des Kreationismus darlegte. 1963 war er einer der Mitbegründer des 'Creation Research Society' und 1970 gründete er das 'Institute for Creation Research'. Beides Organisationen, die der Bibel unfehlbare Wahrheit zugestehen und sie wortwörtlich verstehen. Eine ihrer Thesen: Die Erde – und das von Gott geschaffene Leben – sei erst wenige tausend Jahre alt. Der Fund im Paluxy River war natürlich Wasser auf die Mühlen der Kreationisten, die sich in ihren Ansichten gestärkt sahen, wonach alles Leben zur selben Zeit entstand.

Die vermeintlichen Menschenspuren wurden verstärkt ab den 1970er Jahren regelmäßig in kreationistischen Schriften, besonders in Arbeiten der 'Bible-Science-Association' (BSA) und dem 'Institute of Creational Research' (ICR) thematisiert. ‚Genauere' Untersuchungen nahm Dr. Cecil N. Dougherty in den siebziger Jahren vor.

Die Spuren sind aber nicht nur ein Hauptbeweis für Kreationisten, sondern auch für die Anhänger früher außerirdischer Besuche auf der Erde. Aus Sicht des Paläo-SETI-Umfeldes soll die Gleichzeitigkeit von Sauriern und Humanoiden besonders die Anwesenheit von Menschenartigen Trägern einer originär außerirdischen Kultur in der Urzeit belegen – mit anderen Worten, Aliens die wie wir aussahen und einen urzeitlichen Club Mediterranee auf Erden besuchten. So nimmt es kein Wunder, dass sich bereits 1974 Erich von Däniken dem Thema annahm. Er berichtete über seine eigenen Entdeckungen von Spuren in den gleichen geologischen Schichten am Paluxy River in Glen Rose, die von Dinosauriern und Menschen stammen. Johannes von Buttlar berichtete dann 1987 noch einmal über neuere Entdeckungen in der Gegend von Glen Rose und erwähnte Dr. Carl Baugh, der nach Dr. Dougherty zu dieser Zeit begann, die Spuren mit 'exakt wissenschaftlichen Methoden' zu untersuchen und dokumentieren.

Nun ist es so, dass die Bilder über die vermeintlich menschlichen Fußabdrücke nicht wirklich spektakulär sind, weshalb bereits seit den 50er Jahren diverse ‚Verdeutlichungen', nennen wir sie Fälschungen, präsentiert werden, um den Unterschied eines Dinosaurierfußes mit dem eines menschlichen zu verdeutlichen (siehe dazu Abbildung 38). Oft genug werden diese in der pseudowissenschaftlichen Literatur unter den Namen der renommierten Fährten präsentiert, ganz einfach schon deswegen, weil die meisten Leser bei den herkömmlichen Fährten kaum Solche als menschlich interpretieren würden. Jeder der sich schon mal seinen eigenen Fußabdruck im nassen Sand ansah, wird feststellen, dass dieser ganz anders aussieht, als der dort präsentierte. Dazu kommt noch die Größe des Fußabdruckes, welche

Abbildung 38: Eine Fälschung

bei allen Artefakten, ob real oder gefälscht, gut doppelt so groß ist, wie bei einem normalen menschlichen Fuß zu erwarten wäre. Aber tatsächlich ist dies auch völlig normal, da die Dinosaurier die einst die Spuren hinterließen, recht groß waren und damit auch recht große Füße hatten. Und der auf der Abbildung als vermeintlicher eines Dinosauriers präsentierte Abdruck ähnelt, wenn überhaupt, doch mehr einem Riesenputer, als dem eines Dinosauriers. Vielleicht ist er ja von McLoughlin's Anthroposaur sapiens - na ja, wohl eher nicht, die Fälschung ist einfach zu plump, als irgendeine Hoffnung auf einen brauchbaren Beleg abzugeben.

Gute Arbeit bei der Erforschung unter anderem des Paluxy-Trails hat Glen J. Kuban geleistet, auf seiner Webseite paleo.cc präsentiert er ausführlich die Wahrheit und die ist leider nicht so spektakulär wie der der Kreationisten. Denn wer die Fußspuren genau untersucht und vergleicht, wird feststellen, wie diese innerhalb einer Spur sich abwechseln. Dies fiel auch den Kreationisten auf, weswegen sie nicht davor zurückschreckten die auffälligsten Beweise vor Ort zu eliminieren. Was nicht ins eigene krude Weltbild passt, muss halt zurecht gerückt werden.

Man sollte sich einmal näher ansehen, wie die besagten Fußabdrücke – Schuhgröße 80 (!!) - einst entstanden. Die Fußspuren der Dinosaurier wurden damals nicht gleich von frischen Sediment überdeckt, sondern es dauerte wohl noch etwas, mindestens mehrere Minuten, wahrscheinlich eher Stunden. Nachdem die Dinosaurier ihre Fährten hinterließen, entspannte sich das umgebene Material wieder. Wir können dies gut am Strand nachspielen, stehen wir im feuchten Sand, presst unser Körpergewicht die Feuchtigkeit aus den Boden, der Sand neben den Füßen wird sichtbar trockener. Tritt man zurück, sieht man wie das Wasser wieder in den Sand tritt, dabei kommt es zu einer ersten Verformung, eine zweite folgte fast zeitgleich, weil einfach unser Gewicht fehlt, welches den Sand so schön auseinander drückte. Wenn dann die Sonne noch ihr Werk tut, wird unserer schöner Fußabdruck recht fix verformt, vor allem die Zehen 'lösen sich auf'. Dies ist kein Wunder, sind sie doch das feinste Detail unseres doch optisch sonst eher groben Fußes. Dies dürfte auch beim Dinosaurier so gewesen sein, zumal dessen Zehen weiter von einander abstanden, als dies beim Menschen der Fall ist.

Nicht anders war es vor Jahrmillionen. Dass dann aus dem Fußabdruck auch ein Fossil wurde, dazu musste eine Schicht von Fremdmaterial die Bodenschicht mit dem Abdruck überdecken, solcherlei erfolgt durch viele Gelegenheiten – die häufigsten sind Ascheablagerungen durch Vulkanausbrüche oder durch eine Flutsedimentation. Gerade bei Letzteren in Wattbereichen zeigt sich, dass es oftmals auf dem Sand einen dünnen Bakterien-Algen-Teppich gibt, welcher selbst den Fußabdruck in seiner Form deutlich stabilisiert. Eine nachfolgende Flut kann dann dieses dünn, aber sicher abdecken. Idealerweise erfolgt diese Abdeckung durch Material einer etwas anderen Zusammensetzung wie das darunterliegende, welches dann noch idealerweise schneller, als dieses verwittert. Ein Regenfall reicht aus, um dies zu ermöglichen, wenn durch diese zum Beispiel das Wasser kalk- oder tonhaltiger ist. So werden die Spuren in wenigen Tagen bis Wochen konserviert, brauchen aber dann Jahrtausende um fossilisieren. Dies erfolgt

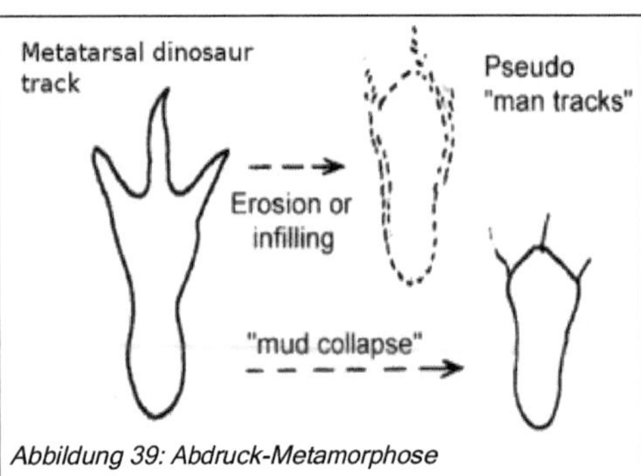

Abbildung 39: Abdruck-Metamorphose

in dem später dass Land trocken fällt – Klimaänderungen oder Landhebungen, es kann aber durch aus auch erst einmal absinken. Wichtig ist nur, dass es in der Folge mit viel weiterer Material überdeckt wird, sehr viel weiterer Material. Bis dann irgendwann die Erosion einsetzten darf, damit in einer relativ kleinen Zeitspanne von nur wenigen tausend Jahren unser eins da jede Menge rein interpretieren kann.

Fakt ist folgendes, die Spuren stammen von zweibeinigen Theropoden (vermutlich Acrocanthosaurus). Unter optimalen Umständen bleibt der dreizehige Abdruck vollständig erhalten. Doch geologische Aktivitäten wie Erosion, Sedimentfüllung oder das Zurückfließen von Schlamm in die Trittspur machen die (relativ) filigranen Abdrücke der Zehen unkenntlich. Die länglichen Spuren machen deutlich, dass Saurier nicht nur, wie bislang angenommen, auf den Zehen gingen (wie moderne Vögel, aber auch Reptilien), sondern einige Spezies zumindest teilweise den gesamten Fuß inklusive Sohle und Ferse aufsetzten. Dies lässt sich durch die vereinzelten Abdrücke des Mittelfußknochens nachweisen. Eine mögliche Erklärung für dieses Verhalten ist, dass diese Dinosaurier eine geduckte Haltung annahmen, während sie auf Nahrungssuche waren oder sich an Beute anpirschten. Möglicherweise setzten die Theropoden auch den gesamten Fuß auf, um besseren Halt in unwegsamem Gelände zu bekommen. Manche Dinosaurier wechselten sogar ihre Gehweise innerhalb einer Spur.

Wichtig ist hierbei die Feststellung, dass es sich bei den gefundenen länglichen Spuren tatsächlich um den Abdruck von Mittelfußknochen handelt und nicht um typische dreizehige Fußspuren, die ihre ursprüngliche Form verloren haben. Die Deutung, dass die Füße der Dinosaurier schlicht eingesunken sind, kann ebenfalls ausgeschlossen werden. Der Mittelfußknochen war oftmals vollständig ausgeprägt und hinterließ ebenso tiefe Abdrücke wie die Zehen. Dies lässt sich besonders gut in der Alfred West Site erkennen.

Alles nicht wirklich aufregend, Spuren von Dinosauriern gibt es überall in der Welt, sogar in Deutschland. Es scheint regelrecht, als hätten die Dinosaurier bevorzugt ihre Wanderungen entlang Kilometer langer Strände begangen, als quer durch den dichten Wald. Heutige Tiere machen dies eher selten, sind zumeist aber auch viel kleiner. Dennoch gibt es entsprechende Beispiele auch aus jüngerer Zeit, auch von Hominiden.

Nun ist aber die kreationistische Auslegung der Paluxy-Fährten für unser Thema genauso ohne echten Belang, wie dass die Fährten von hominiden Außerirdischen oder Zeitreisenden stammen könnten, was beides wohl wahrscheinlicher wäre, als dass die Kreationisten Recht haben könnten. Letztlich könnten aber doch die Fußabdrücke hier durch aus von einem Sauro sapiens stammen. Wir wissen von hominiden Fußabdrücken, dass diese oft jagdbarem Wild folgen, ähnliches dürfte man auch von Sauro sapiens erwarten dürfen. Sicher ist, die Dinosaurier, die hier viele der Fußabdrücke hinterließen, waren Zweibeiner. Ob diese Dinosaurier aber irgendwie intelligent waren, lässt sich aus den Fährten nicht heraus interpretieren. Es könnte helfen wenn neben den Spuren Schleifspuren von Speeren oder Zugschlitten gefunden werden würden, so wie es bei hominiden Fährten gelegentlich der Fall ist, von so was wurde bisher aber noch nicht berichtet. Letztlich bleibt, auch wenn es ein gewisses kleines Restrisiko gibt, auch diese Spuren taugen wenig als Beweis für die einstige Existenz eines Sauro sapiens.

Abbildung 40: 'Kreidezeitlicher Finger'

Ein Finger aus der Kreidezeit

Übrigens, Dr. Carl Baugh hat aus der Region des Paluxy-River noch ein anderes wichtiges Beweisstück, einen versteinerten menschlichen Finger. Der soll es in bewundernswerter Weise geschafft heben samt Muskel- und Hautgewebe, ja samt Fingernagel zu versteinern. Stellt man ihn senkrecht, kann man darin aber auch die einfache Skulptur der Jungfrau Maria mit Kind erkennen – eigentlich sogar eher als einen Finger. Wie auch immer, für unser Thema hilft es wenig, weder dürfte Sauro sapiens die Jungfrau Maria verehrt haben, noch dermaßen menschliche Finger, samt Fingernagel, gehabt haben. Wenn Letzteres aber nun doch?

Kann es überhaupt zu einer solchen Versteinerung eines Fingers kommen? Nun, nicht direkt, da noch vor einsetzen des eigentlichen Versteinerungsprozesses, der Finger verwesen oder mumifizieren würde. Man könnte sich aber vorstellen, dass jemand seinen Finger tief in den

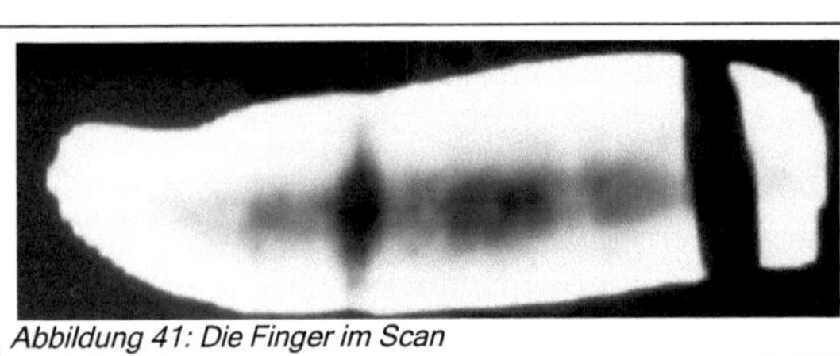

Abbildung 41: Die Finger im Scan

Schlamm bohrte, zum Beispiel als er fiel und in die so entstandene 'Gußform' sich andersartiges Sedimentmaterial niederschlug. Es hätte auch ein Blatt über das Loch fallen können, später könnte eine neue Sedimentschicht das ganze verschlossen haben. Im Laufe der Jahrtausende trieb Kieselsäure aus dem umliegenden, sich zu Sandstein transformierenden Materials heraus in die Gussform, wo es auskristallisierte. Aber nicht nur Quarz könnte diesen Job erfüllen, es gibt auch einige andere Mineralien, die dies können.

Nun, der 'Finger' wurde mal wieder nicht in situ geborgen, sondern man fand ihn zusammenhangslos in einem Haufen Kies und Schotter. Dies macht eine Datierung an Hand der Stratigraphie praktisch unmöglich, aber auch andere Datierungsmöglichkeiten wie Thermolumineszenz fallen aus. Dazu kommt, er ist mehr als 20% größer als normal zu erwarten wäre.

Carl Baugh lies Scans machen (man spricht von einem CAT-Scan) und erklärt dass deren 'wissenschaftliche Analyse' Knochen,

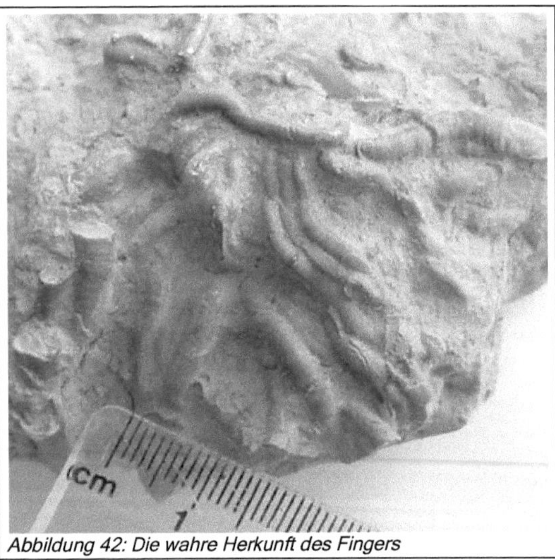

Abbildung 42: Die wahre Herkunft des Fingers

Gewebe und Bänder feststellte und dass es sich bei dem Finger um den 'vierten Finger der linken Hand eines Mädchens' handeln würde. Alleine schon diese extrem genaue Beschreibung wie man sie sonst nur bei einer CSI:XX Folge hört, dürfte zu Zweifeln anregen. Tatsächlich zeigt der Scan aber keinerlei wirklich erkennbaren Knochen im Inneren, sondern nur eine relativ gleichmäßig zunehmende Dichte, die man bei einem Gestein annehmen dürfte. Dies schließt aber immer noch nicht aus, dass der Steinfinger ein natürliches Gussobjekt eines realen Fingers ist.

Nun ja, um das Thema abzukürzen, solche Finger sind der Paläontologie nicht unbekannt, man findet sie sogar recht häufig, es sind versteinerte Röhrengänge von Röhrenwürmern und ähnlichen Tieren, zumeist findet man ganze Ansammlungen von diesen, aus welchen man auch die Herkunft gut erkennen kann, besonders die Glen Rose-Formation die vor Ort vorliegt, ist sehr reich an diesen 'Fingern', welche im Gesamtfundzusammenhang auch für jeden Laien als 'kein Finger' bzw. 'nicht menschlich' leicht zu klassifizieren sein dürfte. Im Grunde sind der Finger oder auch andere kreationistische Artefakte zwar als Beweis gegen die Evolutions- theorie nicht brauchbar, aber dafür um so mehr als Beweis zu was wissenschaftliche Ignoranz und irrwitziger Glaube führen kann: die Aufhebung jeglichen gesunden Menschenverstandes.

J.Douglas Kenyon

Schlägt in eine ähnliche Richtung wie auch Berlitz, der Suche nach Atlantis und damit den Wunsch alles Rätselhafte in diese Richtung erklären zu wollen. Auf Biegen und Brechen wird hingebogen, bis es scheinbar zu passen zu scheint, und jeglicher Widerspruch, zudem wenn er aus Reihen der Schulwissenschaft erfolgt, wird diskriminiert und geradezu in dem Bereich einer mafiösen Weltverschwörung geschoben.

Fossilisierte Hände in einer Steinplatte

Die jüngste Entdeckung ungewöhnlicher Artefakte stammt aus Kolumbien. Der an der Universität in Bogota lehrende Industrie-Designer Prof. Jaime Gutierrez hatte vor einigen Jahren diese fossilisierten Hände gefunden, die deutlich die Knochensegmente der Finger erkennen lassen. Sie sind in einem Stein fest verschmolzen. Zusammen mit diesen Händen wurden Fossilien und Relikte von Dinosauriern entdeckt, die in geolo- gischen Schichten zwischen 100 und 130 Millionen Jahren angesiedelt sind. Nach bisherigem Wissensstand scheint es ausgeschlossen, dass im Erdzeitalter der Dinosaurier Menschen existiert hätten. Erst vor 5 bis 7 Millionen Jahren trennten sich laut Abstammungslehre die Wege von Affe und Mensch. Wie können dann aber solche Versteinerungen menschlicher Hände zustande kommen? Ein zeitliches Paradoxon, das noch einer wissenschaftlichen Erklärung bedarf.

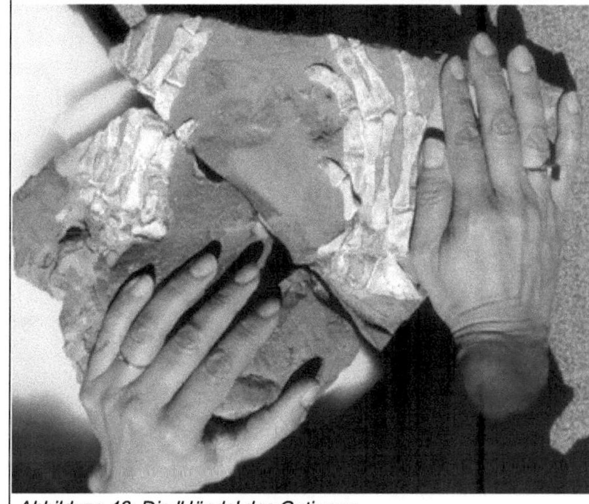

Abbildung 43: Die 'Hände' des Gutierrez

Um es vorweg zunehmen, die Echtheit des Artefaktes gilt als unumstritten, die wissenschaftlich-zeitliche Einordnung des Fossils gilt ebenso als korrekt, es entstammt tatsächlich dem Zeitalter der Dinosaurier. Es ist auch ausgestellt und man kann es sich jeder Zeit ansehen - in dem Museum des bereits hinreichend genanten Hardcore-Kreationisten Carl Baugh.

Zum Fund werden auch recht gute Fotos geliefert, und tatsächlich, zwei menschliche Hände sind erkennbar, etwas verformt, ein wenig wie bei Gicht, aber man weiß ja, dass so alte Fossilien meist mehr oder weniger verformt sind. Man muss kein Profi sein um dieses Fossil zwei menschlichen Händen zuordnen zu können – aber wenn man es ist, dann erkennt man tatsächlich etwas ganz anderes, nämlich die fossilisierten Knochen eines Tieres. Mehrere 'Schulbuchwissenschaftler' (Dr. Peter Prichard (Herpetologist und Autor der Enzyklopädie der Schildkröten), Peter Meylan (Forscher für marine Reptilien am Eckerd College in Florida) und Dr. Walter Joyce (Experte für fossile Schildkröten bei der Abteilung Wirbeltierpaläontologie der Yale Peabody Museum) erkannten die Knochen als die Knochen einer Meeresschildkröte, wahrscheinlich der Überfamilie Chelonioidea,

Abbildung 44: Die 'Schildkröte' des Gutierrez

Die Forscher wiesen darauf hin, dass die Flosse einer Meeresschildkröte oberflächlich der eines Menschen ähnelt., dennoch gibt es zwischen Menschenhand und Schildkrötenflosse einige Unterschiede – so haben menschliche Finger grundsätzlich drei Glieder, bei Meeresschildkröten trifft dies für die normalen Finger auch zu, der Finger der aber beim Menschen dem Daumen entspricht, hat bei der Meeresschildkröte nur zwei Glieder, ganz so wie im Fossil. Das Erbsenbein (ein Knochen der Handwurzel) ist winzig beim Menschen, aber recht groß bei den Meeresschildkröten. Von den Wissenschaftlern werden noch weitere Punkte genannt, hier braucht auf die Details nicht eingegangen werden, es bleibt dabei, die Zuordnung kann als gesichert gelten und uns hilft auch dieser Fund bei unserem Problem nicht weiter.

Luc Bürgin

Ein Landsmann Erich von Dänikens, schreibt aber ein wenig interessanter, geht auch tiefer auf die Quellen ein, ohne diese zu vereinnahmen. Artefakte, die nicht ins Bild der Schulwissenschaft zu passen scheinen, sind sein Steckenpferd. Ohne aus den einzelnen Artefakten eigene Theorien zu entwickeln, führt er diese auf und beschreibt sie auch recht genau.

Acambaros Vermächtnis

1944: Acambaro, 175 Meilen nordwestlich von Mexico City. Auf einem Ausritt entdeckt der Kaufmann Waldemar Julsrud einige Keramikfragmente, die der Regen aus der Erde gewaschen hat. Da ihn Kunstgegenstände seit jeher faszinierten, bittet Julsrud seinen Aufseher Odilon Tinajero, die Fundstelle für ihn zu inspizieren. Tinajero macht sich mit seinen Männern sogleich an die Arbeit. Gegen 33.500 Figuren lässt er zwischen 1944 und 1952 im südwestlichen Teil der Stadt von den Einheimischen zutage fördern, um sie Julsrud gegen ein bescheidenes Entgelt auszuhändigen. Der Kaufmann staunt nicht schlecht, als er die Skulpturen einem näheren Augenschein unterzieht: Neben allerlei menschlichen Figuren unterschiedlichsten Rassen, wie etwa Europäer oder Eskimos, tummelten sich darunter monsterähnliche Kreaturen, die ihn verdächtig an Dinosaurier erinnerten. Schon bald werden auch einige Archäologen auf die seltsamen Figuren aufmerksam. Doch als sie die Keramikstücke zu Gesicht bekommen, verdüstern sich ihre Mienen: Dinosaurier-Motive? Menschen, die auf Dinosaurier ritten? Baby-Saurier, die von Frauen gefüttert wurden? Das konnte nicht sein! Schließlich war allgemein bekannt, dass die Urzeit-Giganten längst ausgestorben waren, als unsere Vorfahren, die Erde zu bevölkern begannen. Enttäuscht sehen die gelehrten Herren von weiteren Untersuchungen ab.

Abbildung 45: Acambaros Dinosaurier

Sein Leben lang widmete sich Prof. Charles H. Hapgood den seltsamen Figuren. Unterstützt wurde Hapgood bei seinen Nachforschungen vom lokalen Polizeichef in Acambaro. Freimütig erlaubte ihm dieser, überall Grabungen anzustellen, wo er es für nötig hielt. Hapgood ließ sich nicht zweimal bitten. An den unmöglichsten Orten buddelten seine Arbeiter 1955 nach weiteren Figuren – und wurden fündig.

Selbst den Fußboden im Haus des Polizeichefs verschonte Hapgood nicht. Und auch dort kamen im Laufe der Arbeiten weitere Figuren zum Vorschein. Ein klares Indiz für die Echtheit der Skulpturen. Immerhin war das fragliche Haus bereits 25 Jahre zuvor errichtet worden,

1968 erhielt der Prof. Teile einer Julsrud-Figur, die organisches Material enthielt. Material, das während des Herstellungsprozesses eingeschlossen worden war. Hapgood leitete Proben davon zur C-14-Datierung an die Teledyne Isotopes Laboraties in Westwood weiter. Die dortigen Fachleute wiesen dem Material ein Alter von rund 6.500 Jahren zu.

In einem Bericht erwähnen „INFO"-Redakteure eine Thermolumineszenz-Datierung, die vom renommierten Applied Science Center for Archaeology vorgenommen worden ist. Die Fundstücke entstanden 2400 bis 2700 v. u. Z..

Nun, Menschen (bzw. Humanoide) die Baby-Saurier füttern oder Saurier reiten, das hört sich ja ganz gut an, die Datierung aber lässt jede Hoffnung auf einen Treffer vergehen. Es ist wohl definitiv auszuschließen, dass Sauro sapiens samt Haustieren 65 Millionen Jahre überlebte, dies also bis in jüngster Zeit, aber dennoch vor wenigen Jahrtausenden dann das Feld räumte. Warum sollte er so was tun? Um den Menschen bei seiner Entwicklung nicht zu behindern? Nett von ihm, aber dann hätte er sich wohl schon einige Jahrtausende früher verkrümelt, spätestens als Homo erectus sich mit Feuer, Speeren und Werkzeugen begann zu beschäftigen. 'Ja mei' - wie der Bayer sagen würde - vielleicht hätte er sich dann erst einmal nach Amerika verdrückt, denn es war abzusehen, dass der Mensch dazu wohl noch einige Jahrzehntausende benötigt. Und um die Menschen nicht zu irritieren hat er wohl auch dort alle seine Hinterlassenschaften sauber demontiert und weggeräumt. Möglich, aber wohl nicht sehr wahrscheinlich. Vielleicht besucht Sauro sapiens aber auch in gewissen Abständen seine alte Heimat, nachdem er vor Jahrmillionen die Erde wegen einer schweren Katastrophe verlassen musste? Dieses Restrisiko, so gebe ich zu, besteht, aber es dürfte nicht wirklich sehr groß sein – nichtsdestotrotz, es besteht. Taugen dann also doch die Acambaro-Artefakte – sowie die recht ähnlichen von Ica – als Beleg für eine Existenz eines Sauro sapiens?

Zu den Funden selbst, wie wahrscheinlich ist dessen Echtheit? Wie schon dem obigen Bericht zu entnehmen ist, wurden Einheimische für die Ablieferung von Artefakten bezahlt. Einheimische, die eher selten einmal Geld in den Händen haben und sich sonst von ihren kleinen und dürftigen Äckern ernähren. Dies sagt doch schon alles. Dass es dort interessante Keramikfunde gibt, will ich gar nicht bestreiten, aber das Problem dürfte doch eher sein, dass zu einem wohl eher kleinen und nicht so spektakulären Teil von echten Artefakten, ein großer, spektakulärer Anteil gefälschter Artefakte hinzukam. Wenn dann auch ein Artefakt aus dem echten Lot als echt und alt datiert werden kann, sagt dies eben nichts darüber aus, dass alle echt wären. Ähnliches lässt sich auch über vergleichbare Funde sagen, wie die von Ica.

Genau dies Prozedere legten dann auch unabhängige Recherchen offen. Die netten Einheimischen erkannten schnell, dass die Begeisterung des an und für sich ehrlichen Sammlers stieg, umso spektakulärer die Funde waren, mit der Begeisterung stieg dann auch die Belohnung für den vermeintlich ehrlichen Finder. Damals bestimmten Dinosaurier die Begeisterung, heute wären es vielleicht eher Alien oder ET. Wer mag es dem armen Bauern verdenken, sein Einkommen durch ein paar Handwerksarbeiten aufgepimpt zu haben?!

Der Ehrlichkeit und Vollständigkeit halber sollte erwähnt werden, dass Bürgin und Co. zahlreiche Artefakte präsentieren, welche aus den letzten paar Jahrtausenden stammen sollen und Bildnisse von Dinosauriern bzw. gar Sauro sapiens zeigen sollen. Amerika als Fundort der Artefakte ist hierbei besonders stark vertreten – dies von den USA, über Mexiko bis hin nach Peru. Aber auch aus der Alten Welt gibt es solche Funde, so in einem alten byzantinischen

Mosaik oder auf mesopotamischen Tontafeln. Nun ist es so, dass fast überall auf der Welt ein mehr oder weniger großer Drachenkult herrscht, besonders stark in China, aber auch in Europa. Drachenähnliche Wesen waren auch in Amerika nicht unbekannt – man denke nur an Quetzalcoatl, die gefiederte Schlange der Azteken. Das Thema Drachenmythos hatte ich aber schon einige Seiten zuvor erschöpfend und wenig Erkenntnis bringend erörtert.

Fazit

Ehrlich gesagt, so langsam nervt mich die krude Faktenverdreherei der Kreationisten und ich verliere die Lust mich damit weiter zu beschäftigen. Ich sehe aber schon die Proteste: 'Da gibt es aber noch dieses Artefakt XY, das könnte doch ein passender Beleg für das Thema sein!'. Ein Einwurf, der sicher nicht zu Unrecht kommt, habe ich doch das Thema an sich, nicht mal angekratzt. Bei der Recherche habe ich aber die Seite paleo.cc des Glen J.Kuban entdeckt, mit vielerlei sauber recherchierten Material, auf welches ich hier schon im Vorfeld häufig zugriff und welche dabei recht hilfreich war, ich würde diese Seite ja wissenschaftskritischen Lesern empfehlen, nur fürchte ich, dass es wenig Sinn macht.

Für unsere Suche nach dem Sauro sapiens hat das ganze Thema nichts gebracht. Nicht ein echter Hinweis auf die Existenz des Sauro sapiens vor oder nach dem KT-Ereignis. Noch weniger irgend ein Artefakt, welches brauchbarer Beleg für eine technische Entwicklung des Sauro sapiens sein könnte. Ja, ich weiß, in der Literatur gibt es noch zahlreiche weitere Berichte über Funde von Artefakten aus Stein oder Metall, vorzugsweise in Minen, aber keines von diesen hält, einer gewissenhaften Überprüfung stand. So bedauerlich wie es ist, bisher ist kein Artefakt bekannt, welches die Existenz einer vernunftbegabten Art auf dem Planeten Erde vor dem heutigen Zeitalter belegt – ganz gleich ob es sich dabei um Sauro sapiens, Aliens, Zeitreisende, Atlantisleute oder wem auch immer handelt.

Nachwort

So, nun bin ich fertig mit dem Pamphlet, ich fand und finde es interessant, wenn auch vieles geschriebenes hochspekulativ war. Ich hoffe dabei, mein Schreibstil ist nicht so nervend, da ich viele Sachen mehrfach wiederhole. Nebensächlich liegt es daran, dass ich das Buch über einen längeren Zeitraum, mit vielen längeren Unterbrechungen schrieb. Hauptsächlich aber daran, dass ich das Thema und jedes Problem von möglichst vielen Seiten beleuchten wollte. Etwa wie ein Affe bin ich so von Ast zu Ast eines Baumes und habe die Früchte gepflückt. Wer das Buch schnell und in einem Zuge liest, dem wird dies sicher nerven – wer größere Pausen macht, dürfte aber recht froh darüber sein.

Aber zum Thema: Und, bin ich nun schlauer geworden? Schon, das liegt in der Natur der Sache, wenn man sich mit einem Thema auf wissenschaftlicher Ebene versucht zu beschäftigen und sei auch das Thema an sich ziemlich an den Haaren herbeigezogen. Glaube ich, dass es einst einen Sauro sapiens gab? Nein, noch immer nicht wirklich! Jedenfalls konnte ich nicht den geringsten Anhaltspunkt finden, dass dem so wäre. Betrachte ich es als möglich, dass sich ein Sauro sapiens hätte entwickeln können? Definitiv ja. Der aufmerksame Leser wird bemerken, dass sich hinsichtlich meines Vorwortes nichts wirklich geändert hat und ich muss dem erwidern: Recht hat er! War dann die Beschäftigung mit dem Thema reine Zeitverschwendung? Nein, das kann so etwas kaum sein. Ich denke ich bin bei meinen Erörtcrungen halbwegs auf dem Boden wissenschaftlicher Tatsachen geblieben, auch wenn ich immer wieder sehr ins Hypothetische abgeglitten bin, aber dies lag in der Natur der Sache.

Alles im allen bleibt nun alles, wie es war, dabei bleibt auch weiterhin ein gewisses Restrisiko, das es einst einen Sauro sapiens auf Erden gab. Möglich dass eines Tages ein wirklich aufsehenerregender, unzweifelhafter Fund gemacht wird. Ich persönlich aber halte die Chancen, Belege für außerirdische Zivilisation im Universum zu finden, für erheblich höher. Und ehrlich gesagt, auch für interessanter.

Auch für den Fall dass wir eines Tages in den Weiten des Universums Aliens entdeckt haben, bleibt der Mensch und dessen Kultur einzigartig und besonders – auch ein terraner Sauro sapiens würde daran nicht wenig ändern. Genau deswegen aber, sollte sich die Menschheit langsam zusammenraffen und endlich beginnen das Weltall zu erobern. Ich rede dabei vom Weltall, zumindest aber unsere Galaxie der Milchstraße und nicht dem erdnahen Orbit. Denn sonst kann es schneller passieren, als uns lieb ist, dass ein neuerliches KT-Ereignis uns auf dem kalten Fuß erwischt und unsere Kultur mehr oder weniger spurlos auslöscht. In 65 Millionen Jahren hat sich dann vielleicht eine neue Art, zu einer Kulturbildenden entwickelt. Diese fragt sich dann, ob einst vielleicht die Säugetiere, vielleicht diese Primaten, von denen man nur eine Handvoll Knochen fand, in der Lage gewesen wären eine ebenbürtige Kultur zu schaffen. Man mag da gerade zu hoffen, dass wir Menschen genug die Umwelt versaubeutelt haben, so dass wir zumindest hier Beweise für unsere Existenz zurückgelassen haben. Aber von Kultur wäre nichts geblieben.

Dies erinnert mich an eine Frage, welche schon seit längeren mich beschäftigt: Wie könnte man es zu Stande bringen, handfeste Informationen unserer Kultur, über Dutzende Jahrmillionen in die Zukunft zu retten? … eine neue Idee für ein Buch ist geboren! Aber um dieses vorwegzunehmen, die Lösung, die ich mir denke, ein Bauwerk auf dem erdzugewandten Seite des Mondes, mit Piktogrammen ähnlich den altägyptischen Hieroglyphen. Ich denke, in einhundert Jahren, wird es so etwas geben – wahrscheinlich sogar mehrfach.

Aber vielleicht gibt es so etwas schon, es gebe keinen besseren Ort. Vernunftbegabte Kulturen wollen doch einfach etwas hinterlassen – ihre Variante des 'Ich war hier'. Etwas was man seit dem Altertum auch auf altehrwürdigen Monumenten findet – Pyramiden, Statuen, usw.. Was für einen Mehrwert an Wissen könnten wir erfahren, was für Geschichten hören. Gleich wie, es wären viele Dinge, die man bis Dato für unmöglich hielt.

Steffan Bruns

Berlin, den 10. Februar 2019

Es war einmal

12.10.9722.829013, 10:75 Uhr

Es ist Zeit ein Logbuch anzulegen. Nicht nur das ich heute den Posten des Teamleiters für das 3. Weltenrettungsteam unserer, der 7. Sphäre übernommen habe, wir haben auch so gleich eine Aufgabe bekommen. Ein Sternensystem mit einem orange-gelben Stern der Hauptreihenklasse, vier innere mittlere Gesteinsplaneten, vier äußere größere Gasplaneten, etliche Kleinstplaneten. Die mittleren haben mehrere Monde, alle aus Gestein bzw. einem Fluid mit verfestigter Oberfläche, manche dieser sind auch Methanwelten, nach den bisherigen Informationen besitzen diese aber kein bzw. nur primitives Leben. Von den vier inneren Planeten befinden sich drei in einer Wasser/Sauerstoff-Biosphäre, der Erstere hat bereits in seiner frühen Geschichte seine Kurve nicht bekommen und eine für die meisten Arten von Leben dauerhaft giftige Atmosphäre entwickelt, der dritte Planet hat für die Athmosphärenentwicklung ein wenig länger gebraucht, war aber zu klein seine Atmosphäre zu halten.

Die Aufzeichnungen früherer Expeditionen zeigen dass beide Planeten einst primitives Leben besaßen, aber dass sie zwischenzeitlich de facto als tot deklariert wurden. Nur auf dem zweiten Planeten der Wasser/Sauerstoff-Biosphäre konnte sich höheres Leben entwickeln, es hat nach allen Informationen recht lange gebraucht. So soll der Schritt vom Einzeller zum Mehrzeller mehr als 3 Milliarden Jahre gebraucht haben, das ist für einen Wasserplaneten recht lange und entspricht schon der Evolution in einer Methanwelt. In der Methanbiosphäre gibt es keine normal großen Gesteinsplaneten, nur Monde, welche verständlicher Weise eher aus Eis, also vorrangig Gestein aus nichtmetallischen Elementen wie Wasserstoff, Sauerstoff, Stickstoff, Kohlenstoff und ähnlichen bestehen. Dies im Gegensatz zu den inneren Planeten, welche aus Metallgestein besteht – Silizium, Kalzium, Kalium und weiteren metallischen Elementen.

Bei den letzten Besuchen der Weltenrettungsteams auf dem dritten Planeten gab es bereits eine überwältigende Flora und Fauna, im Wasser, wie auch auf dem Land, auch die Stickstoff/Sauerstoff-Atmosphäre war bereits erobert – insofern man dies bei solch einer dünnen Atmosphäre so behaupten kann. Hinweise auf Entwicklung intelligenten Lebens gab es keine. Auch das letzte WR-Team konnten keine Art ausmachen, die mittelfristig dazu hätte befähigt sein können. Dies hat jüngst auch die Fernaufklärung festgestellt, es gibt keine Spuren einer technischen Zivilisation. Allerdings sei angemerkt, dass es doch einen Anfangsverdacht gab, aber der stellte sich schnell als ein übermäßig starker Vulkanismus heraus.

Also, nach allem was ich bisher weiß, wird mein erster Job doch ein recht leichter – die üblichen Bestandsaufnahmen, eine Auswahl an Lebewesen in unseren galaktischen Zoo zur weiteren Erforschung umzusiedeln, das war's wohl. Aber sicher wird es noch auf anderen Welten genug Herausforderungen geben.

25.10.9722.829013, 14:10 Uhr

In den letzten Tagen habe ich mich besonders intensiv mit den von den vorherigen WR-Teams geretteten Lebewesen beschäftigt. Ich muss alles einen Namen geben und nenne den Planeten Ter, nach einem Jugendfreund, der einer ähnlichen Welt entstammte. Wasser/Sauerstoff-Leben hat mich ja schon immer interessiert, schon in meiner Jugend, als meine Eltern in einer solchen Welt forschten und die unsere dort auch diplomatisch vertraten. Seit dem sind die meisten meiner Freunde aus solchen Welten. Ja ich gebe zu, etwas seltsam für jemandem aus einer Methanwelt, aber es sei daran erinnert, dass ich 'humanoid' bin, tatsächlich gibt es nicht viele intelligente Methan-Lebewesen die von der Körperform als 'humanoid' bezeichnet werden können. Ganz anders Wasser/Sauerstoffwelten, dort ist ja diese Form nahezu die eher vorherrschende.

Mein größter Wunsch wäre persönlich und direkt mit meinem Körper eine Wasser/Sauerstoffwelt zu besuchen, aber das geht leider nicht. Na ja, ist ja so bei faktisch jeder Welt, das mikroskopische Leben greift auf molekularer Ebene an und das höher entwickelte Leben hat keine Abwehrmechanismen gegen die ihm so unbekannten Feinde. Gut dass es da die Avatare gibt, mit ihrer Hilfe kann man jede Welt besuchen, gleich welche Atmosphäre, welche Schwerkraft, welche Temperatur. Man kann so sein Leben auf fremden Welten führen, ja sogar geschlechtliche Beziehungen eingehen, nur das mit dem Nachwuchs ist nicht ganz so einfach. Meine Eltern mussten, um mich und meine Geschwister zu zeugen, immer zurück in ihre eigenen Körper in der Heimatsphäre. Und nun, in wenigen Tagen werde ich, besser gesagt, mein Avatar, Ter besuchen.

Übrigens, interessant an Ter, seine Umlaufzeit entspricht fast genau unserem Standardjahr, aber seine Tage sind ein gutes Drittel kürzer. Zu Beginn unserer Zeitrechnung vor über 8 Milliarden Jahren gab es Ter und sein gesamtes Sonnensystem noch nicht, es ist aber doch schon über 4 Milliarden Jahre alt. Ter selbst ist nur wenig jünger, und Leben entstand auf ihm recht schnell. Also nichts Außergewöhnliches an ihm. Die Silikaner und andere metallische Lebewesen sprechen ja oft davon, dass organisches Leben, also solches auf Kohlenstoffbasis, statt auf Silizium, wie eine Pest im Universum ist. So ganz falsch liegen sie nicht. Wobei gerade bei primitiven Leben nicht immer klar ist, ist es Leben oder nicht – die eigentlich klare und allgemeine Definition welche Leben zu Leben macht – 'Lebewesen besitzen Gene, welche sie auf ihre Nachkommen übertragen können, welche daher ihren Eltern ähnlich, aber nicht unbedingt identisch sind' – wird von der Natur immer wieder ausgehebelt.

Bei dem Leben auf Ter hat sich die 'Datenübertragung' von den Eltern auf die Nachkommen per Doppelhelix mit nur 4 Genen durchgesetzt. Also nichts unbedingt Außergewöhnliches, gerade für eine Wasser/Sauerstoffwelt. Gut, es hätten auch 5 oder 6 Gene sein können, aber 4 reichen ja auch aus. Die Flora ernährt sich hauptsächlich von Kohlenstoff und Sonnenlicht, welches sie mittels Chlorophyll zu Zucker synthetisiert. Sie ist aber recht statisch, da fast die gesamte Flora mittels Wurzeln tief im Erdboden oder auf anderen Pflanzen verankert sind.

Anders die Fauna, diese ist auf Ter hauptsächlich mobil, jedenfalls bis auf einige in der Aquasphäre lebende eher einfache Lebewesen. Zwischen Flora und Fauna gibt es noch die Pilze, welche faktisch zwischen beiden stehen. Dies muss ich einen Freund erzählen, welcher faktisch dieser Art angehört – intelligentes Leben bei diesen ist doch recht selten.

Über diese drei Hauptvarianten höheren Lebens hinaus, gibt es bei den mehrzelligen Lebewesen keine weiteren Hauptvarianten. Silikatleben konnte, auch in der Tiefe der planetaren Kruste, nicht festgestellt werden, auch kein primitives, eigentlich seltsam, da Ter, wie auch vergleichbare Planeten, sehr reich an Silikaten ist.

Blut ist bei den allermeisten Tieren, so sie Blut haben, auf Eisenbasis. Die höheren Landlebewesen haben vier Gliedmaßen, können akustische Signale wahrnehmen, haben einen Geschmacks- und Geruchssinn für allerlei chemische Verbindungen und können optische Signale verschiedener bzw. unterschiedlicher Spektren wahrnehmen. Über Wahrnehmungsfähigkeiten von Wellen außerhalb des akustischen und optischen Bereiches ist nichts bekannt. Bekannt ist aber, dass sie radioaktive Strahlung nicht wahrnehmen können, was auch nicht wirklich wichtig ist, da Ter eher gering radioaktiv belastet ist.

Gerade dieses Manko macht aber das Kommende für das Leben auf Ter so schwer, da sie die Gefahr nicht mal wahrnehmen, wenn sie bereits direkt, vor deren Sinnesorgane sich befindet. Der Nexus mit seiner Strahlung ist nicht mehr weit und unser Job, seit Jahrmilliarden, ist es dass Leben vor ihm zu retten.

Als Kind erzählte mir mein Vater oft die Geschichte, wie es zu der Organisation der Weltenrettung kam, gerade erinnere ich mich an sie und es ist Gelegenheit hier darauf einzugehen.

Es ist nun weit über acht Milliarden Jahre her, da brachen die Atker ins Universum auf und überall wo sie hinkamen, fanden sie Leben, aber kein intelligentes. Entweder hatte dieses sich selbst ausgelöscht – ein noch heute recht aktuelles Problem bei mehr als die Hälfte aller Intelligenzen – oder der Nexus tat dies, bevor dieses sich weit genug entwickeln konnten, dass sie hätten flüchten können – den Schutz gibt es keinen. Die Atker, mittlerweile wegen des Nexus längst selbst zu Weltraumnomaden geworden, besuchten in ihren Weltenschiffen auch viele andere Galaxien, aber oftmals bot sich ihnen dasselbe Bild. In vielen Galaxien gab es im Zentrum ein schwarzes Loch, dieses emittierte in der Art eines Leuchtturmes sogenannte rote Strahlung und rote Materie. Es war nicht sehr viel, nicht einmal im Prozentbereich der sichtbaren Strahlung und Materie, aber hoch energiereich. Trifft es auf Kometen oder Asteroiden, verschiebt es diese leicht in ihrer Bahn, trifft es auf Planeten, ist die Strahlung nicht weniger tödlich als die Gammastrahlung eines Neutronensternes. Selbst Silikatleben ist davon betroffen. Nicht mal in der Tiefe eines Mondes oder Planeten kann man sich verstecken, da unter den starken Beschuss roter Materie diese dort zu der lebensfeindlichen, sehr energiereichen roten Strahlung zerfällt, durch diese wiederum es zum Zerfall weißer Materie kommt und damit zu gefährlicher radioaktiver Strahlung. Glücklicherweise ist der Nexus ein recht schmales Band, in nur wenigen Monaten hat es in den betroffenen Galaxisbreiten seinen Höhepunkt, nur wenige Jahrzehnten sein sichtbares Auftreten. Dann ist es schon wieder vorbei. Die rote Materie ist zu roter Strahlung zerfallen, diese ist zwar recht energiereich, hat aber nur eine Halbwertzeit von etwa einem 100stel Jahr. Die Dichte des Bombardements ist nicht so hoch, selbst unter der Spitzenbelastung sind es mehrere Dutzend Meter, dennoch trifft es größeres Leben auf kurz oder lang, nur kleinere Lebewesen haben ihre Chance. Immerhin, so hat Leben immer gute Chancen zu überleben und nur selten wird eine Welt vollständig ausgerottet. Im Nexus gibt es Fluktuationen, welche zu Masseverdichtungen führen, wenn solche eine Welt erwischen kann es für das Leben schlecht aussehen, auf einigen wenigen Welten wurden sogar Einzeller und somit das gesamte Leben ausgelöscht. Aber zumeist können auch Mehrzeller überleben, wenn es nicht gerade die Riesen ihrer Welt sind. Wie viele Welten der Nexus seit Anbeginn des Universums so schon vernichtet hat – und dies nicht nur in dieser Galaxie, sondern auch in jeder anderen – weiß niemand. Denn fast jede Galaxie hat ein Nexus.

Die Atker erkannten nicht nur schnell, dass sie die ersten intelligenten Lebewesen waren, die das Universum bereisten, jedenfalls die ersten die noch lebten - aber auch das der Nexus eine große Chance bot, dass sich das eines Tages ändern würde, denn er vernichtete nicht nur Welten, sondern schob die Evolution gewaltig an, er startete sie faktisch neu. Daher sind die wenigen Galaxien, die wegen ihrer Bauart keinen Nexus haben, zwar auch von Leben erfüllt, aber dieses stagniert zumeist auf eher niedrigen Niveau. So bauten die Atker große Flotten auf, die sie vor den Nexusflügeln positionierten die die Galaxien durchkreuzen, um dort vor allem Lebensformen zu retten, welche auf dem Weg waren zu einer intelligenten Lebensform. Darüber hinaus wurden zur wissenschaftlichen Untersuchung weitreichende Proben allerlei Lebensformen gesammelt. Viele kleine Sphären wurden mit diesen bestückt und bildeten faktisch riesige Zoo's.

Unter den extrem statischen Bedingungen in den Sphären war die Evolution faktisch gestoppt, weswegen nach der vollständigen Erforschung der Lebensformen die Welten oftmals bald sterilisiert und neu besiedelt wurden. Hatte aber eine Lebensform schon einen gewissen Standard erreicht, konnte man künstlich den Evolutionsdruck erhöhen, um hier eine Entwicklung zu forcieren. Ja, das ist schon etwas wie Gott spielen, aber zielgerichtetes Beeinflussen war und ist tabu, erlaubt war und ist, nur eine Erhöhung des Evolutionsdrucks durch Umweltveränderungen.

Die Weltenschiffe waren selbst intelligente Lebewesen, einst geschaffen von den Atkern, aus im Weltraum lebenden einfachen Lebewesen, Ähnlichen denen die in den Atmosphären von Gasriesen leben. Über Dutzende Jahrmillionen Jahren züchteten sie aus diesen, ihre Weltenschiffe, welche ihnen nach Jahrmillionen an Intelligenz durchaus ebenbürtig waren. Diese Weltenschiffe gibt es in drei Varianten, den Sphären mit einem Stern im Zentrum, und solchen, in dem sich Sphären in Zellen aufteilten, welche sich an einen gemeinsamen Punkt eine kleinere Sonne teilen, eine dritte Variante ist rein kristallin. Die größten Weltenschiffe sind so groß wie die größten Sterne des Universums. All diese Sphären verbanden sie sich zu riesigen Kolonie und sie flogen als gigantische Phalanx vor dem Nexus her. Da ihre Hülle aus schwarzer Materie besteht, sind sie aber aus größerer Entfernung schlecht sichtbar. Im Grunde kann man den Nexus erst erkennen, wenn es schon fast zu spät ist.

Dies war vor nun über 8 Milliarden Jahren, dem Beginn der Zeitrechnung im Universum und dem Tag als die Atker die Tswe trafen, das zweite Volk im Universum. Na ja, bald stellte sich heraus, dass es bereits Weitere gab, aber keines war so alt wie die Atker.

Später stellte sich heraus, dass die Weltenschiffe mit ihrer stetig zunehmenden Masse massiv den Nexus beeinflussten. Einmal leben die Weltenschiffe auch von roter Materie und Energie, weshalb sie sich direkt vor dem Nexusband befinden, andermal sind die Weltenschiffe bald so umfangreich geworden, dass man sie von überall in der Galaxis, als breites dunkles Band vor dem Sternenhimmel wahrnehmen konnte. Dies alles wäre nun kein zu großes Problem gewesen, aber es führte auch dazu, dass die Fluktuationen zunahmen. Der Materieabfall der Weltenschiffe wanderte über die Jahrmillionen in das schwarze Loch im Galaxiezentrum und führte dort zu einer verstärkten Emittierung roter Strahlung und Materie. Mit anderen Worten, der Nexus wurde von Jahrmilliarde zu Jahrmilliarde gefährlicher. Es brauchte lange bis man sich der Gefahr bewusst wurde und als man sich dessen bewusst wurde, wusste man nicht recht wie mit dem Problem umgehen. Sollte man sich auf den Standpunkt stellen, dass es ja nun genug Leben im Universum gebe und es kein Problem wäre, wenn die Vernichtungsrate des Nexus stark ansteige? Oder sollte man einer Zivilisation ein Maximalalter geben und diese dann zum Tod verurteilen? Beides ging irgendwie nicht.

Dann aber entdeckte man ein völlig anderes Universum mit etwas anderen Naturgesetzen als unseren – dem Nulluniversium, dort gibt es zwar schwarze und rote Materie bzw. Strahlung, aber kaum weiße Materie. Materie konnte sich dort niemals zu Sternen sammeln, es gibt nur kleinere, kalte Festkörper. Dafür schwirren Unmengen an Energie frei herum - wohl weil der rote Anteil zu groß war und somit das gesamte Universum wie mit einem Mixer in Bewegung hielt. In dieses Universum ziehen nun seitdem die Weltenschiffe um, die sich nicht direkt am Nexusprojekt beteiligen bzw. die die sich ohnehin mehr oder weniger isolationistisch verhalten. Sie bilden bereits ein riesiges Netzwerk. Manche als Sphären oder Zellenschiffe, belebt mit den verschiedensten Lebewesen der verschiedensten Welten, aber viele faktisch nur noch als riesige Computer, in welchen unzählige Welten und Zivilisation freiwillig ein virtuelles Dasein fristen. Nach nur wenigen Jahrmillionen waren die Phalanxen an Weltenschiffen soweit ausgedünnt, wie wir sie heute vor uns haben. Noch ist der Nexus noch nicht wieder auf dem ursprünglichen Niveau eingependelt, aber seit einigen Jahrhundertmillionen ist er im Abnehmen.

Die Weltenschiffe selbst können ja viele Millionen, im Grunde gar Milliarden Jahre alt werden, sie gelten als die ältesten Lebewesen im All. Im Grunde genommen sind sie unsterblich, da sie organisch nicht sterben, sondern einfach auskristallisieren. Aus den riesigen Sphären werden so Kristallstrukturen, die rechentechnisch leistungsfähigsten Computer, die man sich vorstellen kann, und diese Riesenkristalle bieten vielen Lebewesen eine virtuelle Heimat und damit ewige Unsterblichkeit. Immerhin kann eine kristalline Welt von der Größe einer herkömmlichen Sphäre viele Millionen Welten aufnehmen. Die meisten Zivilisationen verlieren mit der Zeit die reale Lebenslust – irgendwann scheint alles entdeckt, alles erfunden, alles erforscht – es wird langweilig. Manche gehen den Weg des kollektiven Freitodes, die meisten ziehen sich in virtuelle Welten zurück – in die kristallinen Weltenschiffe. Aber auch Lebewesen, die das multikulturelle der virtuellen Welten lieben oder aber einfach nur eines biologischen Lebens überdrüssig sind, ziehen in diese ein.

Nicht jede eine Sphäre bewohnende Zivilisation beteiligt sich am Nexusprojekt, aber auch nicht am Nulluniversumsprojekt. Es gibt immer wieder solche, die dem Vorhaben, oftmals aus religiösen oder ideologischen Gründen, skeptisch gegenüber stehen. Manche Sphären tingeln daher auch alleine durchs Universum, andere sammeln sich in kleineren Weltenkolonien, oft weit oberhalb der Pole der Galaxiekerne. Denn mittlerweile hat sich das System bis in die äußersten Ecken des Universums verbreitet, über den Subraum stehen alle Welten, die es wünschen, egal in welchem der Universen, in Verbindung mit einander. Denn nichts geht über Kommunikation.

Die Atker selbst haben ihr körperliches Leben ebenfalls schon vor Jahrmilliarden beendet, sie leben seitdem in der virtuellen Welt. In einigen Jahrzehnten werde auch ich mit einem großen Teil meiner Familie und meines Volkes in diese Welt einziehen. Ohnehin gibt es nur noch wenige von uns in materieller Art und Weise. Es ist der Weg alles höheren Lebens, und die einzige Welt, in welcher jede Lebensform, mit jeder anderen zusammen leben kann. Meine Rasse wird es wohl in wenigen tausend Jahren körperlich nicht mehr geben, unsere Zivilisation wird aber noch Äonen überdauern, ihre Geschichte bis ans Ende der Zeit überliefert werden.

02.01.9723.829013, 12:10 Uhr

Das neue Jahr ist zwei Tage alt und wir haben neue Forschungsergebnisse von Ter, dabei richtige Überraschungen, es wird doch interessanter als gedacht, viel interessanter.

Die Fernerkundung ergab, auf einem äquatorialen Kleinkontinent Hinweise auf frühe urbane Strukturen und Wegenetze. Dies könnte ein Hinweis auf eine Intelligenz sein, könnte! In wenigen Tagen steht der Subraumtunnel, dann wissen wir mehr. Ein Atker hat sich angemeldet an unserem Team teil zunehmen, sie sind der Ansicht, dieser Raumsektor sei ihre Heimat — bedenkt man die stetige Ausdehnung des Universums, die Veränderungen die Galaxien und Sternensysteme in über acht Milliarden Jahren mitgemacht haben, finde ich das aber ein wenig an den Schuppen herbei gezogen. Außerdem kommt auch noch ein Petruser, er leitete die letzte große Rettungsaktion auf Ter. Ich hatte noch nie einen Petruser kennengelernt, sie sind Methan-Insektoiden, was nicht sehr häufig ist. Die Atker trifft man ja öfter einmal, interessant an ihnen ist dass sie statt Knochen nur Muskeln besitzen, vier Arme und vier Beine, auch vier Augen und Ohren haben. Man munkelt sie seien telepathisch veranlagt, aber das wird wohl eher deren besondere Lebenserfahrung sein.

12.01.9723.829013, 11:30 Uhr

Seit vorgestern steht der Subraumtunnel und gestern war unser Avatar-Team das erste mal durch ihn zu Ter gereist. Auf dem äquatorialen Kleinkontinent entdeckten wir tatsächlich eine Zivilisation, allerdings noch eine recht primitive. Diese scheint sich auch bereits auf den nördlich angrenzenden, von einem Meeresarm getrennten, Großkontinent ausgebreitet haben, aber noch nicht sehr weit. Interessant auch, dass auf zwei weiteren Mikrokontinenten - einem nördlichen, einem südlichen - beide aber weit entfernt vom äquatorialen, es auch intelligentes Leben zu geben scheint, denn die nächtlichen Hitzesensoren konnten dort mögliche Lagerfeuer wahrnehmen. Wege oder Siedlungen konnten wir aber dort bisher nicht entdecken.

Morgen werden wir dann die Wesen direkt aufsuchen. Unsere Avatare sind dabei erstmal phasenverschoben, daher werden die Wesen uns nicht erkennen, so stören wir sie nicht. Denn wir müssen sie erst studieren, um zu entscheiden wie wir mit ihnen verfahren.

24.01.9723.829013, 18:80 Uhr

Ein paar anstrengende Tage liegen hinter uns, wir haben viel erforscht. Ter ist weiterhin der einzige Planet in diesem Sonnensystem, der mehrzelliges Leben trägt, aber auf zwei Methan-Monden des 5. Planeten und einem des 6. haben wir auch ein relativ vielfältiges und schon weit fortgeschrittenes mehrzelliges Leben entdeckt. In der oberen Atmosphäre des 5. Planeten scheint sich gerade mehrzelliges Leben zu entwickeln, aber wohl noch auf einer recht primitiven Stufe. Das sollten wir noch weiter erforschen. Der 2. Planet hat eine interessante Atmosphäre, besitzt aber bedauerlicherweise kein mehrzelliges Leben mehr, der 4.Planet hat keine nennenswerte Atmosphäre mehr und besitzt nur noch einzelliges Leben in seiner oberen Gesteinsschicht.

Auf Ter haben wir festgestellt dass die Wesen auf den äquatorialen Kleinkontinent sich N'di nennen, sie haben sich tatsächlich auf den Kontinent nördlich davon angesiedelt, bisher aber nur an derem südlichen Rand. Die N'di haben eine einfache Zivilisation, Stand Eisen-Metallurgie. Sie ernähren sich vor allem von Fleisch, aber auch Früchten, Pflanzen, Knollen und Samen. Sie sind scheinbar recht religiös, wobei sie einem Feuerkult frönen. Die N'di sind hominide Sauroide, eigentlich keine Seltenheit im Universum. Wechselwarm, aber noch eierlegend, was nun aber nicht so häufig ist für intelligentes Leben dieser Art.

Die Wesen auf den beiden anderen Mikrokontinenten sind mit diesen nicht verwandt und eigenständige Entwicklungen. Die auf dem südlichen sind zwar sauroid, aber nicht hominid, sondern puterid, also sie ähneln eher den großen Vögeln, die manche Zivilisationen als Haustiere halten, intelligente Weiterentwicklungen sind bei diesen recht selten. Die P'uter aus meiner Nachbarsphäre sind hier nur die Bekanntesten. Die „teranen P'uter" haben erst eine primitive Sprache und Kultur und noch keine Eigenbezeichnung, wir nennen sie nach ihrem Wort für 'wir = Zel'. Ähnlich auch die auf dem nördlichen Mikrokontinent die wir aus gleichem Grund 'Fuk' nennen.

Biologisch sind die Fuk aber von den anderen verschieden, sie gehören einer Gattung von Beutel-säugenden Tieren an – das ist mal was sehr Seltenes im Universum. Beide Völker sind auf einer früh-steinzeitlichen Stufe – also bearbeiten auf einfache Art und Weise Steine, Knochen und Holz. Beide scheinen noch keine nennenswerten religiösen Vorstellungen zu haben, schlecht für eine weitere Entwicklung, ist doch Religiosität eine, wenn nicht gar die wichtigste Triebfeder für Fortschritt.

Selbst manche Hochzivilisation ist immer noch religiös, auch wenn es bisher nicht den geringsten Hinweis auf einen Gott oder etwas Gottähnliches im oder außerhalb des Universums gibt. Wenn überhaupt kann man die Naturgesetze dieses Universums und ihr Zusammenspiel als 'göttlich' bezeichnen – ich sehe das Universum aber eher als großen Computer an, der gewisse Prozesse zu seinem Selbsterhalt steuern kann. Eine Folge dieser Prozesse, eine zur statistischen Wahrscheinlichkeit überdurchschnittliche Verbreitung von Leben. Aber Gott hat damit wenig zu tun, sondern unter anderem das Auftreten der Atker, die in ihrer Frühzeit, oft unabsichtlich, Lebenskeime überall im All verbreiteten. Sie werden wohl nicht die Einzigen gewesen sein. Ohnehin entsteht Leben recht einfach, das Leben auf Ter ist allerdings so einheimisch wie auch das auf meinem Heimatplaneten.

Manche Kulturen fragen sich nach dem Sinn des Lebens. Die Frage ist müßig, wenn es einen solchen gibt, dann nur einen: möglichst maximalen und effektiven Energie- und Stoffwechsel. Leben kann dies effektiver als die anorganische Chemie, intelligentes Leben effektiver als einfaches. Die Weltenschiffe sind alle miteinander durch Subraumtunnel verbunden, diese bilden ein gewaltiges Netzwerk im Universum, welches selbst schon große Ähnlichkeit hat mit unserem neuralen Netzwerk. Die Energiemengen die dabei umgesetzt werden sind gewaltig, im geringem Maße weiße, vor allem aber schwarze und rote Materie und Energie wird hier genutzt. In wenigen Jahrmilliarden wird das Weltenschiffnetzwerk, im Nulluniversum mehr Energie umsetzten, als unser gesamtes angestammtes Universum. Dabei sammeln sich im Nulluniversum nicht nur Weltenschiffe aus diesem Universum, sondern auch solche auch vielen anderen Universen mit einem vergleichbaren Naturgesetzeprofil.

20.05.9723.829013, 10:10 Uhr

Es wird mal wieder Zeit etwas in mein Logbuch zu schreiben, es gibt doch einiges zu berichten. Erstmal – wir wissen noch nicht weiter wie mit dem Leben auf Ter zu verfahren – verfrachten wir sie in eine gemeinsame Sphäre könnte dies nicht sinnvoll sein für die unabhängige Entwicklung der drei intelligenten Völker, verfrachten wir sie in jeweils einzelne Zellen, wird aber ihre Entwicklung wohl schnell stagnieren, da die Zellen, anders als die Sphären, sehr stabil sind in ihren Umweltbedingungen.

Die N'di haben schon eine recht interessante Kultur entwickelt. Auf ihrem Kontinent gibt es vor allem im Südwesten einen starken flächenhaften Vulkanismus, dies zwingt zu einem verbreiteten Nomadendasein. Dem Nomadendasein spielt in die Hände, dass die N'di ja vor allem Viehzüchter sind und nur ein wenig Gartenbau, aber keinen Ackerbau betreiben. Der Nordosten des Kontinentes ist ruhiger, dort gibt es kleine Städte. Sie haben sich aus Plätzen entwickelt an denen die Jungtiere, die aus ihren Eiern geschlüpft sind, genossenschaftlich betreut und erzieht werden, dies vor allem durch die Weibchen. Die männlichen N'di kommen nur zur Paarung und zum Handel in die Orte. Zwischen den zweigeschlechtlichen Lebewesen werden in der Regel keine dauerhaften Paare gebildet, dennoch wurden Ausnahmen entdeckt. Den bei einigen in den Städten lebenden Handwerkern hat man festgestellt, dass diese kleine, aber recht feste Gruppen bilden von männlichen und weiblichen Individuen, welche zusammen auch die Aufzucht des Nachwuchses organisieren. Ansonsten werden die weiblichen N'di von den männlichen mit so ausreichend Nahrung und anderen Gütern versorgt, dass sie davon sich und die Brut, für eine hinlängliche Zeit versorgen können.

In den Städten gibt es Tempel, in denen eine Fruchtbarkeitsgöttin verehrt wird, dies vor allem von den Weibchen, die Männer hingegen pilgern zu Feuertempeln direkt an den vulkanischen Ausbruchszonen. Wenn man ein gewisses Alter erreicht und der Gemeinschaft mehr zur Last fällt, als ihr nutzt, begeht man den Freitod, in dem man sich lebendig in einen Lavafluss stürzt. Auch sonst wie Verstorbene oder hoffnungslos Schwerkranke werden zu den Vulkanen gebracht und in flüssiger Lava bestattet. Wenn dass nicht geht, weil die Vulkane zu weit weg sind, dann ist auch die Verbrennung statthaft. Dabei glauben die N'di an eine Wiedergeburt in einer anderen Welt, weswegen sie einen Großteil ihres materiellen Hausrates mit in den Tod nehmen – also mit in die Lava oder auf den Scheiterhaufen. Auch nicht mehr genutztes, alte Häuser, Abfall, alles was zum Leben genutzt wurde, wird verbrannt, es gilt als große Sünde Kulturgüter ungenutzt zurückzulassen. Archäologen einer späteren Zivilisation werden es hier echt schwer haben, Spuren der N'di zu finden.

Nach den Legenden der nördlichen N'di-Völker hätten Tsunamis dazu geführt dass einige N'di zum nördlichen Kontinent getrieben wurden. Eigentlich sind die N'di recht wasserscheu und betreiben keine Schifffahrt, es ist ihnen sogar religiös verboten, das Meer zu befahren. Denn wie das Feuer, gilt ihnen das Wasser als heilig und man darf es nicht verunreinigen, in dem man darin schwimmt und sei es nur mit einem Boot. Die Abgetriebenen hielten sich aber an ihren weggespülten Häusern fest. Dies dürfte in mindestens zwei Fällen geschehen sein - beides vor gar nicht so langer Zeit - da es zwei unabhängige Populationen gibt, die räumlich getrennt sind – die Nadi und die Dim. Sie haben beide in ihrem Gebiet keine Vulkane, frönen aber noch immer den Feuerkult, sind aber etwas rückständiger Dies mag einerseits an den noch recht kleinen Populationen liegen, andermal auch an einer gewissen Depression der Nadi und Dim, da diese in den Sünden ihrer Vorfahren die Ursache der Verbannung aus dem heiligen Feuerland sehen, es scheinen sich aber bei beiden, neue Religionen durchzusetzen. Bei den Nadi wird die Fruchtbarkeitsgöttin immer wichtiger und der Feuergott wird durch einen Sonnengott ersetzt. Bei den Dim wird ein metallener Gegenstand verehrt, den unsere Untersuchungen als ein Produkt einer unbekannten Hochkultur eines anderen Planeten bestimmt haben, wahrscheinlich ein Teil eines Antriebsaggregates eines interstellaren Raumschiffes. Diese fremde Hochkultur befindet sich aber nicht in unseren Datenbanken, sie dürfte also vor dem Nexus liegen, wir hoffen, dass wir auf einen der vor nun uns liegenden Sternensysteme diese bald finden werden. Die Dim selbst berichten, dass es vor gar nicht langer Zeit nachts vom Himmel fiel, genau auf dem zentralen Feuertempel und diesen damit zerstörte. Die Bergspitze auf dem der Feuertempel stand, wurde dadurch eingeebnet und die Dim sind gerade dabei auf dieser Ebene einen großen Tempel um das Artefakt herum zu errichten.

Während der Vulkanismus bei den N'di zu einen verstärkten Evolutionsdruck führte, war es bei den Fuk eher die Plattentektonik. Die Platte auf welcher der Mikrokontinent der Fuk lag, wird von einem größeren Kontinent östlich diesen regelrecht überrollt, übrigens einem Schicksal, welches eines Tages wohl auch dem Kontinent der N'di angedeiht. Ein Großteil des Kontinentes der Fuk ist schon unter Wasser, eigentlich sind nur noch die Bergketten oberhalb des Wasserspiegels, weswegen sich hier ein Archipel gebildet hat. Der Kontinent selbst steht unter starker Bewegung, weswegen die Inseln des Archipels immer wieder Verbindungen untereinander haben bzw. von einander getrennt werden. Die dadurch resultierenden Umweltveränderungen führten zu einem Evolutionsdruck, die Situation eines Insel-Archipels in welchem es immer neue Isolationen und Verbindungen gab, unterstützten dass durchsetzen von sinnvollen Mutationen.

Über die Hintergründe der Evolution der Zel lässt sich weniger sagen, auch ihr Kontinent ist stark in Bewegung, aber auch vulkanisch recht aktiv. Gleich wie, den Fuk, wie auch den Zel ist keine rosige Zukunft beschert, und dies unabhängig vom Nexus. Der Kontinent der Fuk ist nämlich im absinken, er wird bald unter den östlich davor liegenden rutschen, ohne zuvor mit ihm eine Verbindung einzugehen, über welche die Fuk auf den größeren Kontinent flüchten könnten. Gut die Vorgänge der Plattentektonik laufen langsam ab, und auch wenn die Meeresströmung vom großen Kontinent wegführt, könnte die Entwicklung der Fuk so weit gedeihen, dass sie das Überwechseln schaffen könnten. Unsere Untersuchungen haben aber festgestellt, dass die Kultur der Fuk schon seit einigen Hunderttausend Jahren stagniert, andererseits werden die Landmassen immer kleiner, um Raum für Fortschritt zu bieten. Ähnlich auch bei den Zel, auch deren Kontinent versinkt, hier aber weil sich durch die Bewegung anderer Kontinente die Erdkruste dehnt bzw. entlastet. Dazu kommt, dass der Kontinent der Zel recht isoliert ist, die Hauptmeeresströmungen führen aufs offene Meer hinaus, andere Kontinente sind weit entfernt. Hier könnte man aber die Hoffnung haben dass die N'di eines Tages doch die Schifffahrt betreiben und im letzten Moment die Zel umsiedeln.

Wie auch immer, diese Spekulationen sind nicht unwichtig, denn wir müssen entscheiden wie die Evakuierung ablaufen soll.

01.06.9723.829013, 8:30 Uhr

So die grundsätzliche Entscheidung ist gefallen, die Fuk und Zel bekommen zusammen eine eigene kleine Sphäre, etwa 1/5 so groß wie der Ter-Mond. Die Sphären sind noch jung und werden wachsen, zumal beide Völker in entgegengesetzten Teilen der Sphäre angesiedelt werden. Die beiden intelligenten Rassen der Zel und Fuk sollen zu großen Teilen aller Individuen umgesiedelt werden, sie werden dazu weder befragt noch informiert. An Flora und Fauna wird etwa 1/40 der jeweiligen Hemisphäre umgesiedelt. Start der Evakuierung ist in einem halben Jahr, bis dahin sind beide Sphären vorbereitet. Die Flora und Fauna wird als Erstes durch den Subraumtunnel transferiert, dann folgen ihnen die Zel und Fuk. Sie, werden den Wechsel ihrer Umwelt wohl wahrnehmen, so das Verschwinden des Sternenhimmels, aber sie haben noch keinen so hohen zivilisatorischen Stand dass es ihnen lange im Gedächtnis bleiben wird, sie werden sich wohl schnell anpassen. Die junge Sphäre ist ja noch im Wachstum und selbst so stark in Veränderungen begriffen, dass dies für beide Rassen einen Evolutionsdruck erzeugen könnte, der anhaltend genug ist, für eine weitere Entwicklung beider. Was gibt es noch – ach ja, die Sphäre wird nach Abschluss der Evakuierung in das Nulluniversium verlegt.

Bei den N'di, inklusive den Nadi und Dim, will man direkt vorstellig werden, ihnen das Problem und das Projekt schildern. Umgesiedelt wird nur, wer will. Ob sie eine eigene Sphäre bekommen oder nur in eine eigene Zelle umsiedeln, wird davon abhängen wie viele umsiedeln wollen.

29.10.9723.829013, 12:00 Uhr

Mit eindrucksvollen Vorführungen haben wir uns bei den N'di vorgestellt, Eindruck haben wir damit sehr wohl geschunden, auch die nötige Aufmerksamkeit erregt, uns zuzuhören, aber Erfolg haben wir kaum gehabt. Nach dem wir ihnen den Nexus erklärten, sahen sie darin eine uralte Vorhersage sich verwirklichen, dass ein himmliches Feuer die Gläubigen ins glückselige ewige Paradies bringt. Es tauchte dann auch so gleich ein Wanderprediger auf, der die Erlösung propagierte, dies sprach sich sehr schnell herum und am Ende konnten wir nur wenige hundert Individuen für eine Evakuierung gewinnen. Anders bei den Nadi und den Dim, dort konnten wir den Großteil der Bevölkerungen überzeugen, zusammen aber zu wenig für eine weitere Sphäre, sie kommen daher all in eine Zelle, bleiben aber dort räumlich getrennt. Die Zelle sollte in wenigen Monaten bezugsfertig sein.

01.05.9724.829013, 11:20 Uhr

So, mein erstes Projekt ist erledigt, die Evakuierung beendet. Bei den N'di hatten wir doch noch einen kleinen Erfolg. Der Wanderprediger wurde bei einem Vulkanausbruch von einem pyroklastischen Strom getroffen, kurz vor einer großen Predigt vor vielen seiner Anhängern, welche das Geschehen erschrocken, aber unbeschadet aus sicherer Entfernung beobachten. Viele sahen dies als göttliches Zeichen. Die Idee hätte von mir sein können – aber ehrlich, wir hatten daran keinen Beitrag. So kam es, dass doch noch ein paar tausend N'di von der Evakuierung überzeugt werden konnten, vor allem viele weibliche N'di, Platz genug in der Zelle war ja. Die N'di haben nun das gleiche Schicksal, wie viele andere Evakuierte. Sie wissen um ihr

Schicksal, müssen sich aber selbst weiter entwickeln, ohne äußere Unterstützung. Es gibt in ihrer neuen Welt eine Art zentraler Tempel, in deren Wände sind eine Reihe von Aufgaben geschrieben und erst wenn die N'di diese Aufgaben lösen können, werden sie wirklich in die große Gemeinschaft aufgenommen.

Bei den Fuk und Zel gibt es diesen Tempel nicht, aber auch sie werden genauestens beobachtet und wenn sie ebenfalls den Stand erreichen, in dem eine Kultur zu einem fremden Planeten-system aufbrechen würde, werden sie in die große Gemeinschaft aufgenommen.

Mit Tiri dem Atker und Au-Kutsch dem Petruser habe ich mich verabredet in 65 Millionen Jahren, wenn der Nexus wieder Ter erreicht, uns bei der nächsten Evakuierung zu beteiligen. Mal sehen, welche Entwicklungen es gab, die Dinosauroiden und die Beutelsäuger lassen viel hoffen, auch die Vögel, auch ein achtarmiges Wesen aus den Meeren. Aber da gibt es auch die reinen Säugetiere, bisher eher unbedeutend und am Rande der Nahrungskette stehend, aber mit viel Potential. Mit Tiri und Au-Kutsch bin ich schon gut befreundet und wir nennen und dass Trio Infernale, natürlich konnten wir es nicht lassen auf die weitere Evolution von Ter Wetten abzuschließen. Ich bin schon gespannt, was uns erwartet.

Ter, wir kommen wieder - in 65 Millionen Jahren!

* * * ENDE * * *

Verzeichnisse und Anhänge

Quellenverzeichnis

Czerkas S. Olsen E. Hrsg. Dinosaurus. Post and Present. Bd. 1 u. Seattle-London. 1988.

Gribbin J., Gribbin M. Kinder der Eiszeit - Beeinflusst das Klima die Evolution des Menschen? Birkhäuser. Basel. 1992.

Reitz M. Leben jenseits der Lichtjahre. Die Wissenschaften auf der Suche nach außerirdi-schen Intelligenzen. Insel-Verlag. Frankfurt-Leipzig. 1996.

Storch V. Welsch U. Wink M. Evolutionsbiologie. Springer Verlag. Berlin-Heidelberg. 2001.

Appenzeller, Tim & Thiessen, Mark: Suche nach anderen Welten, in: National Geogra-phic Nr. 12/04, S. 50 - 75

Crick, Prof. Dr. Francis H. C.: Gelenkte Pan-spermien in: Aus den Tiefen des Alls, Hrg. Johannes und Peter Fiebag

Good, Timothy: Jenseits von Top Secret, Frank-furt/Main 1991

ders.: Sie sind da, Frankfurt/Main 1992 Hoyle, Prof. Dr. Sir Fred & Wickramasinghe,

Krauss, Lawrence M: Zahlenspiele mit Außerirdischen, in: S.E.T.I. Die Suche nach dem Außerirdischen, Hrg.: Tobias Daniel Wabbel, München 2002

Ludwiger, Illobrandt von: Unidentifi zierte Flugobjekte über Europa, München 1999

Prahl, Reinhard: Leben aus dem Kosmos in: Magazin 2000plus Nr. 196/2004, S. 58- 62

Prahl, Reinhard: Die Argumente der UFO-Gegner oder: „Wenn es sie gibt, müssten sie hier sein" in: UFOs und Kornkreise Nr. 6/197 2004, S. 30-37

Reitz, Manfred: Leben jenseits der Lichtjahre. Die Wissenschaften auf der Suche nach außerirdischen Intelligenzen, Regensburg 1996

Hecht, J. 2007. Smartasaurus. *Cosmos* 15, 40-41.

Magee, M. 1993. *Who Lies Sleeping: the Dinosaur Heritage and the Extinction of Man*. AskWhy! Publications, Frome.

McLoughlin, J. 1984. Evolutionary bioparanoia. *Animal Kingdom* April/May 1984, 24-30.

Russell, D. A. & Séguin, R. 1982. Reconstruction of the small Cretaceous theropod *Stenonychosaurus inequalis* and a hypothetical dinosauroid. *Syllogeus* 37, 1-43.

Socha, V. 2008. Dinosau?i: hlupéci, nebo géniové? *Sv?t* 3/2008, 14-16.

http://www.taringa.net/posts/humor/17468489/La-evolucion-del-Reptiloide.html

http://www.taringa.net/comunidades/ciencia-con-paciencia/3675627/I-La-Teoria-del-Dinosauroide.html

http://internetdebris.blogspot.de/2011/10/oct-5-dinosauroids.html

http://redhistoria.com/dale-russell-el-padre-del-dinosauroide/

http://www.afnews.info/silf-cgil.org/deposito/sauro.htm

http://haritonoff.livejournal.com/109896.html

http://maikelnai.elcomercio.es/2009/02/15/dinosaurios-inteligentes-la-hipotesis-del-dinosauroide/

http://www.cookingideas.es/homo-saurus-20121122.htmlEl homo-saurus: así seríamos los "humanos" si descendiéramos de los dinosaurios

http://coctel-de-ciencias.blogs.quo.es/2012/06/20/el-dinosaurio-humanoide/

http://darrennaish.blogspot.de/2006/11/dinosauroids-revisited.html

http://www.daviddarling.info/encyclopedia/D/dinosaurintell.html

http://www.lamentiraestaahifuera.com/2010/11/22/el-dinosauroide/

www.efodon.de/html/.../SY7115%20Prahl%20-%20Ausserirdische.pdf

http://scienceblogs.com/laelaps/2007/10/23/troodon-sapiens-thoughts-on-th/

http://bibliotecadigital.ilce.edu.mx/sites/telesecundaria/tsa03g01v01/u02t09s01.htm

http://askwhy.co.uk/dinosauroids/?p=3

http://dinosaurs.greyfalcon.us/

http://scienceblogs.com/tetrapodzoology/2008/03/24/dinosauroids-2008/

http://www.taringa.net/posts/humor/17468489/La-evolucion-del-Reptiloide.html

http://haritonoff.livejournal.com/109896.html

http://internetdebris.blogspot.de/2011/10/oct-5-dinosauroids.html

http://scienceblogs.com/tetrapodzoology/2008/03/24/dinosauroids-2008/

http://zeefster.deviantart.com/art/Dinosauroid-Evolution-269149004

http://www.dinosaurier-interesse.de/web/Saurierarten/Troodon.html

http://greyfalcon.us/Mammals%20and%20Dinosaurs.htm

http://www.china-intern.de/page/aussergewoehnliches-entdeckungen/1101212071.html

http://www.zauberspiegel-online.de/index.php/mythen-aamp-wirklichkeiten-mainmenu-288/atlantis-und-co-mainmenu-293/20781-dinosaurus-sapiens-ueber-die-moeglichkeit-einer-irdischen-zivilisation-lange-vor-dem-menschen-conclusio

http://www.zauberspiegel-online.de/index.php/krimi-thriller-mainmenu-12/gesehenes-mainmenu-160/20778-sherlock-holmes-filme-serien-darsteller-die-strassenfeger-box-45

http://www.zauberspiegel-online.de/index.php/mythen-aamp-wirklichkeiten-mainmenu-288/atlantis-und-co-mainmenu-293/20779-dinosaurus-sapiens-ueber-die-moeglichkeit-einer-irdischen-zivilisation-lange-vor-dem-menschen-was-waere-wenn

http://www.zauberspiegel-online.de/index.php/mythen-aamp-wirklichkeiten-mainmenu-288/atlantis-und-co-mainmenu-293/20777-dinosaurus-sapiens-ueber-die-moeglichkeit-einer-irdischen-zivilisation-lange-vor-dem-menschen-asteroideneinschlagdes Ortes im Hersfelder Verzeichnis-oder-sternhagel

http://www.zauberspiegel-online.de/index.php/mythen-aamp-wirklichkeiten-mainmenu-288/atlantis-und-co-mainmenu-293/20775-dinosaurus-sapiens-ueber-die-moeglichkeit-einer-irdischen-zivilisation-lange-vor-dem-menschen-sei-brav-ich-liebe-dich-die-intel-ligenz-der-voegel

http://www.zauberspiegel-online.de/index.php/mythen-aamp-wirklichkeiten-mainmenu-288/atlantis-und-co-mainmenu-293/20771-dinosaurus-sapiens-ueber-die-moeglichkeit-einer-irdischen-zivilisation-lange-vor-dem-menschen-wenn-sich-ein-ulk-verselbst-aendigt

http://www.zauberspiegel-online.de/index.php/mythen-aamp-wirklichkeiten-mainmenu-288/atlantis-und-co-mainmenu-293/20772-dinosaurus-sapiens-ueber-die-moeglichkeit-einer-irdischen-zivilisation-lange-vor-dem-menschen-die-checkliste-wir-basteln-uns-ein-vernunftbegabtes-tier

http://paleo.cc/paluxy/hammer.htm

https://www.heise.de/tr/artikel/Waren-wir-die-erste-industrielle-Zivilisation-des-Planeten-4038105.html

Abbildungsverzeichnis

Bücherliste

AUTOR : Steffan Bruns

Bestellungen bitte über den einschlägigen Buchhandel oder den angegebenen Verlagen.

Ortsfamilienbücher bzw. Ortschroniken inkl. Ortsfamilienbuch

Projekte 'östlich der Oder'

Ortschronik des Kirchspiels Stockheim in Ostpreußen, mit OFB 1772-1884;

2.Auflage erschienen im Oktober 2018, € unter ISBN: 978-3864244391
zu erwerben für 48€ beim Cardamina Verlag.
1. Auflage noch als eBook Kindle-Edition in vereinfachter Version bei Amazon-Kindle

OFB Almenhausen/Abschwangen (Opr.), Band 1 bis 3,

erschienen Feb.2011, ISBN: 978-3-938649886
zu erwerben für 90,00€ beim Cardamina Verlag.
Als eBook Kindle-Edition in bei Amazon-Kindle

Ortschronik der Stadt Berlinchen, mit OFB

2.Auflage erschienen im Oktober 2018, € unter ISBN: 978-3864244407
zu erwerben für 48,00€ beim Cardamina Verlag.
1. Auflage noch als eBook Kindle-Edition in vereinfachter Version bei Amazon-Kindle

Projektgruppe 'Saale-Unstrut / Geiseltal'

Ortsfamilienbuch Niedereichstädt (Co-Autor. M.Möllerhenn)

erschienen im Jan. 2012 unter ISBN: 978-3864240331
zu erwerben für 48,00€ beim Cardamina Verlag.
Als eBook Kindle-Edition in vereinfachter Version bei Amazon-Kindle 4,77€

Ortsfamilienbuch Oberwünsch

erschienen im Mai 2012 unter ISBN: 978-3864240348
zu erwerben für 35,00€ beim Cardamina Verlag.
Als eBook Kindle-Edition in vereinfachter Version bei Amazon-Kindle 3,52€

Ortsfamilienbuch Niederwünsch

erschienen im Jan. 2012 unter ISBN: 978-3864240478
zu erwerben für 37,00€ beim Cardamina Verlag.
Als eBook Kindle-Edition in vereinfachter Version bei Amazon-Kindle 3,52€

Ortschronik Benndorf/Naundorf, mit OFB

erschienen im Dez. 2012 unter ISBN: 978-3864240874
zu erwerben für 45,00€ beim Cardamina Verlag.
Als eBook Kindle-Edition in vereinfachter Version bei Amazon-Kindle 5,94€

Ortschronik Möckerling/Zöbigker (OFB 1647-1703)

erschienen im Juni 2014 unter ISBN: 978-3864240...
zu erwerben für 20,00€ beim Cardamina Verlag.
Als eBook Kindle-Edition in vereinfachter Version bei Amazon-Kindle 3,52€

Ortschronik Klobikau, inkl. Reins- und Wünschendorf, mit OFB

erschienen im Juni 2014 unter ISBN: 978-3864240...
zu erwerben für 47,00€ beim Cardamina Verlag.
Als eBook Kindle-Edition in vereinfachter Version bei Amazon-Kindle 3,52€

Ortschronik Krakau, inkl. Kleingräfendorf, mit OFB

erschienen im Juni 2014 unter ISBN: 978-3864240...
zu erwerben für 25,00€ beim Cardamina Verlag.
Als eBook Kindle-Edition in vereinfachter Version bei Amazon-Kindle 3,52€

 Ortschronik Kriegstedt, inkl. Klein Lauchstädt, mit OFB 1641-1800

erschienen im März 2016 unter ISBN: 978-386424...
zu erwerben für ?,00€ beim Cardamina Verlag.
Als eBook Kindle-Edition in vereinfachter Version bei Amazon-Kindle €

 Ortschronik Bündorf, inkl. Bischdorf und Knapendorf, mit OFB 1678-1739

erschienen im März 2016 unter ISBN: 978-386424...
zu erwerben für ?,00€ beim Cardamina Verlag.
Als eBook Kindle-Edition in vereinfachter Version bei Amazon-Kindle

Ortschronik Frankleben / Runstädt, mit OFB 1575-1854

erschienen im März 2016 unter ISBN: 978-386424...
zu erwerben für ?,00€ beim Cardamina Verlag.
Als eBook Kindle-Edition in vereinfachter Version bei Amazon-Kindle

Ortschronik Zscherben / Kötzschen, mit OFB 1595-1700

erschienen im März 2016 unter ISBN: 978-386424...
zu erwerben für ?,00€ beim Cardamina Verlag.
Als eBook Kindle-Edition in vereinfachter Version bei Amazon-Kindle

Ortschronik Geusa / Atzendorf, mit OFB 1636-1726

erschienen im März 2016 unter ISBN: 978-386424...
zu erwerben für ?,00€ beim Cardamina Verlag.
Als eBook Kindle-Edition in vereinfachter Version bei Amazon-Kindle

Ortschronik Blösien / Reipisch, mit OFB 1612-1799

erschienen im März 2016 unter ISBN: 978-386424...
zu erwerben für ?,00€ beim Cardamina Verlag.
Als eBook Kindle-Edition in vereinfachter Version bei Amazon-Kindle

Ortschronik Branderoda, mit OFB 1676-1800

erschienen im September 2016 unter ISBN: 978-3-86424-328-8
zu erwerben für 27,00€ beim Cardamina Verlag.
Als eBook Kindle-Edition in vereinfachter Version bei Amazon-Kindle 3,54€

Regionalgeschichte und Ahnenforschung

Hassegau - Geschichtliches zwischen Saale und Unstrut

erschienen Januar 2020 unter ISBN: 978-.
zu erwerben für 13,80€ € lulu.com bzw. Amazon .
Als eBook Kindle-Edition in vereinfachter Version bei Amazon

Die Geiseltalchroniken, Steffan Bruns

erschienen Januar 2020 unter ISBN: 978-..
zu erwerben für 13,80€ € lulu.com bzw. Amazon .
Als eBook Kindle-Edition in vereinfachter Version auch bei Amazon

Führer zur Ahnenforschung im südlichen Sachsen-Anhalt

1. Auflage (farb.) erschienen 1/2015 unter ISBN: 978-9462543188, 49,80€
2. Auflage (s/w) erschienen im 1/2020 unter ISBN: 978-, 15,80€
zu erwerben 1.Aufl. meinbestseller.de bzw. 2.Aufl. lulu.com bzw. Amazon.
Als eBook Kindle-Edition in vereinfachter Version bei Amazon 5,72€

Evolution

Sauro sapiens – der intelligente Saurier

erschienen im Januar 2020 unter ISBN: 978-3740763503
zu erwerben für 9,90*€ bei twentysix.de bzw. Amazon .
Als eBook bei 4,99€

Alpine Verkehrsgeschichte

Alpenpässe - Von Monte Carlo zum Mont Blanc, Band 1

erschienen 2012 unter ISBN: 978-3886752713
zu erwerben für 24,90€ beim Staackmann Verlag

Alpenpässe - Vom Genfer See zum Bodensee, Band 2

erschienen 2012 unter ISBN: 978-3886752720
zu erwerben für 24,90€ beim Staackmann Verlag

Alpenpässe - Vom Inn zum Gardasee, Band 3

erschienen 2010 unter ISBN: 978-3886752737
zu erwerben für 19,90€ beim Staackmann Verlag

Alpenpässe - Von der Donau zur Adria, Band 4

erschienen 2010 unter ISBN: 978-3886752744
zu erwerben für 19,90€ beim Staackmann Verlag

Kontrafaktische Geographie

Was Wäre Wenn Atlas, Band 1, Antike bis 1782

erscheint Januar 2021 unter ISBN: 978-...
zu erwerben für 24,80€ € lulu.com bzw. Amazon .
Als eBook Kindle-Edition in vereinfachter Version auch bei Amazon

Was Wäre Wenn Atlas, Band 2, 1782-1913

erscheint Januar 2021 unter ISBN: 978-...
zu erwerben für 24,80€ € lulu.com bzw. Amazon .
Als eBook Kindle-Edition in vereinfachter Version auch bei Amazon

Was Wäre Wenn Atlas, Band 3, 1914-1939

erscheint Januar 2021 unter ISBN: 978-...
zu erwerben für 24,80€ € lulu.com bzw. Amazon .
Als eBook Kindle-Edition in vereinfachter Version auch bei Amazon

Was Wäre Wenn Atlas, Band 4, 1940-1995

erscheint Januar 2021 unter ISBN: 978-...
zu erwerben für 24,80€ € lulu.com bzw. Amazon .
Als eBook Kindle-Edition in vereinfachter Version auch bei Amazon

Was Wäre Wenn Atlas, Band 5, 1996-3225

erscheint Januar 2021 unter ISBN: 978-...
zu erwerben für 24,80€ € lulu.com bzw. Amazon .
Als eBook Kindle-Edition in vereinfachter Version auch bei Amazon

Der größte aller Aberglauben, ist der Glaube !